西南地区高强度预应力抗浮锚杆研究与应用

彭　涛　任东兴　杨宗耀　著

西南交通大学出版社
·成　都·

图书在版编目（CIP）数据

西南地区高强度预应力抗浮锚杆研究与应用 / 彭涛，任东兴，杨宗耀著. -- 成都：西南交通大学出版社，2024.9. -- ISBN 978-7-5643-9916-0

Ⅰ. TU94

中国国家版本馆 CIP 数据核字第 202496XZ64 号

Xinan Diqu Gaoqiangdu Yuyingli Kangfu Maogan Yanjiu yu Yingyong

西南地区高强度预应力抗浮锚杆研究与应用

彭　涛　任东兴　杨宗耀 / 著

策划编辑 / 王同晓　周　杨
责任编辑 / 王同晓
封面设计 / GT 工作室

西南交通大学出版社出版发行

（四川省成都市金牛区二环路北一段 111 号西南交通大学创新大厦 21 楼　610031）

营销部电话：028-87600564　　028-87600533

网址：http://www.xnjdcbs.com

印刷：郫县犀浦印刷厂

成品尺寸　185 mm×260 mm

印张　15.5　　字数　387 千

版次　2024 年 9 月第 1 版　　印次　2024 年 9 月第 1 次

书号　ISBN 978-7-5643-9916-0

定价　68.00 元

PREFACE 前言

随着我国经济的快速发展，城镇化水平得到显著提升。截至 2023 年年末，我国常住人口城镇化率已达到 66.16%，但与高收入国家 81%的水平相比仍有差距，随着城镇化的持续，在严守耕地红线的前提下，城市人口还会大量增长。这一人口增长无疑将对城镇建设用地资源带来严峻挑战。

面对土地资源的紧张，高效开发利用地下空间成为一个有效的解决方案。我国大多数城市的地下空间开发集中在 15 m 以内的浅层区域，北京、上海、深圳等超大城市已开始探索 50 m 以下的空间，随着地下空间开发的不断深入，地下工程的抗浮问题日益凸显。地下工程抗浮是地下空间开发中必须面对的主要问题之一，尤其是在极端天气和地下水位大幅变化等因素的影响下。近年来，由于抗浮措施不当，国内已发生多起事故，造成了巨大财产损失及不良的社会影响。抗浮锚杆和抗浮桩是目前常用的抗浮技术，其中抗浮锚杆因布置灵活、施工便捷等优点，成为了应用最广泛的抗浮措施。然而，抗浮锚杆也存在抗拔承载力较低、变形较大、锚固体裂缝控制较难等诸多问题。随着地下工程的埋深增加、地下水位升高以及极端天气的影响，传统抗浮锚杆的性能已难以满足更高的要求。此外，国务院印发的《2030 年前碳达峰行动方案》要求加快工业领域和城乡建设的绿色、低碳、高质量发展。传统抗浮锚杆对钢筋和水泥等建材消耗量大，显然无法满足碳达峰行动的需要。因此，传统抗浮锚杆技术已难以适应行业绿色发展趋势，技术创新升级迫在眉睫。

中冶成都勘察研究总院有限公司经过十余年的技术攻关，通过结构和材料的创新，成功研发出了一种新型高强度预应力抗浮锚杆。这种新型锚杆不仅在抗拔承载力上是传统锚杆的两倍多，而且在竖向变形、弹性变形和残余变形上均显著优于传统产品。更重要的是，通过施加预应力，有效解决了传统锚杆锚固体裂缝控制的难题，显著提升了抗浮锚杆的承载力和耐久性。目前，该新型锚杆已成功应用于数百个工程项目，取得了良好的经济与社会效益。

本书对新型高强度预应力抗浮锚杆技术进行了系统的研究，揭示了其抗拔承载机制，介绍丰富的工程案例，为抗浮设计、施工、检测及科研工作提供宝贵的参考。本书编写过程中，我们特别感谢罗东林高级工程师及其团队在技术理论研究和生产实践等方面的辛勤付出。同时，我们也参考了众多专家和学者的研究成果，对他们的贡献表示衷心的感谢，引用疏漏之处恳请谅解。书中若有不足之处，希望广大读者提出宝贵意见，以便我们不断完善。

作 者

2024 年 6 月 6 日

CONTENTS　目录

第1章　绪　论 001

1.1　概　述 001

1.2　抗浮失效形式 002

1.3　抗浮锚杆技术研究现状 003

1.4　本书主要内容与创新点 005

第2章　地下水与抗浮锚杆工作原理 007

2.1　地下水类型与水浮力 007

2.2　抗浮设防水位的确定 016

2.3　抗浮锚杆的工作原理 023

2.4　高强度预应力抗浮锚杆的技术优势 025

第3章　高强度预应力抗浮锚杆的材料与构造 027

3.1　技术要求 027

3.2　材料特性 030

3.3　高强度预应力抗浮锚杆构造 033

3.4　高强度预应力抗浮锚杆与普通锚杆对比试验 036

第4章　高强度预应力抗浮锚杆的试验与数值分析 040

4.1　数值分析原理与方法 040

4.2　高强度预应力抗浮锚杆抗拔承载机制研究 044

4.3　构造形态对抗拔承载力影响分析 054

4.4　筋体受力与界面滑移规律 063

第5章　高强度预应力抗浮锚杆的施工与验收 077

5.1　施工工艺及要求 077

5.2　预应力快捷张拉锁定 081

5.3　试验及验收 085

5.4　质量通病及防治 093

第 6 章　高强度预应力抗浮锚杆工程应用案例 ························· 097

　　6.1　某 57 亩住宅项目及配建幼儿园抗浮锚杆工程 ·················· 097

　　6.2　某 117 亩住宅项目抗浮锚杆工程 ·························· 113

　　6.3　某 71 亩住宅项目抗浮锚杆工程 ··························· 129

　　6.4　某 72 亩住宅项目抗浮锚杆工程 ··························· 143

　　6.5　某 100 亩住宅项目抗浮锚杆工程 ·························· 155

　　6.6　某污水处理厂项目抗浮锚杆工程 ·························· 166

　　6.7　某三层地下室科技楼项目抗浮锚杆工程 ······················ 183

　　6.8　某 35 亩住宅项目抗浮锚杆工程 ··························· 191

　　6.9　某 135 亩项目抗浮锚杆工程 ···························· 201

　　6.10　某 153 亩项目抗浮锚杆工程 ··························· 213

第 7 章　结　语 ······································· 225

参考文献 ·· 226

第1章 绪 论

1.1 概 述

城镇化是现代化的必由之路，改革开放以来，我国进入城镇化快速发展的阶段，截至 2020 年年底，我国有上海、北京、深圳、重庆、广州、成都和天津 7 个城区常住人口 1 000 万以上的超大型城市，武汉、杭州、西安和南京等 14 个城区常住人口 500 至 1 000 万的特大城市；截至 2023 年年末，我国常住人口城镇化率达到 66.16%，取得了巨大成效。城镇化程度是一个国家经济发展和工业生产发展的重要标志，但同时也会带来环境、社会和经济等方面的问题，包括环境污染、住房紧张、交通拥堵等。大量人口聚集必然对城市空间的需求增加，造成建筑用地紧缺，将建筑向高空和地下发展可极大程度地缓解这一问题，地下空间的开发和利用是大势所趋。

多层地下室作为高层建筑的一部分已必不可少，但同时需要解决地基处理和地下水抗浮等问题，近年来多有上浮事故发生，造成了严重的人员伤亡、财产损失，带来了不良社会影响。许多学者对抗浮事故原因进行了分析，提出了事故处理和补救方案。如江西省某地下室由于连日暴雨造成部分结构整体上浮拱起，出现地下室部分结构开裂现象，其顶板拱起达 292 mm，经底板钻孔泄水和排水处理，拱起残余约 122 mm，拱起回落后结构仍处于变形状态，可见明显的结构裂缝。经抗浮验算，该次事故由于纯地下室整体抗浮不满足要求，地下室上浮时泥砂流入原柱基基坑和地梁板肋之下，从而阻碍了结构拱起的回落。昆明市某商业裙楼及纯地下室在遭受暴雨天气后出现部分整体上浮，原因是施工停止基坑降水后未能及时回填土以及抗浮设计水位不合理，导致地下室上浮达 94.96 mm，在高层塔楼与裙楼交接处出现涌水现象，经降水泄压等应急措施后地下室变形回落，逐渐趋于稳定。

沿海城市地下水位较浅且面临地下水位逐年升高的情况，在大量台风暴雨天气影响下，地下水变化引起地下室上浮事故更为严重。例如某沿海城市高层建筑的裙房由于连续的台风强降雨造成纯地下二层底板隆起，造成该起事故的原因主要是抗浮设计存在缺陷，设计单位注重构件的设计而忽视整体的抗浮验算，且施工过程中的实际覆土厚度也未能达到要求。深圳作为超大型城市，对城市空间利用要求较高，同时又为沿海城市，抗浮事故频发，如深圳市宝安区某酒店地下室最大隆起 160 mm；深圳市西乡镇某花园地下水池在放水时因未及时覆土而造成游泳池底板开裂（图 1-1）、上浮；深圳市布吉镇某仓储蓄水池发生不均匀上浮等。

由于人类环保意识逐渐增强，地下水位将程逐年上升趋势。以日本东京为例，自 1956 年实行《工业用水法》等一系列地下水保护法案以来，东京中心市区的承压水头平均上升约 15 m，最高值达 60 m。而我国，国务院公布并于 2021 年 12 月开始实施《地下水管理条例》，通过严格开展地下水超采治理，完善地下水污染防治措施，加强对地下水开发和利用工程的监督管理，进一步强化了对我国地下水的保护。因此，我国主要城市的地下水环境在未来会显著改善，地下水位也会因此升高，工程抗浮问题将更加严峻，如今在确定抗浮水位时还应考虑与场地相关的地下水保护、开采和利用的规划。

（a）纯地下室柱子剪短

（b）强降水引起降水井失效、基坑未回填

图 1-1　抗浮失效对建筑物造成的破坏现象

通过对大量抗浮事故的总结，我们可以发现连续暴雨常常是工程上浮事故的诱发因素，而抗浮设计的缺陷和不规范的施工则是导致抗浮事故的根本原因。首先，设计单位应多方面考虑影响抗浮设计的因素来设计抗浮方案。合理确定建筑物抗浮水位是避免抗浮事故发生的关键，抗浮水位是被动抗浮最重要的指标，但在水文地质情况复杂的背景下很难确定合理的抗浮水位，既可能导致设计偏于保守，又可能对偶发情况预判不足。其次，施工和监理单位应重视地下水上浮问题，严格按要求施工，控制工程质量。复杂情况下还应建立预警机制，在暴雨天气进行监测，出现险情及时采取补救措施，方能最大程度地避免抗浮事故的发生。

1.2　抗浮失效形式

在地下水的作用下，地下水对地下工程造成的破坏由于上部结构的不同一般可以分为三种形式：局部整体抗浮失效、局部抗浮失效和整体抗浮失效。

1. 局部整体抗浮失效

局部整体抗浮失效指的是建筑物的部分范围区域质量大于水浮力，而部分范围区域的质量小于水浮力，当这部分质量小于水浮力的地方发生抗浮失效、变形产生裂缝的情况。局部整体抗浮失效一般发生在高层建筑一侧或四周设置的裙房上面，当裙房或地下室的抗浮能力不足时，主楼部分的结构没有发生变化，而非主楼区域（即裙房、地下室）会出现抗浮破坏，产生较大的上浮。

目前城市建设中高层建筑周边搭配低层裙房的形式越来越多。由于使用功能的要求，高层地下室与裙房负一层连成一个整体用作地下车库、机电用房、仓库等功能。当这些建筑在地下水位较高地区时，高层建筑物重量会远大于地下水浮力，因而不存在抗浮失效问题，但裙房或纯地下室区域由于层数低、建筑物重量小而小于地下水浮力，小于地下水浮力的部分就会发生竖向位移，引起底板构件开裂甚至破坏，即局部整体抗浮失效。

如青岛某工程为三栋高层住宅，住宅的建筑为地上 22-28 层，地下 1 层。地下车库与三栋高层在地下连成一整体，建筑物的基础为筏板基础加柱下独立基础，地下 1 层为框架结构。由于某种原因，该工程中间停工了一年半，顶板上的土未回填，直到 2013 年复工后发现 6 号楼地下室顶板出现了明显的变形，部分梁板柱破坏。

2. 局部抗浮失效

局部抗浮失效是指单个建筑结构单元的重量大于水浮力，但是地下室底板抗浮承载力不足的情况。建筑结构满足整体抗浮要求时，也要同时考虑底板局部抗浮问题。局部抗浮失效一般出现在建筑结构的质量分布均匀，且建筑较高，层数较多，但是底板比较薄的情况下。当产生局部抗浮失效时，建筑整体结构并没有发生形态变化，仅仅是地下室底板的承载力不足，产生裂缝。

因此在设计时，不仅仅要考虑整体抗浮，还要把局部抗浮验算纳入设计中去。对于局部抗浮不满足要求的地方，可以通过加大底板厚度、底板加设抗浮锚杆等措施来避免局部抗浮失效。

3. 整体抗浮失效

整体抗浮失效是指当地下水位较高时，建筑结构自重及其上的永久荷载小于地下水浮力。此时，建筑物地下室的整体抗浮不能满足抗浮设计要求，在地下水浮力的作用下发生整体上浮的现象。这种情况一般发生在单纯的地下室或建筑地上层数很少的情况下，一般表现为建筑结构的整体上浮。整体抗浮失效是三种失效形式中最简单的一种，一般采用压重、抗拔桩、抗浮锚杆等措施。

1.3　抗浮锚杆技术研究现状

当地下水位升高时，一些埋深较深的建筑物无法仅靠自身重量抵抗地下水产生的浮力，因此需要在设计建设之初增加相应措施抵抗因地下水上升而产生的浮力。目前，已研发出多种抗浮措施，并经过了大量工程检验，按照抗浮机理可将抗浮措施分为主动抗浮和被动抗浮两种类型。主动抗浮采用降（截）排水技术，常与被动抗浮技术结合使用。被动抗浮即是通过一定措施抵挡因地下水位升高对建筑物造成的水浮力，包括压载抗浮技术、抗浮桩技术和抗浮锚杆技术，其中以抗浮桩和抗浮锚杆技术应用最为广泛。

锚杆最初被发明用于加固边坡，后来被用于采矿业的地下隧道和矿井支护，随着工程技术的发展，锚杆在交通、水利、矿业、环境和建筑等领域的作用越来越不可替代。锚杆技术由抗拔桩技术改进而来，两者作用机理相似，锚杆技术利用锚固体与岩土体相互作用来提供抗拔力。与抗拔桩相比，锚杆直径较小，可均匀地布置在建筑物底板上，一方面可起到加固地基的作用，增加了地基的抗压能力，可有效防止地基变形和不均匀沉降；另一方面使得锚杆对建筑物底板的作用力接近于均布分布，且单点受力小，避免了不均匀地基反力带来的隐患。由于锚杆数量众多，单一的锚杆破坏并不会造成整体失效，具有较高的安全性。锚杆对各种地层均有较强适应能力，且施工方便，较短时间内就可完工，造价远低于抗拔桩。经过近几十年的发展，在锚杆工作机理、提高抗拔力和防腐措施等方面取得了突破性进展。

锚杆变形、失效主要表现为筋体与锚固体的黏结强度不足以及岩土体与锚固体黏结强度的不足，而不是筋材本身被破坏，因此研究锚杆的应力分布状态对改善锚杆性能至关重要。连续荷载作用下的抗拔试验显示锚杆沿黏结长度的应力分布是不均匀的，在短的黏结长度上，黏结应力的分布更加均匀，可以观察到应变的准线性分布，而黏结长度较长时应力分布呈明显的非线性。锚杆轴力随荷载的增大逐渐向下移动，锚固长度越大，轴力向下移动的速率越大，剪应力同样随着荷载逐渐增大逐渐向下移动，当荷载较小时，剪应力大都分布于锚杆上半部分。随着锚固深度的增加锚杆上的轴力会越来越小，到一定深度时轴力趋近于零。因此，锚杆的锚固长度并不等于锚杆的有效锚固长度，当锚固长度超出了有效锚固长度时，通过增加锚固长度并不能显著提高锚杆的抗拔承载力，如何提高锚杆的抗拔承载力是很值得解决且重要的问题。

传统的等截面锚杆通过锚固段侧摩擦阻力来提供抗拔力，而锚固段侧摩擦阻力本身是有限的，且易受施工工艺影响。工程应用表明，采用高压喷射扩孔技术、爆破扩孔技术、水压扩孔技术和充气扩孔技术等扩大锚杆锚固段形状可显著提升抗拔承载力，又称扩大头或扩体型锚杆，其不仅增加了锚固体与岩土体的结合面积，当增加荷载时，岩土体对锚固段扩大部分的端阻力也发挥重要作用。扩大头锚杆在荷载加大的过程中，应力状态逐渐由侧摩擦阻力向扩大头端阻力发展，端阻力可承担上拔荷载的40%以上。通过在锚杆上增加螺旋叶片也可提高抗拔承载力，又称螺旋锚杆，与充气锚杆一样多应用于海洋工程中。程良奎等介绍了一种后高压灌浆型锚杆，在锚杆初次灌浆24 h后再施加多次高压灌浆，使初次灌浆体和土体产生裂缝，高压灌浆料沿裂缝扩散形与土体相互交织、咬合的新灌浆体，该方法使锚杆的黏结强度显著提高，可实现提高抗拔承载力一倍以上，特别适用于软黏土场地。另外，使用更高性能的筋材如精轧螺纹钢筋（PSB）代替普通钢筋也可显著提高锚杆的承载力。

锚杆埋于受地下水影响的地基中，而地下水常含有硫酸根等酸根离子，腐蚀性强，随着时间的推移，传统的金属锚杆必然会遭受腐蚀；加上地下供电系统产生的杂散电流，引起锚杆发生杂散电流腐蚀，氧气、水和二氧化碳与金属锚杆发生电化学腐蚀会导致锚杆拉拔力下降，并且锚杆的极限拉拔荷载会随时间而逐渐降低。可见一些永久性锚杆的使用寿命并不永久，必然引发建筑物的安全性问题，锚杆失效案例时有发生。因此，锚杆的腐蚀损伤机理与防护技术研究至关重要，甚至需对一些国家重大工程的锚杆和锚索等作出使用寿命的评估，才能避免因锚杆使用寿命到期引发的安全事故。

1986年国际预应力协会（FIP）对35例锚杆腐蚀破坏实例进行了深入调查，研究发现锚头、锚头与自由段、自由段与锚固段的接触部位最易遭受腐蚀。目前，用于锚杆防腐的方案包括采用防腐表面处理工艺、改善锚杆使用环境和使用新型防腐蚀材料三个方面。常用的方法是采用锚杆钢筋表面镀锌或套用PVC管等表面处理工艺将钢筋与腐蚀环境隔离以达到抗腐蚀目的的，称为隔离法，采用多重防腐技术可显著提高锚杆的防腐效果。

但采用隔离法并不能从根本上解决锚杆防腐的问题，因此新型防腐蚀材料纤维增强聚合物，如玻璃纤维增强聚合物、芳纶纤维增强聚合物、玄武岩纤维增强聚合物和碳纤维增强聚合物等非金属材料被应用代替普通金属锚杆，这些新材料相比于传统钢筋具有绝缘性好和耐腐性强等优点，能最大程度解决传统金属锚杆易腐蚀的问题。然而玻璃纤维增强聚合物锚杆相对于金属锚杆也有较大劣势，虽然玻璃纤维增强聚合物锚杆黏结强度会随着混凝土抗压强度的增加而增加，但其黏结强度随混凝土强度的增加程度要比金属锚杆的增加程度小得多。

对于普通钢筋锚杆来说，不需要考虑额外的长期应力影响，因为钢筋既不发生收缩也不发生蠕变。然而，玻璃纤维增强聚合物的弹性模量约为钢筋的25%，混凝土灌浆体和纤维增强聚合物筋材的蠕变和收缩同样对锚杆的长效性有着重要影响，锚杆在长期应力作用下会发生蠕变，会导致混凝土的长期变形，优良的蠕变性能才能保证锚杆长期稳定性。实验研究表明，即使玻璃纤维增强聚合物筋材的蠕变应变小于初始应变值的5%，玻璃纤维增强聚合物筋材拉拔试件比普通筋材仍有更大的滑移趋势。玻璃纤维增强聚合物锚杆在低荷载水平下具有良好的蠕变性能，但当玻璃纤维增强聚合物锚杆在超过其40%破坏荷载的作用下就会发生蠕变行为，其长期抗拔承载力约为试验最大加载量的60%~75%，在工程应用中应预留足够的储备承载力以保证锚杆的长效性。另外，长期或循环荷载作用下玻璃纤维增强聚合物锚杆锚固段应力分布变化规律和传递机制研究较少，特别是锚固体与岩土体界面之间的应力应变分布规律有待进一步研究，以玻璃纤维增强聚合物为代表的纤维增强聚合物应用到锚杆的研究仍存在许多不足，目前锚杆主要还是采用金属锚杆。

对于抗浮措施的选择，需要从工程的地质、地下水位、施工条件和周围环境等条件进行综合分析，同时还需考虑经济和时间成本。一般情况下，在施工阶段的抗浮以降截排水技术为主，达到快速临时抗浮的目的，而建筑物的永久性抗浮则需依靠一种或多种抗浮技术相结合的方式。当建筑物自身重力与抗浮设计水浮力相差不大时，使用压载抗浮技术是最优选择，其工程造价低、对施工的影响小，亦没有后期管理成本。但当建筑物自身重力与抗浮设计水浮力相差较大时，压载抗浮技术会导致地基变形等问题，局限性十分明显，此时抗浮设计应以抗浮桩和抗浮锚杆技术为主，两者均具有较强的抗浮能力。一方面，抗浮桩与柱子相连，可以同时起到抗浮和承压的效果，因此在软土地区抗浮桩应用更为广泛；但另一方面抗浮桩间距较大，受到不均匀地基反力，需要加厚的底板来抵抗水浮力对底板造成的附加弯矩和剪力，在桩和底板两个方面提高了工程的造价，而采用抗浮锚杆可解决抗浮桩的问题。一般而言，对于一些小型工程抗浮设计多采用抗浮锚杆，而大型工程则适合采用以抗浮桩为主，抗浮锚杆为辅的组合。抗浮锚杆虽具有诸多优点，但也会面临比较严重的耐久性问题，关于锚杆是否会成为"定时炸弹"的讨论受到了高度关注。

1.4 本书主要内容与创新点

1. 提出一种新型高强度预应力抗浮锚杆及施工工艺

本书在归纳现有抗浮锚杆失效原因以及总结大量的抗浮锚杆设计、施工经验的基础上，提出了一种新型高强度预应力抗浮锚杆。该抗浮锚杆主要由一根 PSB 钢筋、承载板或承载体、锚板和锚具等组成，可采用机械扩孔或高压旋喷扩孔工艺在锚杆末端形成一个扩大头，注浆凝固后施加预应力，锁定封闭形成后张法预应力扩大头抗浮锚杆。利用新材料 PSB 钢筋代替普通热轧钢筋（HRB）和采用扩孔工艺，充分利用锚固体与地层的摩擦力、土体的抗压能力，显著提高了抗浮锚杆的承载力；通过施加预应力，有效控制了锚固体裂缝，提高抗浮锚杆的耐久性。

根据已有高强度抗浮锚杆应用的成功案例，本书总结了高强度抗浮锚杆施工的关键工序有：成孔、杆体制作与安放、注浆、张拉锁定。特别地，针对西南红层泥岩地区，开发了一种泥岩地区机械扩孔装置，提出一种扩大头新工艺，解决了泥岩地区成孔难题。

2. 揭示了高强度预应力抗浮锚杆抗拔承载机理

通过现场拉拔试验和数值计算，验证了高强度抗浮锚杆良好的承载特性，单根高强度抗浮锚杆的抗拔承载力特征值可高达 700 kN 以上，满足了深埋地下空间对高承载力锚杆的要求。基于高强度抗浮锚杆的变形和应力分布特征，揭示了高强度抗浮锚杆的承载机理：在"端压拐点"之前，即承受较小水浮力时，高强度抗浮锚杆的受力变形由非扩大头段和扩大头段的侧摩阻决定；在"端压拐点"之后，高强度抗浮锚杆的受力变形由扩大头端前土体的压缩性能决定；高强度抗浮锚杆的极限承载力由扩大头端前土体的性质和土体埋深即非扩大头段长度等控制。通过与普通全黏结扩大头抗浮锚杆进行对比，与普通全黏结扩大头抗浮锚杆增大承载力的同时降低耐久性相反，高强度抗浮锚杆具有在提高抗浮承载力的同时进一步提高抗浮锚杆耐久性的优越性。

3. 解决了抗浮锚杆裂缝控制的难题

通过数值计算，得到了在预应力张拉阶段和工作阶段，高强度抗浮锚杆的钢筋和锚固体的应力分布与变形特性：在预应力张拉阶段，钢筋应力均匀分布，锚固段受压；在工作阶段，当浮力小于预应力时，预应力段钢筋应力分布不随浮力的增加而改变，锚固体处于受压状态；当浮力大于预应力后，预应力段钢筋应力分布随着浮力的增加而增加，而锚固体仍然处于受压状态，因此锚固体不会产生裂缝，提高了抗浮锚杆本身的耐久性。并且在工作阶段浮力小于预应力时，预应力段钢筋不产生变形，可以确保抗浮锚杆与抗水底板的刚性连接，避免因锚杆过大的向上位移导致连接部位的开裂，从而提高整个抗浮结构的耐久性。

4. 分享了大量高强度预应力抗浮锚杆成功应用案例

本书第 6 章介绍了多种工况下的高强度预应力抗浮锚杆成功应用案例，在抗浮锚杆作用的岩土体方面可分为卵石地层、基岩（泥岩）、土岩组合和软土四种不同类型，主要是采取了不同的施工工法。同时，锚杆的布置方式也有所不同，分为均匀布置和独立基础柱下布置。本书详细介绍了以上工况下的高强度预应力抗浮锚杆设计思路以及抗浮相关验算的方法，可为高强度预应力抗浮锚杆设计提供参考。

第 2 章　地下水与抗浮锚杆工作原理

采用普通 HRB 钢筋的传统锚杆由于自身材料性能和施工工艺等原因，在面对一些具有较高要求的建筑工程的抗浮问题时，局限性日益明显。一方面传统锚杆单根承载力较低导致布置密集、浪费资源，且不利于后续施工；另一方面普通 HRB 钢筋抗拉强度偏低，受力变形程度大，无法承担较大的抗拔力，不能满足一些特殊工程对抗拔力的要求，且传统锚杆裂缝难以控制导致耐久性差，易造成锚杆失效。因此，研发具有更高性能的锚杆对解决更高抗浮变形设计要求的抗浮工程至关重要。高强度预应力抗浮锚杆抗拔承载力是普通钢筋锚杆的 2 倍以上，在相似工程条件下最大拔出量仅为普通锚杆的 1/4，弹性变形仅为普通锚杆的 1/3，残余变形仅为普通锚杆的 1/4。高强度预应力抗浮锚杆通过提高单根抗浮锚杆的抗拔承载力从而减少抗浮锚杆的数量，增大了抗浮锚杆的间距，便于后期施工机械开展工作，同时减少钢筋和水泥的用量，间接减少建筑行业的碳排放量，具有抗拔承载力高、受力变形程度低和绿色低碳等特征，已成功应用到十余项工程中，取得了良好的经济和社会效益，具有极高的推广应用价值。

2.1　地下水类型与水浮力

在结构抗浮研究中，对地下水的定义通常是指位于潜水面以下的重力水。地下水会对地层中岩土体的水文地质条件产生较大的影响，地下结构受到地下水浮力作用，基础埋置深度较浅时承载力会随着地下水位的升高而降低，土层中的地下水流动会导致流砂、管涌等现象，甚至腐蚀混凝土。

地下水的赋存状态会随着时间的流逝而发生变化，其变化规律有以年为周期的情况，也有更长期的动态改变。地下水的水位变化，水压力的增减以及处于孔隙中的水压力场分布状况的变化都会给地下工程带来或多或少的影响。为了使地下结构的抗浮工作顺利展开，必须对地下结构基础中处于受压层下的地下水进行全面了解，包括其特点和在具体土层中的分布情况，还有不同时间的赋存状态和动态补给关系。

2.1.1　地下水类型及特点

地下水指出现在已经充分饱和了的土层和地质层组中的地下水位以下的水体，人们常把透水性良好的地层称为透水层，而相对透水性很差的地层称为隔水层，如图 2-1，建筑工程中对于地下水的划分标准通常是其埋藏条件，依据建筑地基所在土层中含水层和不透水层的相对位置，划分为上层滞水、潜水和承压水。

（1）上层滞水指存在于地表浅处、局部隔水层或弱透水层的上部，且具有自由水面的重力水。上层滞水既有分子水、结合水、毛细水等非重力水，也有属于下渗的水流和存在于包气带中局部隔水层上的重力水。上层滞水通常水量不多，随时间变化显著，分布范围与隔水层的厚度和面积相关，隔水层的厚度和面积均较小，则上层滞水存在时间短，该情况下进行地下结构抗浮设计时，可不考虑上层滞水的影响。如果隔水层的厚度和面积均较大，相应的分布范围及隔水层厚度、面积也会较大，则要考虑上层滞水对地下结构的浮力。当地下建筑物基坑开挖的支护结构与主体结构为叠合结构或复合结构时，即利用支护结构抗浮，则根据地层及支护结构情况可考虑支护结构对上层滞水的阻隔作用，在上层滞水与其他性质地下水无水力联系时，可不考虑上层滞水的浮力。

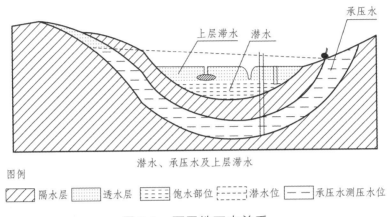

图 2-1　不同地下水关系

上层滞水的来源主要是由大气降水补给，补给区与分布区一致，其动态变化与气候等因素有关，季节性明显，一般可不与河水发生联系。有些情况下沿贮藏它的透镜体边缘散流，可补给潜水，从而与潜水发生暂时的水力联系。因为上层滞水是局部性条件补给的，只能形成暂时的积水，有时甚至会全部蒸发掉；在干旱季节往往消失，极不稳定，只有在融雪或大量降水时才能聚集较多的水量。

（2）潜水指埋藏在地表以下第一个稳定隔水层以上的、具有自由水面的地下水。潜水的分布极广，与地下结构建设的关系也最紧密。它上面没有隔水层，直接与包气带接触，能在水平方向流动，通过岩土的孔隙、裂隙或者其他松散的堆积物与大气直接相通，所以潜水位受大气降水、地表水、地面蒸发等影响，随季节变化，年水位变化幅度较大。

潜水的自由水面称为潜水面，而潜水面的形状与所处地方的地形比较接近。潜水面用高程表示称为潜水位，地表高程改变后，潜水位随之变化，因此，一般情况下，地表大面积填土后地下水位随之上升，可按填土后的地面确定潜水位。如果填土超过 6 m，潜水位不会一直上升，此时可根据实测数据或专题研究确定；而小范围的局部填土只影响局部范围，可仍按附近场地地面高程确定潜水位。对于地势低洼的地区需考虑施工期内暴雨期间地面积水的不利影响。自地表至潜水面的距离为潜水的埋藏深度，它一般受地形的影响比较大。在山地地形，有时由于一些因素的影响，往往埋藏深度较大，甚至数十米或者上百米；在平原地表切割微弱，埋藏浅，甚至露出地表，形成沼泽。潜水的埋藏分布范围很广，它一般埋藏在第四纪松散沉积层和风化岩层中。潜水直接受大气降水、地表江河水流渗入和凝结水补给，但补给的数量与降水强度、地面坡度、介质的渗透性及地面的覆盖等因素有关，其分布区与补给区一致。

（3）承压水指充满于两个稳定隔水层之间含水层中的有压地下水。它承受一定的静水压力，在上面的隔水层没有破坏或未被打穿时，被限制在两个隔水层之间。当地面土层开挖到隔水层的剩余厚度不足以抵抗承压水的压力时，承压水便会冲破隔水层的束缚而喷出。如果地面打井或勘探钻孔至承压水层时，水便在井中上升，直到它所承受的压力高度为止，有时甚至会喷出地面，形成自流井。承压水的上下都存在隔水层，有一定的压力水头，具有明显的补给区、承压区和泄水区。由于隔水层的作用，承压水的埋藏与地表补给区可能不一致，它只能以隔水顶板以外的含水层出露地区获得补给和排泄。因此，承压水的动态变化受局部气候因素的影响不明显，但承压水的形成与地质构造有着密切的关系，在较大的地质构造范围内，承压水的形成可以是斜向的含水层，山前斜地的尖端含水层、或者是由于断层切断了含水层，都可形成承压水。因此，只要有适宜的地质构造，例如盆地、向斜、凹陷、单斜等，孔隙水、裂隙水、岩溶水均可形成承压水。

由上述可见，地下水的类型不同，其压强和流动状态会有所不同，因而对地下结构的作用方式也会有所差别。上层滞水主要对施工期间的抗浮产生影响；潜水是考虑建筑工程抗浮、结构支撑于地基的抗倾覆稳定性验算等的主要地下水；承压水主要通过没封堵或没封堵好的勘探孔渗透水压力浮托地下室，较容易被疏忽，它与建筑场地周围的地势和土层的走向有关。上层滞水、台地潜水和埋藏深度不大的层间潜水一般在基础埋置深度范围之内，对基础的抗浮设计与基坑工程有直接影响。埋藏深度较深的层间潜水可能在基础受压层的范围之内，其分布状态对工程分析有直接影响。各层水之间，特别是台地潜水与层间潜水之间的越流补给造成的渗流场和孔隙水压力场的分布，对基础抗浮设计和各类工程分析有直接影响。

其次，按含水层性质分类，地下水可分为孔隙水、裂隙水、岩溶水。

（1）孔隙水指存在于岩土孔隙中的地下水，如松散的砂层、砾石层和砂岩层中的地下水。孔隙水是储存于第四系松散沉积物及第三系少数胶结不良的沉积物的孔隙中的地下水。沉积物形成时期的沉积环境对于沉积物的特征影响很大，使其空间几何形态、物质成分、粒度以及分选程度等均具有不同的特点。

（2）裂隙水指赋存于坚硬、半坚硬基岩裂隙中和某些黏土层裂隙中的重力水。裂隙水的埋藏和分布具有不均一性和一定的方向性，含水层的形态多种多样，明显受地质构造因素的控制，其水动力条件比较复杂。

（3）岩溶水又称喀斯特水，指存在于可溶岩石（如石灰岩、白云岩等）的洞隙中的地下水。水量丰富而分布不均匀，在不均匀之中又有相对均匀的地段；含水系统中多重含水介质并存，既具有统一水位面的含水网络，又具有相对孤立的管道流；既有向排泄区的运动，又有导水通道与蓄水网络之间的互相补排运动。水质水量动态受岩溶发育程度的控制，在强烈发育区，动态变化大，对大气降水或地表水的补给响应快。岩溶水既是赋存于溶孔、溶隙、溶洞中的水，又是改造其赋存环境的动力，不断促进含水空间的演化。

2.1.2 地下水渗流

水或者其他流体在岩土等孔隙或裂隙介质中的流动，可以统称为渗流。而岩土中所涉及的渗流问题，多是指地下水在土层中流动的问题。地下水渗流按照随时间的变化规律可以分为稳定流和非稳定流。稳定流为运动参数诸如流速、流向和水位等不随时间变化的地下水流动；反之，即为非稳定流。然而绝对意义上的稳定流并不存在，因此常把变化微小的渗流按照稳定渗流来处理。

通过渗流试验发现，当场地有多层含水层时，沿竖向（向下）会有不同程度的渗流发生，渗流过程引起水头损失，压力水头在竖向出现非线性增长，导致实际孔隙水压力的分布小于静水压力理论计算值。地下水浮力出现折减的现象与地下水渗流之间也存在一定关联。例如，在地下水位较高而开挖较深的工程中，地下水渗流的问题就比较突出。渗流对于某一接触面作用有压力或浮力，存在一定的渗透孔压。因此，对地下水渗流做适当的分析有助于认识地下水与土颗粒之间的相互作用。

岩土工程所涉及的地下水渗流问题，主要是研究地下水在多孔介质中运动的基本规律。随着工程的发展，地下水渗流问题受到国际工程界和学术界高度重视。自从 1865 年法国工程师亨利·达西（Henry Darcy）通过垂直圆管中的沙土透水性渗流试验，建立了多孔介质渗流基本定律——达西定律，经过 Dupuit, Joukowski, Boussinesq, Ilasaobcram, Jacob, Hantuush, Neuman 等学者多年的努力，到 20 世纪地下水渗流已逐步发展成为具有自己理论体系、方法和应用范围的独立学科。国内外学者在渗流理论的基础上，进行了大量岩土体渗流及渗流与变形分析研究。

对于地下水运动规律的研究由来已久，1856 年亨利·达西通过大量的渗透试验，得出了在层流条件下，土中水的渗流速度与能量损失之间关系的渗流规律，即达西定律。1886 年 J.Dupuit 根据达西定律的结论研究了地下水一维稳定运动和水井的二维稳定运动规律。1901 年，P. Forchheimer 等又研究了更为复杂情况下的地下水渗流问题。1928 年，O. E. Meinzer 对地下水运动的非稳定性以及承压水层的赋存状态进行了相关研究。1940 年，Jacob 参照热传导理论建立了地下水渗流运动的基本微分方程。1946 年，N.H.斯特里热夫首次定性地阐述了液体在可压缩的地层中渗流理论的物理基础，并在此基础之上逐步建立起完整的弹性渗流理论和弹塑性渗流理论，而且这些理论均考虑到了岩土体介质骨架的不可逆变形的影响。

目前，关于地下水渗流的研究主要集中在两个方面，一方面是渗流的数值计算手段，Zienkiewicz 于 1965 年首次将有限单元法引入地下水渗流问题的研究中。Noorishad 提出了多孔介质渗流场与应力场耦合场模型。Zanj 和 Veiskarami 利用有限元分析软件获得了稳定渗流条件下考虑渗流大小和方向的渗流场、有效应力场，并分析了板桩墙管涌或坑底隆起等渗流稳定性风险。除了国外的专家学者对此进行了相关研究工作之外，国内也有一批学者投入到地下水渗流理论的研究中。张俊霞等利用三维渗流模型以解决基坑施工过程中降水的渗流计算问题。王国光等针对实际工程中的止水结构，利用有限元的方法对设置止水结构物的基坑渗流场进行计算，并在此基础上分析了止水结构的作用机理以及其特性对止水效果的影响。刘建军等以渗流力学和岩石力学为基础，建立了基坑在降水过程中的渗流计算数学模型，并通过数值模拟分析了在此过程中的基坑土体渗透压力、水头变化规律以及对基坑变形的影响。另一方面也有部分学者通过实际工程案例分析渗流的影响作用。李广信通过案例分析指出了考虑渗流作用对基坑工程的土压力计算的重要意义。骆祖江等以上海环球金融中心塔楼深基坑降水为依托工程，运用潜水、承压水渗流理论和有限差分法对深基坑降水的三维非稳定渗流场的计算建模和降水疏干过程进行了数值模拟研究。孙保卫等根据现场测试结果认为地下潜水在越流补给承压水的过程中，会产生比较大的水头损失，且这种损失对于工程建设而言具有重要意义。

随着科学技术的不断发展和进步，以地下水运动和渗流分析为主的数值分析软件在国内外得到了大量的推广和应用，并广泛地应用于实际工程当中。比如加拿大 GEO-SLOPE 公司开发研制的 GEO-STUDIO 系列软件中的 SEEP/W、SEEP/3D 模块等，日本的 2D-FLOW、3D-FLOW，韩国 MIDAS 公司开发的 MIDAS/GTS 系列软件等。这些软件的开发和应用，极大地促进了相关科学问题的研究和发展，也为实际工程领域做出了很多贡献。

综上所述，地下水渗流对于土体及地下结构的影响已经受到了国内外众多专家学者的关注，也相应的开展了很多工作，但关于渗流与其他因素相互作用共同影响土体及地下结构的研究还需要更进一步。

2.1.3 孔隙水压力

地下水对基础工程的影响，实质上是水压力或孔隙水压力场的分布状态对工程结构影响的问题，而不仅仅是水位问题。了解在基础受压层范围内孔隙水压力场的分布，特别是在黏性土层中的分布，对高层建筑有时是至关重要的。地下结构受到的浮力主要是由于土中的孔隙水压力将静水压力传递至结构底板产生的，因此孔隙水压力传递及分布规律是开展地下结构浮力研究的重要环节。目前，国内外对孔隙水压力的研究大都集中于砂性土与黏性土。对于孔隙大、连通性好的砂性土地基，孔隙水压力的作用机理学术界的意见基本一致，而对于孔隙结构复杂的黏性土地基，孔隙水压力作用机理还存在很大的争议。

很多学者通过大量的试验对黏性土中孔隙水压力传递机理进行了有益研究。崔岩对砂土和黏土用带有测压管的模型来测量二者孔隙水压力的传递能力，认为虽然砂土中结构外壁水压力传递明显快于黏土，但是黏土中结构外壁水压力最终也会达到理论的静水压。崔红军、张克意、向科也得到了同样的结论。

而另一相反观点则认为，黏土地基中不能完全将孔隙水压力传递到建筑结构底板。Ogawa S. 等对滑坡地区的地下水和孔隙水压力进行为期 5 年的观察，发现随着季节的变化滑坡面处的孔隙水压力与其对应的静水头压力并不相等。Dixox 对黏性土的水力梯度进行研究，研究表明黏性土中存在孔隙水压力减小的现象。孙保卫根据某建筑地下室底板的孔隙水压力测量结果，分析了弱透水层水头损失的原因。

介玉新通过模型试验，分别测量了黏土和砂土内部孔隙水压力，发现：砂土内部孔隙水压力很快达到理论值，而黏土中孔隙水压力经较长时间才能达到稳定，与理论值有较大差别。

而对于黏性土中的孔隙水压力与理论值存在差别的原因，有学者又展开了大量相关的研究。J. Jarsjö 利用室内试验测量刚性多孔介质水压力，得出孔隙水压力传递与孔隙率有关的结论。徐献芝在研究多孔介质有效应力原理时发现：初始状态下（初始孔隙度与初始孔隙水压力）对饱和土加载，该初始状态会影响孔隙度与孔隙水压力之间的关系。黄志仑认为黏土中的贯通孔隙是孔隙水压力传递的本质。李兴高通过计算结果和现场试验结果相结合，分析得出：挡土墙上的孔隙水压力可能与土的孔隙率有关；在现场测量孔隙水压力时，所用仪器也在影响孔隙水压力大小的范畴内。这一结论与赵慈义通过理论分析所得结果一致：孔隙水压力测量出现延迟效应与测量元件刚度有关。

张彬通过黏性土和无黏性土孔隙水压力传递试验，认为黏性土中的孔隙水压力传递与理论值的差别与土体结构特性、应力条件、土体饱和度有关。方玉树通过引入水压率这一概念来解释孔隙水压力与理论值之间的差别，认为水压率是一个在 0 ~ 1 变化的值，其取值取决于土的孔隙度与给水度；孔隙水压力取值就等于水压率与理论值的乘积。

张旷成总结前人研究成果，提出了自己的建议，即：在渗流情况下，饱和黏性土孔隙水压力的传递是否随土层深度以及渗透性的变化而变化，需要进一步去探究。

倪春海利用自己研制的试验设备，对不同固结压力下的黏土进行孔隙水压力传递和分布规律的研究，结果表明：黏土中的孔压传递与固结压力和水压有关。

张旭基于分形理论建立了饱和土孔隙水压力计算模型，并将所建立的饱和土孔隙水压力函数写入 ANSYS 命令流中，同时选取饱和状态下的均质粉质黏土边坡进行有限元分析，验证建立的计算模型，得到不同土体内部孔隙水压力值以及分布情况。

综上所述，国内外学者对黏性土孔隙水压力的传递机理进行了大量的室内外试验研究，绝大多数认为黏土不能完全传递孔隙水压力，这也是造成浮力折减的原因。但是，这一现象到底与哪些因素有关，还需要进一步去研究发现。高层建筑的基础，除埋置较深外，其主体结构部分多采用箱基或筏基，基础宽度很大，加上基底压力较大，基础产生应力的影响深度可数倍，甚至十数倍于一般多层建筑。在这个深度范围内，有时可能遇到 2 层或 2 层以上的地下水。不同层位的地下水之间，水力联系和渗流形态往往各不相同，造成人们难于准确掌握场地孔隙水压力场的分布。由于孔隙水压力在土力学和工程分析中的重要作用，对孔隙水压力的考虑不周将影响建筑沉降分析、地基承载力验算、建筑整体稳定性验算等一系列重要的工程评价问题。

2.1.4　地下结构侧壁摩阻力

当地下结构出现上浮趋势时会引起地下结构外墙与回填土之间的摩擦力，摩阻力的大小根据土压力与接触面间的摩擦系数确定。假定外墙在土的侧向压力作用下无侧向变形，回填土压力可按半空间弹性变形体计算静止土压力。墙背填土任意深度 z 处墙体受到的静止土压力计算式为

$$\sigma_0 = k_0 \gamma z$$

式中，k_0 为静止土压力系数；γ 为墙背填土的平均重度。

通常砂土 k_0 取 $0.35 \sim 0.50$，黏性土 k_0 取 $0.50 \sim 0.70$。

正常固结土可按以下经验公式计算确定：

$$k_0 = 1 - \sin \varphi'$$

式中，φ' 为土的有效内摩擦角。

水土分算时墙侧静止土压力为：

地下水位以上时：$\sigma_0 = k_0 \gamma h_0 + k_0 \gamma z$（$0 \leqslant z < h_1$）

地下水位以下时：$\sigma_0 = k_0 \gamma h_0 + k_0 \gamma h_1 + k_0 \gamma'(z - h_1) + \gamma_w(z - h_1)$（$h_1 \leqslant z \leqslant H$）

积分求得水浮力作用下，地下结构外墙的侧壁摩阻力 Q_s：

$$Q_s = \int_0^{h_1} \mu \sigma_0 \mathrm{d}z + \int_{h_1}^{H} \mu' \sigma_0 \mathrm{d}z$$
$$= \mu k_0 \gamma h_1 (h_0 + 0.5 h_1) + \mu' h_2 [k_0 \gamma (h_0 + h_1) + 0.5 h_2 (k_0 \gamma' + \gamma_w)]$$

式中，γ' 为回填土浮重度；μ，μ' 为外墙与回填土、饱和回填土之间的摩擦系数。

因而有地下水情况也是成层填土的一个特定情况。地下结构外墙受到水压力的计算方法有两种：水土分算和水土合算。土压力计算何种情况下采用水头分算、合算一直存在争议，专家和学者们对采用分算法、合算法一直持有不同观点，有不少这方面的理论和试验研究。李广信分析认为在验算地下室稳定时，水土合算在理论和实践方面有缺陷，机理不明确；水土分算的概念则相对清楚，但在一些情况下很难确定孔隙水压力，需进一步研究；沈珠江认为除非用破坏状态下破裂面上的强度指标，才可以采用水土合算，其他情况下都应当按水土分算法计算土压力。不同规范和各地区对此也有不同的规定和地区工程经验。目前较为普遍接受的算法为：对砂土与粉土采用水土分算法，黏性土采用水土合算法；分算时用有效应力抗剪强度，合算时用应力抗剪强度。

《建筑工程抗浮技术标准》（JGJ 476—2019）规定无外挑结构地下外墙与接触填筑材料之间的侧摩阻力标准值宜按下列公式计算：

$$q_{qt} = f_i E_{ki} h$$
$$f_i = \tan \varphi_i$$
$$E_{ki} = 0.35 \gamma_m h$$

式中，q_{qt} 为地下外墙与接触填筑材料之间每延米平均侧摩阻力标准值（kN）；f_i 为土体与地下结构外墙间摩擦系数；E_{ki} 为土体静止土压力标准值（kN）；φ_i 为地下结构底板底以上范围内填筑材料平均内摩擦角（°）；γ_m 为地下结构底板底以上范围内填筑材料重度的平均值（kN/m³）；h 为地下结构底板底以上范围内填筑材料的厚度（m）。

设计时通常也不考虑结构底板与岩土接触面的黏滞作用，这是因为：一方面，混凝土底板与岩土是两种不同的材料，性质和强度都不同，接触界面会存在水膜，在渗流作用下若形成连通水膜，黏滞作用就会消失，地下室外防水层和保温层完成后墙面较为光滑也减小了相互之间的黏滞作用；另一方面如果地基沉降则可能局部脱空，故设计时对于直接接触岩石的结构底面，水压也按全水头计算，不考虑黏滞作用对水头和浮托力进行折减，除非有可靠的长期控制地下水措施。

地下结构一般是先开挖基坑再施工地下室，而地下室周边回填时，施工单位常不按要求选料回填并分层压实，而采用无黏性土、建筑垃圾、废料等回填，结构松散形成肥槽，填料的渗透性甚至可能比原状土的渗透性还大。地下水恢复后易形成竖向水膜，降雨后肥槽内充满水，现实中多起地下室上浮都是由此引起。尽管侧壁摩阻力考虑不足将使得结构抗浮设计偏于保守，但限于其取值建议不明确，因此实际抗浮设计时，常将地下结构侧壁摩阻力作为安全储备，计算时未考虑此项。

2.1.5 水浮力折减

大量工程实践发现，地下结构实际浮力与传统意义上阿基米德计算的浮力是有区别的，因此有些学者提出了浮力折减系数的概念。行业标准《高层建筑岩土工程勘察标准》（JGJ/T 72—2017）规定：对位于斜坡地段的地下室或其他可能产生明显水头差的场地上的地下室，进行抗浮设计时，应分析地下水渗流在地下室底板产生的非均布荷载对地下室结构的影响。地下室在稳定地下水位作用下的浮力应按静水压力计算，对临时高水位作用下所受的浮力，在黏性土地层中可根据当地经验适当折减。对于砂土、碎石等强透水性地基中的地下结构浮力不应折减和弱透水性地基浮力应该折减的观点能被大多数人所接受，而就黏性土地基的浮力折减多少的问题，很多学者对此意见不一致。

Yang 等对位于上海市的两栋建筑进行监测，两者的地基情况是不相同的。通过研究认为基础底部所受水浮力的影响因素只有地下水位，而地基土层的渗透性只与渗流速度有关系，并不会对浮力计算产生任何影响。

对弱透水性地层浮力折减方面的研究，张在明根据大量的室内外试验，利用渗流分析法得出结论：渗流分析所得地下结构浮力要比静水压力小很多，应据此进行抗浮设计，对节约工程成本具有指导意义。李广信认为：地下结构浮力应根据渗流计算确定，且无论是砂土还是黏土都不能用孔隙率对其进行折减。后来有学者证实了这一结论，张第轩在试验模型池内分别铺填不同孔隙率的砂土和黏土，发现浮力折减系数远大于土体孔隙率，因此不能用孔隙率作为折减依据。

杨瑞清针对深圳地区浮力折减情况给出了一些经验值，他认为：应按照土层渗透系数范围对浮力进行折减；当渗透系数≤0.5 m/d 时，浮力折减系数经验值可取 0.5～0.6；当渗透系数＞0.5 m/d 时，浮力折减系数经验值可取 0.7～0.8。

周朋飞通过结合工程实际情况，开展了地下水浮力作用机理的现场试验研究，结果表明：渗透性很差的黏性土，其折减系数主要在 0.6～0.8，折减原因主要受黏性土微观结构特性、孔隙内部水的存在形态、土体饱和度以及渗流作用等因素控制。

宋林辉运用水-土颗粒-基础相互作用模型，对黏土中水浮力进行研究，观察发现：浮力折减系数随着时间的增长而逐渐增大，最终稳定在 0.65 左右。

梅国雄利用模型试验，对砂土和黏土层中地下水浮力折减情况进行探讨，提出当地下结构的基础持力层位于砂层中，基础底部受到的水浮力符合阿基米德原理，不必对浮力进行折减；而当基础位于黏性土中，地下水浮力理论设计值是要大于施工现场实测值，因此有必要对浮力的计算折减 0.7 左右。

张乾等利用简单的模型试验，针对饱和黏土地基浮力折减问题进行研究，通过试验现象初估折减系数范围为 0.41～0.58，经精确计算得到折减系数为 0.73。

宋林辉继续改进试验装置，对软黏土中地下结构浮力展开研究，得到的浮力折减系数存在少量折减，仅为 0.93。

刘博怀分别制作了渗透系数不同的粉土地基、灰土地基以及黏土地基，利用模型试验对他们的折减系数展开研究，结果显示：粉土地基折减系数范围为 0.85～0.94；灰土地基折减系数范围为 0.75～0.79，黏土地基折减系数范围为范围为 0.63～0.70，并且他将这几种土的渗透系数与浮力折减系数进行拟合，发现它们之间呈线性变化的关系。

陆启贤利用自制的模型试验装置进行了孔隙水压力传递试验和模型桶上浮试验，结果表明：孔压在黏土中传递存在滞后性且水力梯度大小会对其产生影响。最后综合两种不同的测算方法，得到黏土中折减系数取值范围为 0.84～0.87。

一些地方对进行水浮力计算时是否进行折减进行了规定，如湖北省地方标准《建筑地基基础技术规范》（DB42/242—2014）规定地下建筑埋藏于不透水层、周边填土密实不透水且场地无积水时，地下水浮力可不折减，稳定地下水位作用下的地下水浮力应按静水压力计算，临时高水位作用时，在黏性土地基中水浮力折减系数宜由勘察部门提供，在砂土中的浮力不折减。贵州省地方标准《贵州省建筑岩土工程技术规范》（DBJ52/T 046—2018）规定静水条件下不折减，对砂土、粉土等透水性强的土层，水浮力不折减，对渗透系数很低的黏性土和节理不发育的岩石，原则上水浮力不折减，只是在具有地方经验或者实测数据时，方可进行一定的折减；渗流条件下，水浮力应通过渗流分析确定。

　　总的来说，对于弱透水性地基中浮力折减系数的取值问题仍然没有形成统一认识。根据目前已有关于水浮力折减系数的研究，总结出地下建筑不同埋深位置地下水水浮力折减系数参考值，如图 2-2 所示，在进行抗浮设计时可适当参考，以达到更好的经济效果。

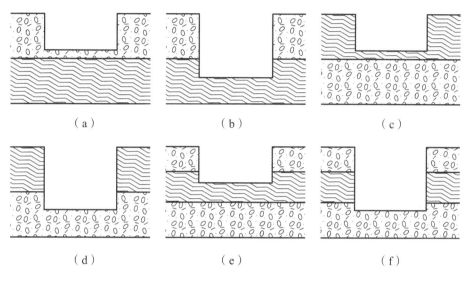

图 2-2　地下建筑不同埋深位置地下水水浮力折减系数

　　工况 1：当地下室底板处在上部潜水层中时（图 2-2a），地下室底板需要受到地下水产生的上浮作用，抗浮设计水位取为潜水水面，则水浮力不做折减，直接根据经典阿基米德原理计算。

　　工况 2：当地下室底板贯穿了上部潜水层，而位于下部隔水层中时（图 2-2b），地下室底板上部存在隔水层（弱透水层），由于地下水的渗流作用，地下室底板受到地下水产生的上浮作用，抗浮设计水位取为潜水水面，考虑了底板处地下水的渗流作用则需要对浮力折减，水浮力折减系数可按 0.7 ~ 0.8 计算。

　　工况 3：地下室底板处在上部隔水层中时（图 2-2c），地下室底板下部存在隔水层（弱透水层），由于渗流作用下部的承压水对地下室底板产生上浮作用，应当考虑水浮力作用，浮力计算设计水位为承压水位，需要考虑渗流折减，水浮力折减系数可按 0.7 ~ 0.8 计算。

　　工况 4：地下室底板贯穿上部隔水层，底板位于下部承压水的含水层中（图 2-2d），则底板受到以下的承压水产生的浮托作用，选取承压水位作为设防水位，底板之上存在隔水层，需要考虑渗流折减，水浮力折减系数可按 0.7 ~ 0.8 计算。

　　工况 5：当地下室贯穿上部潜水含水层，底板位于中部隔水层之上，且隔水层之下还存在承压水含水层时（图 2-2e），上下含水层由于存在渗流作用，地下水对地下室的作用具有图 2-2b 和图 2-2c 共同特征，上下含水层水位均为需要考虑的设计水位，地下室水浮力计算应考虑上下含水层的渗流作用，地下室底板的上部及下部均存在隔水层（弱透水层），水浮力折减系数可按 0.5 ~ 0.6 计算。

工况6：当地下室底板贯穿上部潜水含水层及中间隔水层，底板位于下部承压含水层中时（图 2-2f），承压水对地下室的作用与图 2-2d 相似，抗浮设计水位取为下部承压水面，水浮力折减系数可按 0.5 ~ 0.6 计算。

折减系数的确定在整个抗浮设计过程中是非常关键性的一步，对于抗浮设计方案的准确性有着深远影响。因此，应当充分重视起来，建议各个省市地区根据自身情况建立起来长期的水文地质观测点，进行地下水位的长期监测工作，掌握各个地区的地下水位的动态变化规律和长期发展趋势，并及时汇总信息，利用信息数据库来保存资料，作为城市地下结构建设的重要资料来源，让抗浮设计达到经济合理、安全适用的标准。

2.2 抗浮设防水位的确定

我国对抗浮水位的研究最早可追溯到 20 世纪 90 年代中期，针对 1995 年官厅水库放水造成北京市西郊区域性的地下水位回升，引起部分地下室开裂和渗水的工程事件，张在明等率先在北京地区开始了有关抗浮水位问题的系统研究，首次将孔隙水压力分布和地下水水位预测等科学方法引入到抗浮水位分析中，并在大量长期观测地下水数据的基础上，首次建立了抗浮水位分析的场域法分析体系，且在北京地区得到了广泛的应用。张旷成首次在规范中对抗浮水位做了比较明确的定义，提出了"场地抗浮水位"概念，并对相关分析方法展开了较深入讨论。黄志仑对多层含水层的抗浮水位及扬力分析方法进行了较详细讨论。此后，许多学者在此基础上从不同专业领域（如水文地质、土力学和结构工程等）开展了进一步的研究工作，抗浮水位研究也逐渐成为岩土工程与结构工程领域的一个热点。

诸多学者做了有关抗浮设防水位取值及抗浮设计的研究，对抗浮设计原理、抗浮水位取值方法、抗浮水位取值的影响因素进行了探析。但由于抗浮水位是一个十分复杂的问题，涉及水文地质、工程地质、土力学、水力学和结构工程等多个学科领域，再加上我国疆域辽阔，气象水文条件、地质及岩土条件和城市水资源分布等因素差异较大，造成结构抗浮水位尚远未形成相对统一而严谨的概念、方法或技术体系。从而在工程实践中多以经验为主，但人为性很大，分歧较多，目前的研究成果缺乏延续性和系统性，影响了对该问题进一步聚焦和深入研究。抗浮水位的合理确定会直接影响到工程的安全性和成本问题，而实际工程中抗浮水位情况是比较复杂的，抗浮水位的标高取值，尤其对一些水位变化大的地方，一直是地下水勘察的难点。

2.2.1 行业标准对抗浮设防水位的规定

由住房和城乡建设部（以下简称"住建部"）发布的行业标准《高层建筑岩土工程勘察标准》（JGJ/T 72—2017）自 2018 年 2 月 1 日起开始取代原《高层建筑岩土工程勘察规程》（JGJ 72—2004）实施。新标准中对抗浮设防水位进行了修改，将抗浮设防水位定义为："为满足地下结构抗浮设防安全及抗浮设计技术经济合理的需要，根据场地水位地质条件、地下水长期观测资料和地区经验，预测地下结构在施工期间和使用年限内可能遭遇到的地下水最高水位，用于设计按静水压力计算作用于地下结构基底的最大浮力。"根据新标准的规定，抗浮设防水位的综合确定应符合：

（1）抗浮设防水位宜取地下室自施工期间到全使用寿命期间可能遇到的最高水位。该水位应根据场地所在地貌单元、地层结构、地下水类型、各层地下水水位及其变化幅度和地下水补给、径流、排泄条件等因素综合确定；当有地下水长期水位观测资料时，应根据实测最高水位以及地下室使用期间的水位变化，并按当地经验修正后确定。

（2）施工期间的抗浮设防水位可按勘察时实测的场地最高水位，并根据季节变化导致地下水位可能升高的因素，以及结构自重和上覆土重尚未施加时，浮力对地下结构的不利影响等因素综合确定。

（3）场地具多种类型地下水，各类地下水虽然具有各自的独立水位，但若相对隔水层已属饱和状态、各类地下水有水力联系时，宜按各层水的混合最高水位确定。

（4）当地下结构邻近江、湖、河、海等大型地表水体，且与本场地地下水有水力联系时，可按地表水体百年一遇高水位及其波浪壅高，结合地下排水管网等情况，并根据当地经验综合确定抗浮设防水位。

（5）对于城市中的低洼地区，应根据特大暴雨期间可能形成街道被淹的情况确定，对南方地下水位较高、地基土处于饱和状态的地区，抗浮设防水位可取室外地坪高程。

（6）当建设场地处于斜坡地带且高差较大或者地下水赋存条件复杂、变化幅度大、地下室使用期间区域性补给、径流和排泄条件可能有较大改变或工程需要时，应进行专门论证，提供抗浮设防水位的专项咨询报告。

抗浮设防水位是地下室施工及使用期间可能遇到的最高水位，这个水位不是勘察期间实测到的场地最高水位，也不完全是历史上观测或记录到的历史最高水位，而是地下室未来使用期间可能遇到的最高水位。这个水位是岩土工程师根据场地条件和当地经验预测的、未来可能出现的一个水位。一般来说，当有地下水长期观测资料时，可根据历史上最高水位来推定和预测今后使用期间的地下水最高水位；当没有地下水长期观测资料，而对当地不同地貌单元地下水季节变化幅度有经验数据时，可按"勘察期间实测地下水位+地下水季节变化幅度+意外补给可能带来的地下水升高值"来预测和推定抗浮设防水位。因此在一般场地水文地质、地形地貌条件下，如未经过专门论证并确有依据，经综合确定的抗浮设防水位不宜低于勘察期间实测水位。

住建部还发布了行业标准《建筑工程抗浮技术标准》（JGJ 476—2019），于2020年3月1日起实施。该标准是目前对抗浮工程阐述最全面的标准，其对抗浮设防水位定义为："建筑工程在施工期和使用期内满足抗浮设防标准时可能遭遇的地下水最高水位，或建筑工程在施工期和使用期内满足抗浮设防标准最不利工况组合时地下结构底板底面上可能受到的最大浮力按静态折算的地下水位。"标准还规定：抗浮设防水位可分为施工期抗浮设防水位和使用期抗浮设防水位，两者可以相同。未经分析论证的勘察期间实测地下水位不能直接作为抗浮设防水位，当抗浮设防水位存在异议时，宜通过专项论证进行确定。当场地及其周边或场地竖向设计的分区标高差异较大时，宜按竖向设计标高划分抗浮设防分区采用不同的抗浮设防水位。在同一竖向设计标高区域，原始地形、地层分布和水文地质条件等变化较大的场地，可按工程结构单元分区。跨越多个地貌单元或地下水存在水力坡降的场地也可根据地质条件分区。根据该标准，抗浮设防水位应按以下几点确定：

（1）确定抗浮设防水位时应综合分析下列资料和成果：

①抗浮设计等级和抗浮工程勘察报告提供的抗浮设防水位建议值；

②设计使用年限内场地地下水水位预测咨询报告成果；

③地下水位长期观测资料、近5年和历史最高水位及其变化规律；

④场地地下水补给与排泄条件、地下水水位年变化幅度；

⑤地下结构底板下承压水赋存情况及产生浮力的可能性和大小；

⑥洼地淹没、潮沙影响的可能性及大小。

（2）施工期抗浮设防水位应取下列地下水水位的最高值：

①水位预测咨询报告提供的施工期最高水位；

②勘察期间获取的场地稳定地下水水位并考虑季节变化影响的最不利工况水位；

③考虑地下水控制方案、邻近工程建设对地下水补给及排泄条件影响的最不利工况水位；

④场地近5年内的地下水最高水位；

⑤根据地方经验确定的最高水位。

（3）使用期抗浮设防水位应取下列地下水水位的最高值：

①地区抗浮设防水位区划图中场地区域的水位区划值；

②水位预测咨询报告提供的使用期最高水位；

③与设计使用年限相同时限的场地历史最高水位；

④与使用期相同时限的场地地下水长期观测的最高水位；

⑤多层地下水的独立水位、有水力联系含水层的最高混合水位；

⑥对场地地下水水位有影响的地表水系与设计使用年限相同时限的设计承载水位；

⑦据地方经验确定的最高水位。

（4）特殊条件场地抗浮设防水位宜为以上最高地下水水位与下列高程的最大值：

①地势低洼、有淹没可能性的场地，为设计室外地坪以上0.50 m高程；

②地势平坦、岩土透水性等级为弱透水及以上且疏排水不畅的场地，为设计室外地坪高程；

③不同竖向设计标高分区地下水可向下一级标高分区自行排泄时，为下一级标高区高程。

（5）抗浮设计等级为甲级或有特定功能要求的工程如：斜坡、地形起伏较大且周边环境比较复杂的场地；水文地质条件比较复杂、水位变化幅度较大的场地；因工程建设可能导致地下水补给、径流和排泄等条件改变的场地和建设单位或设计单位要求的其他情况，在确定抗浮设防水位时，宜进行施工期和使用期可能遭遇的最高地下水水位预测分析，并提供可作为抗浮设防水位确定依据的咨询报告。水位预测咨询报告内容包括：预测范围或分区、环境条件及相互关系的影响分析；场地工程地质与水文地质条件的分析与利用；地下水水位变化规律、地下水与邻近地表水系水位等观测资料的分析和利用；各相关岩土层性能指标和计算参数选用及影响分析；预测方法和预测过程及符合性分析，预测结果分析和适用性评价；施工期、使用期的最不利组合工况时最高地下水水位建议值及其使用说明。水位预测咨询报告宜经过专家评审验收后使用。

水位预测基于资料宜包括：对工程有影响的各层地下水的实测水位、赋存条件、变化规律及季节影响幅度等情况；区域的地质构造、水文地质条件，不同类型地下水的连通性和补给规律；地下水水位长期观测资料，场地近5年和历史最高地下水位及其变化规律；与场地关联的地表水系的洪水水位、蓄水水位和设计承载水位；与场地有关的地下水保护、开采及利用现状与规划等资料和拟建工程的设计文件或施工组织设计文件。

水位预测应综合考虑的因素包括：场地的地形、地貌单元、地层结构、地下水类型、各层地下水水位及其变化幅度；地下水补给、径流、排泄等条件，历史水位的变化及幅度；设计使用年限和工程建设可能导致水文地质条件改变引起的地下水位变化程度；邻近工程降水、区域地下水开采和水文环境变化的影响程度和趋势；区域水利规划、邻近地表水系水位变化等对场地地下水水位的影响程度和趋势；场地及其周边已有排水系统的分布和有效能力等。

水位预测分析宜包括：宜根据场地工程地质、水文地质条件、地下结构底板埋深等，分析产生浮力的地下水所处层位和可能的地下水环境条件变化；应分析场地各地质单元内地下水分布规律以及各水文地质单元之间的影响趋势；应根据场地的地形、地层结构、地下水类型、地下水补给、径流及排泄条件等分析确定渗流分析的必要性及渗流分析的边界条件；应分析场地及其邻近区域地下水开采对地下水水位的影响及开采量得到控制后地下水水位的回升趋势；地下水与邻近地表水体有水力联系时，应分析水位变化规律及影响程度；应分析区域地下水长期监测资料及其与场地各层地下水水位及变化规律的关联性；存在稳定渗流和承压水水头的场地应进行渗流场与隆起稳定性计算及分析；应分析预测施工期、使用期的最不利组合工况时地下水的最高水位；应根据预测结果和预测计算方法的适用性分析，提出预测结论。

在缺少预测经验时，宜采用经验证的时间序列分析法、趋势外推法和类比预测法进行水位预测，采用数值计算或数值模拟方法进行渗流分析时，宜根据各层地下水赋存形态及渗流状态分析确定的边界条件进行参数识别和模型验证。当抗浮设计等级为甲级或建筑设计有明确要求时，应进行两种以上方法对比验证。

2.2.2 地方标准对抗浮设防水位的规定

除了住建部发布的行业标准对抗浮设防水位进行了规定外，在不与行业标准冲突的前提下，山东省、江苏省、福建省、广东省、天津市、重庆市、成都市和深圳市等也在各自的地方标准中针对各自地方特点对抗浮设防水位进行了特别的规定，以确保其抗浮设防水位的选择能够保证工程的安全和质量。不同地区对于抗浮设防水位的规定内容见表2-1。

表 2-1　不同地区对于抗浮设防水位取值的规定

地区	对抗浮设防水位的规定
成都市	根据勘察期间的地下水位、历史最高地下水位、近 5 年最高地下水位、水位变化趋势及其影响因素、专项水文地质勘察成果等，综合确定抗浮设防水位建议值。 临地表水体的项目，当地下水与地表水体有水力联系时，抗浮设防水位应考虑地表水位变幅及影响程度，结合最高洪水位确定抗浮设防水位建议值。 因以上资料欠缺不能确定场地抗浮设防水位建议值的，应符合以下要求： 一级阶地不低于室外地坪标高以下 1.0 m； 二级阶地不低于室外地坪标高以下 2.0 m； 三级阶地、丘陵、山地等地貌的弱透（隔）水地层分布区，不低于室外地坪标高
天津市	地下水类型为潜水并有长期地下水位观测资料时，抗浮设防水位可采用实测最高水位； 缺乏地下水位长期观测资料时，可按勘察期间实测最高稳定水位并结合场地地形地貌特征、地下水补给、排泄条件及地下水位年变化幅度等因素综合确定； 地下水位埋藏较浅的滨海地区和市内地势低洼地区的抗浮设防水位可取室外地坪标高； 地下水与地表水发生水力联系时，应考虑采用地表水的最高水位作为抗浮设防水位

地区	对抗浮设防水位的规定
重庆市	地下水抗浮设防水位应根据区域水文地质资料和地区经验、长期水位观测资料、地下水类型、设防周期等因素综合确定
深圳市	有长期系统的地下水观测资料时，应取峰值水位； 无法确定地下水的峰值水位时，可取建筑物地下室室外地坪标高以下 0.5~2.0 m； 建筑物周边和地下有连通性良好的排水设施时，宜以该排水设施底标高为基准进行综合判断； 当涨落潮对场地地下水有直接影响时，宜取最高潮水位时的地下水位
福建省	应根据当地长期观测资料、历史最高水位记载及地下水和地表水的情况结合确定。 无经验时，滨海和滨江地区可取场地整平标高埋深 0.5 m 考虑
山东省	当场地水文地质条件简单或当地资料丰富可靠，能满足抗浮设防要求时，可根据勘察期实测的稳定水位结合经验确定； 当地下水赋存条件复杂、变化幅度大、区域性补给和排泄条件可能有较大改变或工程需要时，应进行专门论证，提供抗浮设防水位的咨询报告
江苏省	对地下水埋藏浅的滨海、滨江、滨湖等较平坦场地，对于地下水位埋深大于 0.5 m，场地抗浮设防水位可取地面整平标高或室外地坪设计标高下 0.5 m 考虑，对于地下水位埋深小于 0.5 m，场地按历史最高水位考虑
广东省	抗浮设防水位应取设计使用年限内最高水位； 当无工程设计使用年限内最高水位时，无承压水的平地地形，抗浮设防水位可取室外地坪； 有承压水的平地地形，抗浮设防水位取潜水水位和承压水头较大值，潜水水位可取室外地坪

注：各地区对于抗浮设防水位取值的规定参考《成都市住房和城乡建设局关于进一步加强房屋建筑和市政基础设施工程勘察质量管理的通知》成住建发〔2023〕24 号；《天津市岩土工程勘察规范》DB/T 29-247—2017；《工程地质勘察规范》DBJ50/T-043—2016；《地基基础勘察设计规范》SJG 01—2010；《建筑地基基础技术规范》DBJ13-07—2006；《建筑岩土工程勘察设计规范》DB37/5052—2015；《岩土工程勘察规范》DGJ32/TJ 208—2016和《建筑工程抗浮设计规程》DBJ/T 15-125—2017。

影响抗浮设防水位确定的因素较多，自然因素包括地形、气象、地层和地下水等，人为因素包括基础位置、施工和人类用水等，因此造成了抗浮设防水位难以有十分明确的规定，各地难以执行统一的标准。从各地对于抗浮设防水位的规定来看，一种类型是规定按照场地存在影响抗浮设防水位的因素综合确定，这种规定可操作性太差，对抗浮设计没有明确的指导意义；另一种对抗浮设防水位的规定大多是结合地区特点以定性+半定量/定量的方式给出大的原则，如成都市规定一级阶地不低于室外地坪标高以下 1.0 m；二级阶地不低于室外地坪标高以下 2.0 m；三级阶地、丘陵、山地等地貌的弱透（隔）水地层分布区，不低于室外地坪标高，因此很多抗浮设计直接取规定的临界值。

2.2.3　水盆效应

地下工程上浮是由于场地地下水位的升高，而地下水位的升高一般有两个原因：一是周边场地江河湖水、地下水通过裂隙或渗透渗入；二是地表水的流入。设计单位一般认为抗浮的关键在于地勘报告中抗浮设计水位的确定，而对地表水的流入却容易忽视。在地下工程周边肥槽回填前后，出现暴雨时，地表水经肥槽流入建筑地下室基坑四周进而渗入地下室底板下部，形成积水区。此时基坑就宛如一个"大水盆"，建筑物的地下室犹如一个浸泡在大水盆中的"小水盆"。若由此产生的浮力大于地下室自重与抗浮措施形成的抗力之和，就会造成结构浮起破坏，这就是水盆效应。在地下工程的抗浮事故中，因地表水渗入基坑四周肥槽，使地下水位上升，形成水盆效应，导致地下室底板受水浮力而浮起破坏的案例频发。

水盆效应的形成需具备以下条件：① 场地为不透水地层或弱透水层，基坑开挖后，足以形成"大水盆"的条件；② 基坑肥槽采用透水性较强材料回填或回填不密实的，使地表水具备下渗的条件；③ 上部压重建筑、抗浮措施未实施或压重不足；④ 大量降雨后，地表水具备足够来源。其中，第①条为地质条件，第②、③条为设计、施工条件，第④条为自然条件。上述任一条件不具备都不会形成水盆效应。

因地表水流入肥槽产生水盆效应是否需要抗浮，采用哪些抗浮措施，当前存在一定的争议，也是抗浮设计中的痛难点。根据《建筑工程抗浮技术标准》（JGJ 476—2019）第5.3.4条的第 2 款认为当场地为地势平坦、岩土透水等级为弱透水且疏排水不畅时，抗浮设防水位为设计室外地坪标高。其条文解释中说道："当建筑工程处于不透水地层且场地排水不畅时，基坑肥槽采用透水性较强的土回填、密实度较差、地表封闭效果较差等，地下水渗流或降雨等地表下渗将储存在肥槽中，由于无排泄条件而形成水头差（众多工程事故案例已证明，此条件将对基础底板产生较大的浮力），鉴于目前尚没有合适的方法进行浮力计算，从工程安全角度，宜取室外地坪标高作为抗浮设防水位。"故《建筑工程抗浮技术标准》（JGJ 476—2019）已经明确因地表水流入肥槽的水盆效应不仅要考虑抗浮设计，且抗浮设防水位宜取设计室外地坪标高。这是比较稳妥的考虑，但在实际设计时，仅因地表水的下渗作用就以室外地坪标高为抗浮设防水位，会造成抗浮措施造价高昂，不被建设单位认可；而若因地表水引起了水盆效应导致地下室上浮破坏，修复又需要巨大费用。

对因地表水流入肥槽形成水盆效应，是否采用抗浮措施，应从水盆效应形成的 4 个条件来判断。在勘察、设计阶段，应首先从场地地质条件来考虑，判断场地是否具有形成水盆效应的地质条件。若场地基岩弱透水层为斜坡状，地下水具备排泄条件；或场地为强透水性岩土质，地表水流入后不具备形成水盆效应的条件，则可不考虑抗浮设防。此外，特别是在岩土透水等级为弱透水的场地中，地下水无排泄条件，符合形成水盆效应的地质条件时，应充分考虑抗浮设防和抗浮措施。

根据阿基米德定律，水盆效应上浮力的产生在于水的汇集，上浮力的大小在于产生的水头差，一般情况下上浮力采用外力抵消或采用措施来降低。因此，《建筑工程抗浮技术标准》（JGJ 476—2019）第6.5节采用了压重、结构、锚固的外力抵消抗浮法和排水、泄水、隔水的降低上浮力抗浮法。其次水盆效应具有明确的水源和泄入通道，一般具有一定的时效性（施工期），从经济、便利的角度考虑，最优方案为采用"疏、排"的措施。

因此，当在施工期间的抗浮稳定性验算不能满足时，应采取合理的抗浮措施。施工期间一般可建议采用排水限压法对基坑进行降水，常用的基坑降水方法还有明沟加集水井降水、轻型井点降水、深井井点降水等。在注意《建筑工程抗浮技术标准》（JGJ 476—2019）对基坑降水有严格要求的同时，还应特别注意对停止基坑降水时机的选择，很多抗浮事故发生的原因是在地库顶板覆土完成前停止基坑降水，此时一旦地下水位接近抗浮设防最高水位，水浮力将大于全部抗力之和，势必会引发工程事故。

针对基坑肥槽狭窄，不易回填压实，给地表水提供了充分下渗通道的问题，应避免肥槽形成积水区，不能用砂石、碎石土回填，应采用灰土、黏性土回填并分层夯实，建议优先采用预拌流态固化土、素混凝土、毛石混凝土回填，形成不透水层，阻碍地表下的水渗通道，以避免建筑物因地表水流入肥槽形成水盆效应。

2.2.4 抗浮设防水位确定

地下结构所受浮力的大小与地下水位有关。不同阶段对抗浮水位有不同的要求，如历史最高水位、勘探期间的最高稳定水位、建筑物室外地面标高以及地下结构在施工和使用期间可能遇到的最高水位。大部分规范中提到的了"使用期最高水位"或是"历史最高水位"作为抗浮设防水位，但使用期最高水位本身就是难以预测的。而如果根据历史最高地下水位进行抗浮设计，则大部分时间内的抗浮都会过于保守，且在突发极端天气事件时也不一定满足结构抗浮的要求。抗浮设防水位的确定要以地下室抗浮评价计算的安全、科学性和经济合理性为前提。抗浮水位取高了则造成浪费，取低了则容易出事故。在抗浮设计和地下室外墙承载力验算时，正确确定抗浮设防水位成为一个牵涉巨额造价、施工难度和工期等的十分关键的问题。

抗浮水位是地下室抗浮设计中一个决定性的参数，没有抗浮设计水位就无法计算水的浮力。在工程地质勘察报告中，一般只提供常年最高水位、勘察期间的地下水位和地下水的变幅范围。但对于地下建（构）筑物，应加强地下水对工程建设影响的认识，对地下水的问题进行仔细分析，针对具体工程实际情况，正确确定建筑防水设计水位和抗浮设计水位。需要指出的是，在设计地下工程的抗浮水位时，不能只取工程所在位置的常年最高水位，而应根据地下水类型、各层地下水位及其变化幅度和地下水补给、排泄条件等因素，结合工程重要性以及工程建成后地下水位变化的可能性确定抗浮设计水位。

《建筑工程抗浮技术标准》（JGJ 476—2019）第5.3.2条及条文说明同时提出了施工期抗浮设防水位的概念，实际工程也多是在施工过程中出现上浮甚至发生事故。这主要是源于施工阶段对抗浮稳定性的忽略，而未采取相应的抗浮工程技术措施，特别是地下结构底板埋置不太深，不需设置永久性抗浮锚杆或抗拔桩的项目，当地下结构覆土压重未完成、肥槽未回填完毕、地表疏排水措施未形成时，极易因忽略施工阶段的抗浮问题而导致抗浮工程事故。虽然施工阶段比较短，但基坑、基槽的暴露可能积水，也可能受地下水补给、排泄条件改变的影响，加之此阶段可以抵抗地下水浮力的上部结构荷载尚未施加完成，应更加重视施工期的抗浮设计和抗浮措施，针对性地进行施工期抗浮设计。因此，施工期抗浮设防水位的确定也应综合考虑勘察时实测的场地水位、预计施工期的雨期地下水高水位和近3~5年最高水位的最不利工况。

水浮力的计算是地下结构抗浮设计的前提。因此，对于地下工程，应正确合理地确定工程的防水位置。该水位一般由工程勘察单位提供，确定抗浮水位标高时应符合以下几项原则：

（1）在勘察过程中，会测量现场实际稳定的地下水位，但水位只能代表调查期间的水位，不能直接用作抗浮设防水位。

（2）在确定施工阶段抗浮设防水位的时候，应该把邻近工程建设对本场地地下水的影响考虑在内，结合在勘察时期测得的最高水位、勘察报告预测的地下水位的丰水期最高水位以及近 3 ~ 5 年的水位最大值，以其中的最不利水位作为抗浮设防水位。

（3）使用期抗浮设防水位确定应结合地方经验，并按下列规定综合确定：

① 如果具有建设场地所在地区的长期水位观测资料、之前地下水变幅资料或已有抗浮设防水位预测报告时，可采用与设计使用年限同时限期内观测到的最高水位和预测水位中最高者；

② 无长期水位观测资料或资料缺乏时，应取预测最高水位、调查得到的与设计使用期限同时限内历史最高水位中最大者；

③ 当场地具有各自独立水位的多层地下水时，宜以各层水的混合最高水位作为基准水位，并根据场地所在地貌单元、地层结构、地下水类等各方面因素综合分析，增加各层地下水水位最大变化幅值；

④ 当地表水系与地下水相互关联，地下水位仅受地表水系水位升降的影响不发生淹没时，宜采用地表水系与地下结构设计使用年限同期的一遇承载水位。

除此之外，对一些特殊情况还应具体情况具体对待：一是地下水赋存条件复杂或工程需要时，应进行专门论证；二是对于斜坡地段的地下室或可能产生明显水头差的场地上的地下室进行抗浮设计时，应考虑地下水渗流在地下室底板产生的非均布荷载对地下室结构的影响；三是在有水头压差的江河岸边且存在滤水层时，应按设计基准期的最高洪水位来确定其抗浮水位；四是对于雨水丰富的南方地区，尤其应注意因地面标高发生变化后对原勘察报告抗浮水位的修正。

地下水需要长期系统的观测，需要专项勘察，需要综合分析与预测，而这些不是通常的岩土工程勘察可以轻松解决的。因此，对于场地水文地质条件复杂或抗浮设防水位取值高低对基础结构设计及建筑投资有重大影响等情况，应提出进行专门水文地质勘察的建议。工程经验表明，在大规模工程建设中，地下水的勘察评价将对工程的安全与造价产生极大影响。由于城市地下水受人为因素影响较大，地下水位变化规律比较复杂，同时，一般情况下详细勘察阶段时间紧迫，只能了解勘察时刻的地下水状态，有时甚至没有足够的时间进行现场试验，不可能在此阶段研究清楚地下水对工程的作用。因此，抗浮设防水位不能只依赖于勘察期间的水位确定，必要时应设置地下水位长期观测孔和进行专门的水文地质勘察。

抗浮设防水位的确定是一个十分复杂的问题，既与场地的工程地质、水文地质的背景条件有关，更取决于对建筑整个运营期间内地下水位的变化趋势。而后者又受人为作用和政府的水资源政策控制。因此，抗浮设防水位是一个技术经济指标。如何得到既保证安全，又经济合理的抗浮设防水位，还有很多研究工作需要深入进行。同时，抗浮设防水位是一个技术和经济相结合的综合性指标，一方面要兼顾技术可行与经济合理，另一方面要兼顾投入、产出比例，长期、短期利益权衡，不仅涉及技术，更重要的是涉及安全与造价、工期等复杂的权衡、决策，这些往往并非勘察、设计单位的专长和责任。

2.3 抗浮锚杆的工作原理

在地下水位较高的地区，带地下室建筑物的基础往往低于地下水位，因此受到地下水浮力 F_w。水对地下建筑物的浮力大小遵循阿基米德原理，即水对物体的浮力等于物体排开同体积水的重量（图 2-3），即 $F_w = \gamma_w \times A \times \Delta H$（$A$ 为基础底面积）。当水浮力大于地下建筑物单位

面积的重力 W，建筑物就会出现浮起。当水不断补给造成地下水位上升，建筑物将不断上浮，此时则需要采取如抗浮锚杆等抗浮措施。

图 2-3　建筑物抗浮模式

抗浮锚杆作为最常见的抗浮措施之一，其一端锚固在建筑物底板，另一端锚固在地基的持力层。当建筑物遭受不断加大的地下水浮力，而建筑物的自重不足以抵消该浮力时，抗浮锚杆通过提供足够的抗拔力以减轻建筑物上浮，使其在可控制的范围内，从而避免建筑物结构破坏等问题。根据抗浮锚杆的等直径和扩大头两种形态不同，其提供抗拔力的机制略有差异。常用的等直径型抗浮锚杆通过锚固体侧壁与土体的摩阻力提供抗拔力，属于纯摩擦型抗浮锚杆，受力过程首先通过锚固体钢筋与注浆体之间的作用将上拔力传至注浆体，而后通过注浆体与周边土层间的摩擦力将注浆体所受到的力传至周围稳定土体中，从而形成具有一定抗拔能力的抗浮锚杆，起到抗浮作用。

高强度预应力抗浮锚杆提供抗拔力的机制更加复杂，主要通过扩大头和高强度筋材两个方面提高抗拔承载力。首先，高强度预应力抗浮锚杆采用 PSB 钢筋等高性能筋材代替普通 HRB 钢筋，能够极大程度地保证筋材的抗拉强度，如单根 $\phi 40$ mm，屈服强度为 1 080 MPa 的 PSB 钢筋，其强度是同等面积普通 HRB400 钢筋强度的 2.5 倍。其次，高强度预应力抗浮锚杆通常采用扩大头的构造形式，可通过普通锚固段锚固体侧壁与土体的摩阻力、扩大头侧壁与土体的摩阻力和土体对扩大头端部的端压力提供抗拔力，属于摩擦-端压型锚杆，其提供抗拔力的机制随着荷载的增加可大致分为三个阶段（图 2-4）。

第一阶段为静止土压力阶段，此阶段抗浮锚杆受到拉力较小，抗拔力由普通锚固段和扩大头段侧壁摩阻力，以及扩大头前端面静止土压力组成，抗浮锚杆的位移较小，锚杆受力变形性能由锚固段的摩阻决定；第二阶段为过渡阶段，在扩大头侧阻达到静摩阻峰值以后，随着拉力持续增大，扩大头开始发生位移，其前端压力增大，端前土体开始产生局部塑性区并连通形成一个整体。过渡阶段抗浮锚杆的受力变形性能由扩大头端前土体的压缩性能决定，由于土体的压缩变形比摩阻变形大，在荷载-位移曲线上会出现"端压拐点"，拐点之后的曲线斜率变小，位移增大；第三阶段为塑性区压密-扩张阶段。由于荷载继续增大，扩大头会发生较大位移，塑性区土体受到严重压缩，并进行应力状态和塑性区范围调整。当扩大头埋深较大，随锚杆外荷拉力的增加，土体不断被压密，压密后的土体提供给扩大头的抗力随之增加，锚杆位移趋于收敛稳定。扩大头抗浮锚杆的第三阶段受力机制比较复杂，特别是一些不规则扩大头形态的抗浮锚杆。

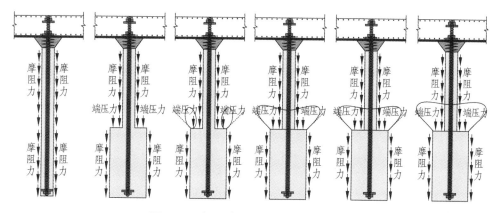

图 2-4　高强度抗浮锚杆工作机理

除了抗拔承载力之外，抗浮锚杆的防腐也是一个及其重要的问题。目前常用抗浮锚杆形式主要为全黏结等截面型，在拉力作用下，锚杆处于全断面受拉状态。现行行业标准《建筑工程抗浮技术标准》（JGJ 476—2019）7.5.8 条对抗浮锚杆锚固体裂缝控制设计提出了明确要求：抗浮设计等级为甲级工程，按不出现裂缝进行设计，在荷载效应标准组合下锚固浆体中不应产生拉应力；抗浮设计等级为乙级的工程，按裂缝控制进行设计，在荷载效应标准组合下锚固浆体中拉应力不应大于锚固浆体轴心受拉强度；抗浮设计等级为丙级的工程，按允许出现裂缝进行设计，在荷载效应标准组合下锚固浆体中最大裂缝宽度不应大于最大裂缝限值。传统抗浮锚杆均为纯受拉构件，无法满足抗浮设计等级为甲级或乙级的要求；若满足抗浮设计等级丙级要求，会使锚杆承载力降低。

如何控制抗浮锚杆的裂缝又提高抗拔承载力是抗浮锚杆技术领域的一个最迫切需要解决的问题。高强度预应力抗浮锚杆通过施加预应力，使抗浮锚杆锚固体处于受压状态，不产生裂缝，提高了抗浮锚杆耐久性，从而满足现行行业标准《建筑工程抗浮技术标准》（JGJ 476—2019）对抗浮锚杆锚固体裂缝控制设计的要求。

2.4　高强度预应力抗浮锚杆的技术优势

高强度预应力抗浮锚杆通过施加预应力，使抗浮锚杆属于受压状态，不产生裂缝或裂缝很小，提高了抗浮锚杆耐久性，从而满足现行行业标准《建筑工程抗浮技术标准》（JGJ 476—2019）对抗浮锚杆锚固体裂缝控制设计的要求。利用 PSB 钢筋代替普通钢筋，提高抗浮锚杆的承载力，并消化了国内 PSB 钢筋产能。

伴随着预应力抗浮锚杆施工经验的成熟及本身各类抗拔结构施工已有的成熟施工经验，

高强度预应力抗浮锚杆在提高抗浮锚杆承载力和控制裂缝提高抗浮锚杆耐久性方面将扮演越来越重要的作用。随着城市大规模建设及人们对抗浮工程愈发重视，高强度预应力抗浮锚杆将应用在越来越多的工程项目上。

高强度预应力抗浮锚杆主要有以下几个优点：

（1）抗拔承载力高：PSB 钢筋力学性能优于普通 HRB 钢筋，能有效提高抗浮锚杆的整体抗拔承载力。高强度预应力抗浮锚杆为主动式锚杆，能有效控制锚固体裂缝宽度，如果锚固段采用扩大头体，单根锚杆抗拔承载力普遍能提高到 650 ~ 850 kN，是普通抗浮锚杆承载力特征值的 2 ~ 3 倍。依据国内外研究资料还表明，锚固段具有扩大体的锚杆，抵抗重复荷载的能力更强。

（2）钢筋组装、连接安全快捷：高强度预应力抗浮锚杆锚筋采用单根 PSB 钢筋，对接通常采用机械连接，安全快捷；同时锚入抗水板（基础）钢筋主要采用锚定板锚固方式，钢筋无须弯折，保证钢筋原材拉伸性能，保证了锚杆的抗拔承载力。

（3）施加预应力、安全可靠：高强度预应力抗浮锚杆通常采用单根 PSB 钢筋，自由段采用防腐油脂和防腐套管或缓黏结剂包裹杆体钢筋，通过施加预应力，利用自由段杆体的弹性变形对锚固体和抗水板（基础）起到约束作用，从而不产生裂缝或裂缝很小，能满足《建筑工程抗浮技术规程》（JGJ 476—2019）对抗浮锚杆锚固体裂缝控制设计的要求。依据国内外研究资料还表明，对于重复加荷（针对施加预应力）锚杆，能有效提高锚杆耐久性和寿命。

高强度预应力抗浮锚杆采用单根 PSB 钢筋，可以方便快捷对锚筋施加预应力，使抗浮锚杆属于受压状态，不产生裂缝，提高抗浮锚杆耐久性。从而满足《建筑工程抗浮技术标准》（JGJ 476—2019）对抗浮锚杆锚固体裂缝控制设计的要求，同时利用 PSB 钢筋代替普通钢筋，大大提高抗浮锚杆承载力，减少了钢筋用量，是一项绿色技术。

第 3 章　高强度预应力抗浮锚杆的材料与构造

为了防止预应力锚杆的筋体断裂破坏，锚固段注浆体与筋体、注浆体与地层间的黏结破坏，以及锚杆注浆体的压碎破坏，确保预应力锚杆的工作安全，必须进行相关设计计算，即锚固长度计算、抗拔承载力的计算、筋体截面面积和变形验算、筋体与锚固浆体的抗剪承载力计算、群锚效应稳定性验算和锚固浆体裂缝计算等。筋体过大的伸长量可能超过抗浮底板的允许挠度及裂缝限值，影响正常使用，因此锚杆还应进行筋体的变形验算。

3.1　技术要求

抗浮锚杆设计应考虑地下水位动态变化对抗水板的不利影响，在低水位工况下若建筑地基的沉降还未完成，此时抗浮锚杆与抗水板连接部位相当于刚性支撑；当板面荷载大于抗浮设防水位水浮力时，在低水位工况下应验算抗水板承载能力，因此在设计中应进行无水工况下抗水板承载力验算。验算按现行国家标准《混凝土结构设计规范》（GB 50010）的规定执行。

抗浮锚杆的布置应综合考虑覆土情况、结构层数及刚度分布等的不同情况采用分区布置的方式。抗浮锚杆的平面布置方式可采用均匀布置，也可根据底板的受力特点采用不均匀布置。抗浮力较大的工程，抗浮锚杆宜优先采用扩大头锚杆，设计文件应规定扩大头的设计长度、直径和施工工艺参数，应给出锚杆抗拔承载力特征值和初始预应力值，并应明确锚杆的防腐等级。承载板的承载力应通过锚杆基本试验确定。拉压型抗浮锚杆的锚固长度应在设计计算的基础上增加 0.5 ~ 1.0 m。

为了满足建筑地下结构局部抗浮稳定性分析要求，抗浮锚杆布置在抗水板时，板厚不应小于 400 mm。从四川省内普遍抗浮失事案例分析，大多数采用了独立基础加抗水板方式。抗水板较薄时其刚度亦较小，承载水浮力时抗浮锚杆承受的抗拔承载力严重不均匀，采用均匀布置锚杆的方式时，板中间位置的锚杆受力往往超过设计抗拔承载力而失效并导致事故的发生。同时，板较薄时筋体锚入板中的直锚段亦较小，当水浮力较大时，容易导致与筋体连接处的板产生破环。若采取在抗水板中设置暗梁等措施，或通过有限元分析计算确保安全的情况下，可适当减少抗水板厚度，但厚度最小不能少于 400 mm。如抗浮锚杆在抗水板上施加预应力时，应适当加厚抗水板厚度。

筋体防腐涂层采用缓黏结剂时，应注意施工工期与缓黏结剂工作时间的相互协调。缓黏结预应力是较有黏结预应力和无黏结预应力之后迅猛发展的一种新型预应力技术，其秉承无黏结预应力技术便宜的施工优点，克服有黏结预应力技术施工工艺复杂，预应力节点使用条件受限的弊端，良好的结构性能优于有黏结预应力。所以施工中必须保证预应力筋的有效锚固，注浆体满足强度后及时张拉、锚固、封锚，以防错过黏合剂固化时间。

3.1.1 勘察要求

采用精轧螺纹钢筋预应力抗浮锚杆的勘察可与场地岩土工程勘察结合开展。当岩土工程勘察不满足抗浮设计要求时，应进行抗浮工程专项勘察。由于岩土工程勘察和抗浮锚杆工程所需工程地质、水文地质的成果资料的侧重点有所不同，当拟建场地水文地质条件复杂且研究资料不够充分时，应进行抗浮专项勘察，不能由岩土工程勘察完全替代。

采用精轧螺纹钢筋预应力抗浮锚杆的岩土工程勘察应采用针对性的技术手段查明场地水文地质及环境特征，分析和评价岩土体的腐蚀性、渗透性、地下水动态变化规律及其对抗浮锚杆安全性的影响，提供抗浮设防水位建议值及抗浮设计与施工所需的参数。由于地下水对基础工程和环境的影响问题越来越突出，如地下水造成地下室底板、墙柱开裂，地下室隆起等质量安全问题频出，大量工程经验表明，地下水对工程建设的安全与造价产生极大影响。因此，专项勘察成果应提供包括抗浮设计和施工所需要的设计参数，同时应查明与工程有关的水文地质条件，为抗浮设计和施工提供必要的水文地质资料。

抗浮锚杆的专项勘察还应重点查明拟建场地水文地质条件和地下水动态变化规律，为抗浮设计提供依据。同时，应充分利用既有水文地质观测资料，综合考虑拟建场地、工程特点和抗浮设计要求确定抗浮设防水位。因此，应先明确拟采用精轧螺纹钢筋预应力抗浮锚杆的场地岩土工程勘察资料的基本技术内容要求和规定。

（1）抗浮锚杆工程的岩土工程勘察勘探点的布置应符合下列规定：

① 根据场地岩土工程条件及地下结构埋置深度，结合主体建筑勘察要求布置勘探点，其间距宜为 15～30 m；

② 当抗浮锚杆穿过范围存在软弱土层、膨胀岩土、岩溶、半成岩、填筑体等地层，或可能会造成抗浮锚杆施工困难的地层及暗沟、暗塘等异常地段，应适当加密勘探点。

（2）勘探深度应符合下列规定：

① 勘探控制孔深度应大于基底下拟选用抗浮锚杆预估设计长度的 1.2 倍；

② 多层含水层应进入预估抗浮锚杆底端以下含水层不少于 3 m，承压水层进入深度不应少于 2 m；

③ 抗浮锚杆预估设计长度内存在有较厚软土、黏性土、粉土或砂土层时，应适当加深勘探深度。

（3）水文地质条件勘察应符合下列规定：

① 应测量地下水的初见水位和稳定水位，并调查水位变化幅度；

② 多层含水层对抗浮有影响时，应分层测量水位；

③ 当基底以下存在承压水时，应测量水头高度；

④ 查明场地暗塘、暗沟的位置、范围、规模、水位埋深以及场地附近所分布的河流、湖泊、水塘等地表水体及与地下水的水力联系；

⑤ 地下水流向测点应按三角形布设并同时测定，数量不应少于 3 组。

3.1.2 设计要求

精轧螺纹钢筋预应力抗浮锚杆的设计内容相较于普通抗浮锚杆增加了裂缝控制、初始预应力等多个设计计算，针对目前有些预应力抗浮锚杆工程的设计文件内容遗漏、深度不够等问题，导致一些预应力抗浮锚杆设计文件的质量不能满足施工和质量控制要求，也造成了工程的质量和安全隐患。因此，还需对设计文件的主要计算方法和内容做出规范和统一。

（1）精轧螺纹钢筋预应力抗浮锚杆类型为压力型扩大头锚杆、压力型等直径锚杆、拉压型扩大头锚杆及拉压型等直径锚杆。

精轧螺纹钢筋预应力抗浮锚杆类型主要为压力型和拉压型。锚板、锚具、承载板或承载体与筋体组成一个受力整体，如果锚杆承载力要求高，在土层中锚固体长度超过 12 m 仍无法满足抗拔承载力要求时，宜采用扩大头锚杆。当锚杆安全等级为一级时，应采用压力型锚杆；当锚杆安全等级为二、三级，且采用细石混凝土、水泥浆或水泥砂浆作为锚固体的轴心抗拉强度标准值能通过试验确定时，可采用拉压型锚杆。

表 3-1　不同类型抗浮锚杆的工作特性与适用条件

序号	锚杆类型	锚杆工作特性与适用条件
1	等直径锚杆	锚固地层为中硬岩、砂卵石或可塑～硬塑黏性土； 单根抗拔承载力特征值为 270～400 kN
2	扩大头锚杆	锚固地层为基岩、砂卵石或黏性土； 单根抗拔承载力特征值为 560～900 kN

压力型扩大头抗浮锚杆的套管加防腐涂层设置于锚杆全长，锚杆扩大头段末端锚固体处于受压状态。

拉压型扩大头抗浮锚杆的套管加防腐涂层设置于锚杆非扩大头段或筋体自由拉伸段，锚杆非扩大头段或筋体自由拉伸段末端锚固体处于受压状态，锚杆扩大头段或筋体黏结段锚固体处于受拉状态。

（2）精轧螺纹钢筋预应力抗浮锚杆构造应符合下列规定：

① 锚杆锚固段不得设置在未经处理的软弱土、有机质土、欠固结土、不良地质地段和钻孔可能引发较大沉降的土层、液限大于 50%或相对密实度小于 0.33 的地层中；

② 全长等直径锚杆锚固体直径宜为 200～500 mm，扩大头锚杆锚固体非扩大头段直径宜为 200～300 mm，扩大头段直径宜为 400～600 mm。

（3）全长等直径抗浮锚杆在土层中的锚固段长度宜为 6～12 m，在岩层中的锚固段长度宜为 3～8 m，锚杆间距不小于 1.5 m。当计算锚固段长度在土层中超过 12 m 或岩层中超过 8 m 时，应扩大锚固段直径或进行二次压力注浆等措施。

（4）扩大头抗浮锚杆的总长度不宜小于 7 m，扩大头长度不宜小于 2 m，锚杆间距不应小于 2 m，扩大头的水平净距不应小于 1.5 m。扩大头最小埋深不应小于 4 m。

（5）锚杆预应力可施加在基础垫层上，采用预应力张拉锁定锚板和锚具锁定。当地基土和基础垫层强度不满足要求时，应在基础垫层下设置锚墩，并在基础或抗水板内施加预应力。

（6）当基础垫层和锚墩作为反力支座组成部分时，应进行承载力验算，锚墩混凝土等级不应低于 C30。

（7）锚杆筋体应采用锚定锚板锚入基础或抗水板内，基础或抗水板厚度应满足抗冲切承载力验算要求。

（8）精轧螺纹钢筋抗浮锚杆的预应力锁定应根据建筑物工作条件下地下水位变幅、地基承载力、锚头承载结构状况、预应力损失和基础结构变形控制要求等确定。

（9）精轧螺纹钢筋抗浮锚杆预应力锁定值的确定应考虑锚杆受力变形及其对基础底板抗裂的影响，锁定值应符合下列要求：

① 对于地层及被锚固结构位移控制要求较高的工程，锁定值不宜小于锚杆抗拔承载力特征值的 0.85 倍；

② 对于地层及被锚固结构位移控制要求较低的工程，锁定值宜为锚杆抗拔承载力特征值的 0.70 ~ 0.85 倍。

（10）抗浮锚杆设计应符合下列规定：

① 进行整体抗浮和局部抗浮稳定性验算；

② 进行抗浮锚杆的承载力计算；

③ 进行锚座、锚板、承载板承载力计算；

④ 对变形、裂缝控制有要求时，应进行变形、裂缝验算，压力型锚杆可不进行裂缝计算；

⑤ 进行群锚效应稳定性验算；

⑥ 抗浮锚杆的防腐设计。

（11）抗浮锚杆应综合考虑锚杆长度范围内岩土情况、主体结构荷载分布以及基础或抗水板变形要求，采用均匀布置或非均匀布置方式。

（12）承载板的承力应通过锚杆基本试验确定。缺乏试验资料时，也可按有关标准规定验算确定。

（13）抗浮锚杆的锚固长度应在设计计算的基础上根据地质条件增加 0.5 ~ 1.0 m。

（14）抗浮锚杆布设在抗水板时，板厚不应小于 400 mm。

3.1.3 检测要求

抗浮锚杆试验分为基本试验、验收试验和锚杆锁定值试验。抗浮锚杆施工前应进行基本试验，施工完成后应进行验收试验，锚杆锁定后应进行锚杆锁定值试验。验收试验应在基础或抗水板混凝土浇筑及锚杆张拉锁定前进行。

基本试验的地层条件、锚杆杆体和参数、施工工艺应与工程锚杆相同，检测数量不应少于 3 根。塑性指数大于 17 的土层锚杆、强风化泥岩或节理裂缝发育张开且充填有黏性土的岩层中的锚杆应进行蠕变试验，检测数量不应少于 3 根。验收试验检测数量不应少于同类型锚杆总数的 5% 且不应少于 5 根。锚杆锁定值试验检测数量不应少于同类型锚杆总数的 5% 且不应少于 5 根。

3.2 材料特性

1. 精轧螺纹钢筋筋体

高强度抗浮锚杆使用的钢筋力学特性应符合表 3-2 的规定，钢筋表面不得有横向裂纹、结疤和折叠，允许有不影响钢筋力学性能和连接的其他缺陷。钢筋的化学成分中，硫、磷含量不大于 0.035%，生产厂家应进行化学成分和合金元素的选择，以保证经过不同方法加工的成品钢筋能满足力学性能要求。钢筋的成品化学成分允许偏差应符合现行国家标准《钢的成品化学成分允许偏差》（GB/T 222）的有关规定。另外，精轧螺纹钢筋的连接强度不应小于母材强度，应采用机械连接，并应符合现行国家标准《预应力筋用锚具、夹具和连接器》（GB/T 14370）的有关规定，严禁焊接。

表 3-2　精轧螺纹钢筋力学特性

级别	屈服强度标准值 f_{pyk}/MPa	抗拉强度设计值 f_{py}/MPa	极限强度标准值 f_{ptk}/MPa	断后伸长率 A/%	最大力下总伸长率 A_{gt}/%	应力松弛性能	
						初始应力	1 000 h 后应力松弛率 V_t/%
	不小于						
PSB785	785	650	980	8			
PSB830	830	690	1 030	7			
PSB930	930	770	1 080	7	4.5	$0.7f_{ptk}$	≤4.0
PSB1080	1 080	900	1 230	6			
PSB1200	1 200	1 000	1 330	6			

精轧螺纹钢筋的公称直径范围为 18~75 mm，高强度抗浮锚杆荐使用的钢筋公称直径为 32 mm、36 mm、40 mm、50 mm、75 mm。钢筋的公称截面面积与理论重量见表 3-3。HRB335、HRB400、HRB500、HRBF400、HRB500、RRB400 和精轧螺纹钢筋的弹性模量 E_s 取值可按 2.00×10^5 N/mm^2。

表 3-3　精轧螺纹钢筋公称截面面积与理论重量

公称直径/mm	公称截面面积/mm^2	有效截面系数	理论截面面积/mm^2	理论重量/（kg/m）
18	255	0.95	268.4	2.11
25	491	0.94	522.3	4.10
32	804	0.95	846.3	6.65
36	1 018	0.95	1 071.6	8.41
40	1 257	0.95	1 323.2	10.34
50	1 963	0.95	2 066.3	16.28
75	4 418	0.94	4700	36.90

2. 锚固体材料

锚杆锚固体宜为细石混凝土，其强度等级不应低于 C40。当锚固体为水泥浆或水泥砂浆时，其强度等级不应低于 30 MPa。一般环境下，宜采用普通硅酸盐水泥，其质量应符合现行国家标准《通用硅酸盐水泥》（GB 175）的有关规定；有防腐要求时，应符合表 3-4 的规定，不得采用高铝水泥，水泥强度等级不应低于 42.5 级；

砂的含泥量按重量计不得大于 3%，砂中云母、有机物、硫化物和硫酸物等有害物质的含量按重量计不得大于 1%。拌和用水的水质应符合现行行业标准《混凝土用水标准》（JGJ 63）的有关规定，拌和用水中的酸、有机物和盐类等对水泥浆体和杆体有害的物质含量不得超标，不得影响水泥正常凝结和硬化。细石混凝土粗骨料应选用卵石或碎石，最大粒径不宜大于

12 mm，使用碱性速凝剂时不得使用含有活性二氧化硅的石料。水泥砂浆应一次灌注，砂最大粒径应小于 2.0 mm，砂、外加剂性能应符合现行国家标准《混凝土结构通用规范》（ GB 55008 ）的有关规定。

表 3-4　精轧螺纹钢筋公称截面面积与理论重量

环境类别及防腐等级	可选用的硅酸盐类水泥品种
（1）一般环境中锚杆 II 级及 III 级防腐	P.O、P.I、P.II、P.S
（2）化学腐蚀环境	P.MSR、P.HSR、P.O*
（3）除（1）、（2）外的其余情况	P.O、P.I、P.II

注：1《混凝土结构耐久性设计规范》（ GB/T 50476 ）规定：一般环境指无冻融、氯化物和其它化学腐蚀物质作用，腐蚀机理为防护层混凝土碳化引起钢筋锈蚀；化学腐蚀环境腐蚀机理为硫酸盐等化学物质对混凝土的腐蚀；

2《通用硅酸盐水泥》（ GB 175 ）规定通用硅酸盐水泥代号分别为：P.O 为普通硅酸盐水泥，P.I、P.II—硅酸盐水泥，P.S 为矿渣硅酸盐水泥；《抗硫酸盐硅酸盐水泥》（ GB 748 ）规定，抗硫酸盐硅酸盐水泥代号分别为：P.MSR 为中抗硫酸盐硅酸盐水泥，P.HSR 为高抗硫酸盐硅酸盐水泥；

3《工业建筑防腐蚀设计规范》（ GB/T 50046 ）规定：中、高抗硫酸盐硅酸盐水泥分别适用于硫酸根离子含量不大于 2 500 mg/L 及 8 000 mg/L 液态介质环境；

4 氯盐环境不宜使用抗硫酸盐硅酸盐水泥；硫酸盐环境中宜使用抗硫酸盐硅酸盐水泥；表中*表示硫酸盐环境中使用 P.O 水泥时应加入适量的抗硫酸盐外加剂；

5 选用火山灰质硅酸盐水泥拌制砂浆时，宜通过可泵性试验确定配合比。

3. 锚具和锚板

预应力筋用锚具、夹具和连接器的性能均应符合现行国家标准《预应力筋用锚具、夹具和连接器》（ GB/T 14370 ）的有关规定。锚板和锚具的强度和构造应满足锚杆预加力和锚杆抗拔承载力特征值要求，并应满足锚头和结构物的连结构造要求。锚板和锚具宜由钢材制成，锚板形状为正方形或圆形，边长或直径不应小于 200 mm，锚板的厚度不应小于 20 mm。

4. 套管、柔性密封环构造

套管、柔性密封环构造应满足工程要求的物理及化学性能。柔性密封环设置在波纹套管内部与锚杆杆体外圆周面之间的间隙内，应具有足够的强度和柔韧性，在加工和安装的过程中不易损坏；应具有防水性和化学稳定性，对杆体材料无不良影响；应具有防腐蚀性，与筋体防腐涂层接触无不良反应，不影响筋体的自由变形。

5. 承载板和承载体

承载板应采用钢板制作，且应满足结构物的连结构造要求；承载体应采用铸铁或钢材制作；承载板和承载体的形状和大小不得影响锚固体材料的自由流动。

6. 注浆管

注浆管应有满足浆体压至钻孔的底部要求的内径。一次注浆和填充灌浆的注浆管应能承受不小于 1 MPa 的压力，重复高压注浆管应能承受不小于 1.2 倍最大注浆压力。注浆管接头应连接牢固和密封。

锚杆材料和部件应满足锚杆设计和稳定性要求，不同材料间不得产生不良的影响。

3.3 高强度预应力抗浮锚杆构造

高强度预应力抗浮锚杆构造主要可分为压力型扩大头锚杆、压力型等直径锚杆（图 3-1）、拉压型扩大头锚杆及拉压型等直径锚杆（图 3-2）。压力型精轧螺纹钢筋预应力抗浮锚杆杆体全长设置防腐套管，并涂抹防腐涂层，锁定螺母和承载板与筋体连接牢固，锁定螺母应置于承载板下方，数量应不小于两个。拉压型精轧螺纹钢筋预应力抗浮锚杆杆体非扩大头段或筋体自由拉伸段上设置防腐套管，并涂抹防腐涂层，柔性密封环和承载体应与筋体连接牢固，在扩大头段或等直径底部设置承载体，数量不宜小于 3 个。

抗浮锚杆的锚板、锚具、承载板或承载体与筋体组成一个受力整体，如果承受浮力较大时，可考虑锚固段带扩大体。精轧螺纹钢筋预应力抗浮锚杆类型主要为压力型和拉压型，本书建议优先采用压力型锚杆，当锚杆安全等级为二、三级，锚固浆体为细石混凝土时，或采用水泥浆、水泥砂浆作为锚固浆体的轴心抗拉强度标准值能通过试验确定时，亦可采用拉压型锚杆。

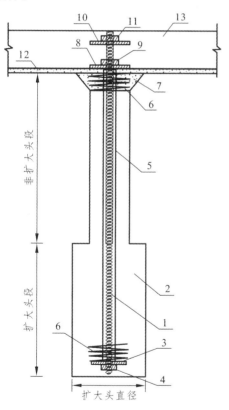

（a）压力型扩大头锚杆

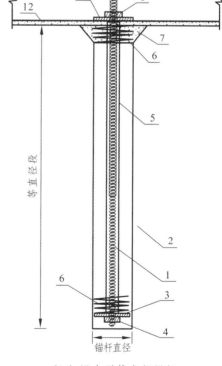

（b）压力型等直径锚杆

1—精轧螺纹钢筋；2—锚杆锚固体；3—承载板；4—锁定螺母；5—套管；6—螺旋筋；7—锚墩；8—预应力张拉锁定锚板；9—预应力张拉锁定锚具；10—锚定锚板；11—锚定锚具；12—垫层；13—基础或抗水板。

图 3-1　压力型锚杆结构简图

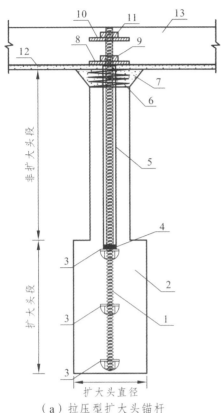

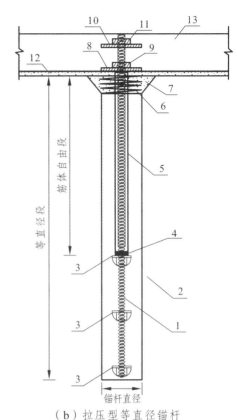

（a）拉压型扩大头锚杆　　　　　　　　（b）拉压型等直径锚杆

1—精轧螺纹钢筋；2—锚杆锚固体；3—承载体；4—柔性密封环；5—套管；6—螺旋筋；7—锚墩；8—预应力张拉锁定锚板；
9—预应力张拉锁定锚具；10—锚定锚板；11—锚定锚具；12—垫层；13—基础或抗水板。

图 3-2　拉压型锚杆结构简图

精轧螺纹钢筋预应力抗浮锚杆按受力状态分为压力型锚杆和拉压型锚杆。按锚固体形态分为扩大头锚杆和等直径锚杆。因此综合起来可分为 4 种类型，压力等直径、压力扩大头、拉压等直径和拉压扩大头锚杆，适用条件见表 3-5，主要特性分述如下：

表 3-5　不同类型抗浮锚杆的工作特性与适用条件

锚杆类型	锚杆工作特性与适用条件
压力型等直径锚杆	锚固地层为中硬岩、砂卵石或可塑～硬塑黏性土； 单根抗拔承载力特征值为 270～400 kN
压力型扩大头锚杆	锚固地层为基岩、砂卵石或黏性土； 单根抗拔承载力特征值为 560～900 kN
拉压型等直径锚杆	锚固地层为中硬岩、砂卵石或可塑～硬塑黏性土； 单根抗拔承载力特征值为 270～400 kN
拉压型扩大头锚杆	锚固地层为基岩、砂卵石或黏性土； 单根抗拔承载力特征值为 560～900 kN

（1）压力等直径锚杆，在相同地层条件下，具有抗拔承载力较高，裂缝控制效果良好，适用于对变形要求较严格、地层相对较好、水浮力较大的抗浮工程。

（2）压力扩大头锚杆，在相同地层条件下，具有抗拔承载力极高（截至目前，最大可达到 700 kN），应用范围最广，裂缝控制效果良好，地层适应性广，适用于变形要求严格、水浮力大的地下抗浮工程。

（3）拉压等直径锚杆，具有施工便捷、地层适应性强的特性，承载力较普通锚杆高，适用于变形相对控制要求不高、水浮力较低的抗浮工程。

（4）拉压扩大头锚杆，具有地层适应性强、承载力较高的特性，适用于变形相对控制要求不高、水浮力较大的抗浮工程。

压力型扩大头抗浮锚杆的防腐套管加防腐涂层设置于锚杆全长，锚杆扩大头段末端注浆体处于受压状态，锚杆锚固段注浆体处于受压状态。拉压型扩大头抗浮锚杆的防腐套管加防腐涂层设置于锚杆非扩大头段或筋体自由拉伸段，锚杆非扩大头段或筋体自由拉伸段末端注浆体处于受压状态，锚杆扩大头段或筋体黏结段注浆体处于受拉状态。锚杆预应力可施加在垫层上，采用预应力张拉锁定锚板和锚具锁定。如地基土和垫层强度不满足要求时，可在垫层下设置锚墩，也可在基础或抗水板内施加预应力。

高强度预应力抗浮锚杆在垫层和杆体顶端头部位的锚板很重要，是保证抗浮锚杆具备预应力的必要条件，同时在抗水板和锚杆接口位置预留凹槽，将防水层在此处下凹，配置螺旋筋，必要时设置井字形受力筋，并浇筑混凝土形成锚墩。若锚墩强度不足以承受初始预应力荷载时，螺旋筋、预应力张拉锁定锚板和锚具也可置于基础或抗水板内，一般预应力张拉锁定锚板位于基础或抗水板上层受力筋之上，如图 3-3 所示。

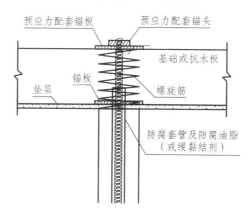

图 3-3　螺旋筋、锚板、锚头置于基础或抗水板内

当垫层和锚墩作为反力支座组成部分时，应进行承载力验算，锚墩混凝土等级不应低于C30。筋体应锚入基础或抗水板结构，并采取锚板锚固方式，锚固长度应符合现行国家标准《混凝土结构设计规范》（GB 50010）的有关规定，且不宜小于 250 mm。在软弱土、有机质土、欠固结土等土层条件下，因锚固段与锚固土层间的摩阻强度过低而无法满足设计要求的恒定锚固力，因此锚杆锚固段不得设置在未经处理的软弱土、有机质土、欠固结土、不良地质地段和钻孔可能引发较大沉降的土层、液限大于 50% 或相对密实度小于 0.33 的地层中。在膨胀土、红黏土、湿陷性土地层中，可优先采用扩大头锚杆。等径全长锚杆锚固体直径宜为 150 ~ 500 mm，扩大头锚杆锚固体非扩大头段直径宜为 150 ~ 300 mm，扩大头段直径宜为 400 ~ 600 mm。筋体可采用承载体兼做居中装置，居中装置沿锚杆轴线设置，间距宜为 1.0 ~ 2.0 m，

对土层取小值，对岩层取大值。保护层应满足耐久性要求，锚杆初始预应力应符合承载力和变形控制要求。

等径全长抗浮锚杆直径在 300～500 mm 时，锚固浆体可采用螺旋钻孔压灌、机械旋挖、螺杆和双旋灌注等方式成孔，也可选用预制混凝土空心桩。当锚固浆体直径大于 500 mm 时，宜适当配置构造钢筋，并增加承载体数量，锚杆配筋率还应符合现行行业标准《建筑桩基技术规范》（JGJ 94）的有关规定。等径全长抗浮锚杆在土层中的有效锚固段长度宜取 6.0～12.0 m，在岩层中的有效锚固段长度宜取 3.0～8.0 m，锚杆间距不应小于 1.5 m。当锚固计算长度超过有效长度时，应改善锚固段岩土体质量、扩大锚固段直径，进行二次压力注浆等措施，以提高承载能力。

3.4 高强度预应力抗浮锚杆与普通锚杆对比试验

3.4.1 工程概况

本试验场地地貌单元属成都平原岷江水系 I 级阶地，地勘深度范围内场地土层自上而下依次为素填土、粉土、中砂、卵石、泥岩。各土层物理力学指标见表 3-6。场地地下水主要为赋存于砂卵石层中孔隙潜水，受大气降水及上游地下水径流补给，水量丰富。设计采用高强度预应力扩大头抗浮锚杆，共布置抗浮锚杆 3204 根，根据不同抗浮区域锚杆间距为 2.0～3.9 m。锚杆杆体材料为 1 根直径 40 mm PSB 精轧螺纹钢筋，锚杆锚固体为 M30 水泥砂浆。单根锚杆设计抗拔承载力特征值为 560 kN，锚杆总长度为 8.2～11.2 m，其中普通段长度为 4.2 m，扩大头段长度为 4.0 m，均位于中风化砂质泥岩层中。抗浮锚杆设计大样图见图 3-4。

3.4.2 现场试验

现场对高强度预应力扩大头抗浮锚杆进行抗拔承载力试验。试验采用分级多循环加载法，最大试验荷载为单根锚杆抗拔承载力特征值的 2.0 倍，实际取 1 135 kN。根据试验结果，锚杆的最大累计拔出量介于 6.69～7.58 mm，残余变形量介于 4.72～5.85 mm，弹性变形量介于 1.57～2.15 mm。典型锚杆验收试验检测结果见表 3-7，荷载-位移曲线见图 3-5。

表 3-6　地基岩土物理力学指标建议值

土层名称	天然重度 r/（kN/m³）	压缩模量 E_s/MPa	变形模量 E_o/MPa	黏聚力 c/kPa	内摩擦角 φ/（°）
素填土	18.5	—	—	6	10
粉土	19.0	5	—	15	8
中砂	19.0	7	—		23
松散卵石	20.0	15	13		25
稍密卵石	21.0	30	24		30
中密卵石	22.0	40	32		35
密实卵石	23.0	55	42		40
强风化砂质泥岩	22.0	25	—	60	20
中风化砂质泥岩	22.0	—	—	200	30

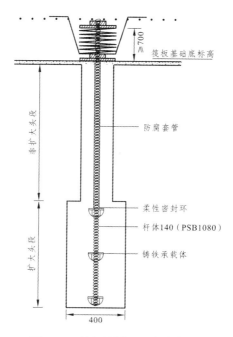

图 3-4　抗浮锚杆设计大样图

表 3-7　高强度预应力扩大头锚杆抗拔承载力试验结果

编号	锚杆长度/m	最大试验荷载/kN	最大累计拔出量/mm	残余变形/mm	弹性变形/mm
1	8.2	1 135	7.51	5.80	1.71
2	8.2	1 135	7.23	5.08	2.15
3	11.2	1 135	6.95	5.13	1.82
4	11.2	1 135	7.38	5.45	1.93
5	9.2	1 135	7.29	5.16	2.13
6	9.2	1 135	7.05	5.44	1.61

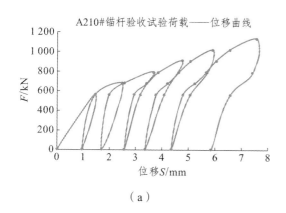

（a）

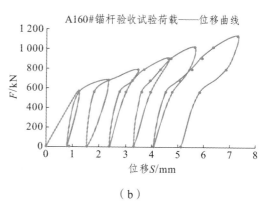

（b）

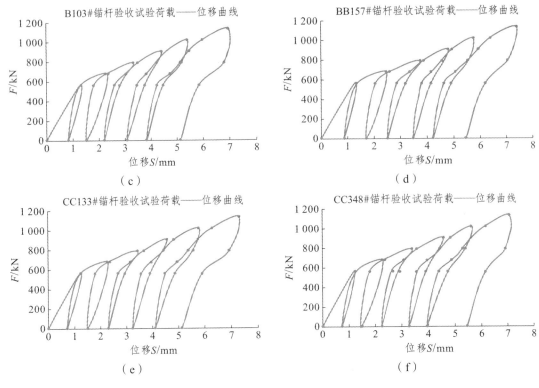

图 3-5 高强度预应力扩大头抗浮锚杆荷载-位移曲线

3.4.3 拉拔对比试验

普通锚杆对比试验场地地貌单元为剥蚀浅丘地貌，在钻孔深度范围内所揭露地层为：杂填土、素填土、可塑粉质黏土、软塑粉质黏土、强风化砂岩泥质、中风化砂岩泥质。该工程抗浮锚杆为全黏结锚杆，设计杆体直径为 150 mm，锚固体为 M30 水泥砂浆。锚杆长度约为8.2 m，锚固段岩土层为少量强风化砂质泥岩及大部分中风化砂质泥岩。锚杆杆体配筋为 3 根20 mm 直径的 HRB400 级钢筋，设计单根锚杆竖向抗拔承载力标准值为 160 kN。

对上述普通锚杆进行抗拔承载力试验，采用分级循环加载法，最大加载量为单根锚杆竖向抗拔承载力标准值的 2 倍，取 320 kN。根据试验结果，锚杆的最大累计拔出量介于 4.24 ~ 4.61 mm，残余变形量介于 2.11 ~ 2.28 mm，弹性变形量介于 2.08 ~ 2.47 mm。典型锚杆验收试验检测结果见表 3-8，荷载-位移曲线见图 3-6。

表 3-8 普通锚杆抗拔承载力试验结果

编号	锚杆长度/m	最大试验荷载/kN	最大累计拔出量/mm	残余变形/mm	弹性变形/mm
31#	8.2	320	4.58	2.11	2.47
47#	8.2	320	4.61	2.28	2.33
70#	8.2	320	4.24	2.16	2.08

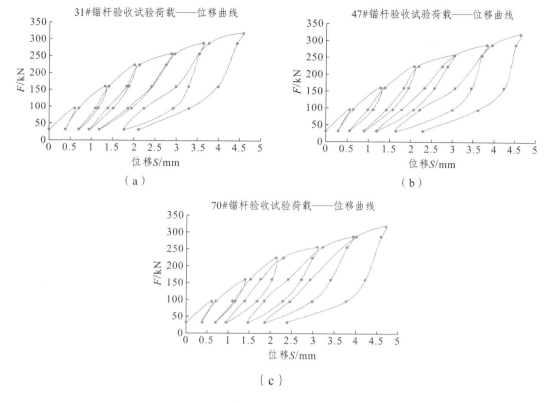

图 3-6　普通锚杆荷载-位移曲线

3.4.4　小结

（1）同等锚杆锚固段长度及地层条件下，普通锚杆最大试验荷载 320 kN，高强度预应力扩大头抗浮锚杆最大试验荷载 1 135 kN，均未产生破坏。高强度预应力扩大头抗浮锚杆抗拔承载力为普通锚杆的 3.5 倍。在同一荷载 320 kN 作用下高强度预应力扩大头抗浮锚杆尚处于弹性状态，而普通锚杆已产生了约 2 mm 左右的塑性变形量。

（2）对比两种锚杆拉拔荷载-位移曲线可以发现，当锚杆长度及锚固段岩土层一致时，高强度预应力扩大头抗浮锚杆与普通锚杆弹性变形基本一致，这是因为锚杆产生的弹性变形主要由锚杆杆体的弹性变形与所在岩土层的弹性变形两部分组成，高强度预应力扩大头抗浮锚杆相比普通锚杆提供的更大的拉拔力主要由于岩土体以及锚杆杆体的塑性变形产生。

（3）高强度预应力扩大头抗浮锚杆承载力高且变形小，性能显著优于普通抗浮锚杆，具有工程推广意义。

第4章 高强度预应力抗浮锚杆的试验与数值分析

普通热轧钢筋非预应力锚杆（下称"普通锚杆"）属于拉力型锚杆，在受水浮力作用下锚固体处于受拉状态，锚固体产生的裂缝在水下或干湿交替区域时，尤其是在具有腐蚀性的地下水工作条件下极易引发锚杆钢筋锈蚀，因此普通锚杆产生的耐久性问题难以满足在上部结构相应的设计使用期内的正常使用要求。扩大头抗浮锚杆自发明以来，大量的学者、工程人员在其力学机制、计算方法、抗拔试验等方面都进行了较多较深入的研究，已在地下室的抗浮设计中广泛应用。深埋于稳定地层中的扩大头可提供强大的锚固力，但是杆体强度成为一个薄弱环节，往往整个扩大头锚杆的强度都由杆体强度决定，因此提高筋材强度成为了扩大头抗浮锚杆成功的关键因素。PSB 精轧螺纹钢筋是一种特殊形状带有不连续外螺纹的直条钢筋，具有大直径、高强度、高精度尺寸的特点，主要用于大型桥梁、水电站等大型工程的预应力构件上。普通钢材作为抗浮锚杆筋材时，往往需要多根大直径钢材绑扎在一起才能满足截面面积要求，而将 PSB 精轧螺纹钢筋应用于抗浮锚杆中，单根大直径的筋材即可满足强度和截面要求，可节省钢材用量，因此 PSB 精轧螺纹钢筋在抗浮工程中具有良好的应用前景。高强度预应力抗浮锚杆采用的 PSB 精轧螺纹钢筋具有屈服强度高的优点，扩大头锚固体通过与岩土体的侧阻力及承压作用产生较大的抗拔力。通过对大量的文献的调研发现，目前针对高强度预应力抗浮锚杆的工程实例、抗拔试验以及数值模拟分析等研究较少。鉴于此，本章针对基坑抗浮工程中应用的高强度预应力抗浮锚杆，采用现场试验以及数值模拟的方式对其抗拔力学特征进行研究，分析了高强度预应力扩大头抗浮锚杆的受力变形特性，为高强度预应力扩大头抗浮锚杆的推广应用和理论研究提供技术支撑。

4.1 数值分析原理与方法

岩土体是自然、历史的产物，其形成过程包含了一系列物理的、化学的和生物的作用。岩土体在其形成和存在的整个地质历史过程中，经受了各种复杂的地质作用，因而有着复杂的结构和地应力场环境，其工程性质往往具有很大的差别。因此，在多数情况下，难以获得令人满意的解析解。进入 20 世纪以后，随着电子计算机的发展和普及，数值模拟和仿真受到了前所未有的重视，并以惊人的速度发展。

4.1.1 应力与应变

根据弹性力学理论，土中的一点的应力状态可以由应力张量来表示，为

$$\sigma_{ij} = \begin{pmatrix} \sigma_{11} & \sigma_{12} & \sigma_{13} \\ \sigma_{21} & \sigma_{22} & \sigma_{23} \\ \sigma_{31} & \sigma_{32} & \sigma_{33} \end{pmatrix} = \begin{pmatrix} \sigma_x & \sigma_{xy} & \sigma_{xz} \\ \sigma_{yx} & \sigma_y & \sigma_{yz} \\ \sigma_{zx} & \sigma_{zy} & \sigma_z \end{pmatrix}$$

同样，土中的应变张量为

$$\varepsilon_{ij} = \begin{pmatrix} \varepsilon_{11} & \varepsilon_{12} & \varepsilon_{13} \\ \varepsilon_{21} & \varepsilon_{22} & \varepsilon_{23} \\ \varepsilon_{31} & \varepsilon_{32} & \varepsilon_{33} \end{pmatrix} = \begin{pmatrix} \varepsilon_x & \varepsilon_{xy} & \varepsilon_{xz} \\ \varepsilon_{yx} & \varepsilon_y & \varepsilon_{yz} \\ \varepsilon_{zx} & \varepsilon_{zy} & \varepsilon_z \end{pmatrix}$$

在外力作用下土体处于平衡状态的必要条件是物体内部任意位置都必须要满足力的平衡条件，即

$$\left. \begin{aligned} \frac{\partial \sigma_x}{\partial x} + \frac{\partial \tau_{yx}}{\partial y} + \frac{\partial \tau_{zx}}{\partial z} + F_x = 0 \\ \frac{\partial \tau_{xy}}{\partial x} + \frac{\partial \sigma_y}{\partial y} + \frac{\partial \tau_{zy}}{\partial z} + F_y = 0 \\ \frac{\partial \partial \tau_{xz}}{\partial x} + \frac{\partial \tau_{yz}}{\partial y} + \frac{\sigma_z}{\partial z} + F_z = 0 \end{aligned} \right\} \tag{1}$$

式中，σ_x、σ_y、σ_z 分别为坐标轴 x、y、z 方向上的正应力；$\tau_{yx} = \tau_{xy}$、$\tau_{zx} = \tau_{xz}$ 分别为工程剪应力；F_x、F_y、F_z 分别为物体在坐标轴上的体力。

根据弹性力学理论，在小变形前提条件下（$\varepsilon_{ij} \ll 1$），应变分量与位移分量存在一定的关系，即几何方程

$$\left. \begin{aligned} \varepsilon_x = \frac{\partial u}{\partial x} \\ \varepsilon_y = \frac{\partial v}{\partial y} \\ \varepsilon_z = \frac{\partial w}{\partial z} \end{aligned} \right\} \qquad \left. \begin{aligned} \gamma_{xy} = \frac{\partial u}{\partial y} + \frac{\partial v}{\partial x} \\ \gamma_{yz} = \frac{\partial v}{\partial z} + \frac{\partial w}{\partial y} \\ \gamma_{zx} = \frac{\partial w}{\partial x} + \frac{\partial u}{\partial z} \end{aligned} \right\} \tag{2}$$

式中，ε_x、ε_y、ε_z 分别为坐标轴 x、y、z 方向上的正应变；$\gamma_{yx} = \gamma_{xy}$、$\gamma_{zx} = \gamma_{xz}$ 分别为工程剪应变；根据式（2）剪应变可以写成

$$\varepsilon_{ij} = = \begin{pmatrix} \frac{\partial u}{\partial x} & \frac{1}{2}\left(\frac{\partial u}{\partial y} + \frac{\partial v}{\partial x}\right) & \frac{1}{2}\left(\frac{\partial w}{\partial x} + \frac{\partial u}{\partial z}\right) \\ & \frac{\partial v}{\partial y} & \frac{1}{2}\left(\frac{\partial v}{\partial z} + \frac{\partial w}{\partial y}\right) \\ \text{sym} & & \frac{\partial w}{\partial z} \end{pmatrix}$$

4.1.2 线弹性本构

根据弹性力学理论，应力、应变满足广义胡克定律，即

$$\sigma_x = \frac{E(1-\mu)}{(1+\mu)(1-2\mu)}\left[\varepsilon_x + \frac{\mu}{1-\mu}(\varepsilon_y + \varepsilon_z)\right]$$

$$\sigma_y = \frac{E(1-\mu)}{(1+\mu)(1-2\mu)}\left[\varepsilon_y + \frac{\mu}{1-\mu}(\varepsilon_z + \varepsilon_x)\right]$$

$$\sigma_z = \frac{E(1-\mu)}{(1+\mu)(1-2\mu)}\left[\varepsilon_z + \frac{\mu}{1-\mu}(\varepsilon_x + \varepsilon_y)\right]$$

$$\tau_{xy} = \frac{E}{2(1+\mu)}\gamma_{xy}$$

$$\tau_{yz} = \frac{E}{2(1+\mu)}\gamma_{yz}$$

$$\tau_{zx} = \frac{E}{2(1+\mu)}\gamma_{zx}$$

式中，E 为弹性模量；ν 为泊松比；G 为剪切模量，其值为 $G = \dfrac{E}{2(1+\mu)}$。写成矩阵形式，有

$$\{\sigma\} = [D]\{\varepsilon\} \tag{3}$$

其中 $[D]$ 为弹性矩阵，

$$[D] = \frac{E(1-\mu)}{(1+\mu)(1-2\mu)}\begin{bmatrix} 1 & \dfrac{\mu}{1-\mu} & \dfrac{\mu}{1-\mu} & 0 & 0 & 0 \\[2mm] & 1 & \dfrac{\mu}{1-\mu} & 0 & 0 & 0 \\[2mm] & & 1 & 0 & 0 & 0 \\[2mm] & & & \dfrac{1-2\mu}{1-\mu} & 0 & 0 \\[2mm] \text{sym} & & & & \dfrac{1-2\mu}{1-\mu} & 0 \\[2mm] & & & & & \dfrac{1-2\mu}{1-\mu} \end{bmatrix}$$

式（1）～（3）构成了处理一般线弹性岩土数值计算的基本数学方程，结合有限元变分方法，就可以得出相应的数值解，具体过程可参考相应数值计算相关资料。然而，自然界的岩土材料往往表现出非常强烈的非线性特征，甚至会出现明显的塑性变形。此时，应该采用更为准确的岩土体弹塑性本构关系。

4.1.3 弹塑性本构

目前，在岩土数值计算中，最常用的弹塑性本构关系为莫尔-库仑（Mohr-Coulomb）本构。该本构关系的屈服函数遵从莫尔-库仑定律。

莫尔-库仑假设破坏由最大剪应力控制，而破坏剪应力依赖于正应力。这可以通过绘制莫尔圆（图 4-1）来表示破坏时最大和最小主应力的应力状态。莫尔-库仑失效线是接触这些莫尔圆的最佳直线。

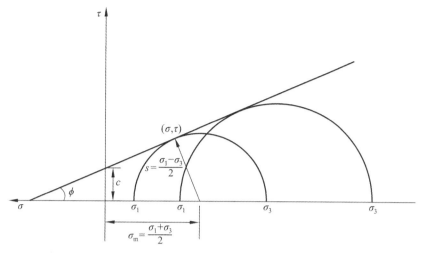

图 4-1　莫尔圆

莫尔-库仑定律可以写成

$$\tau = c - \sigma_n \tan \varphi$$

式中，τ 为剪应力；σ_n 法向应力（压应力为负）；c 为材料的黏聚力；φ 为材料的摩擦角。对于莫尔圆

$$\tau = s \cos \varphi$$

$$\sigma = \sigma_m + s \sin \varphi$$

其中，$s = \dfrac{\sigma_1 - \sigma_3}{2}$，$\sigma_m = \dfrac{\sigma_1 + \sigma_3}{2}$。

莫尔-库仑屈服函数写成

$$F = R_{mc} q - p \tan \varphi - c = 0 \tag{4}$$

式（4）中，

$$R_{mc} = \frac{1}{\sqrt{3} \cos \varphi} \sin\left(\Theta + \frac{\pi}{3}\right) + \frac{1}{3} \cos\left(\Theta + \frac{\pi}{3}\right) \tan \varphi$$

$$q = \sqrt{\frac{3}{2} (\boldsymbol{S} : \boldsymbol{S})}$$

$$p = -\frac{1}{3} \mathrm{trace}(\boldsymbol{\sigma})$$

式中 $\boldsymbol{S}$ 为偏应力张量。

根据弹塑性理论，描述弹塑性特征的应力应变关系应变为

$$\{\sigma\} = [D_{ep}]\{\varepsilon\} \tag{5}$$

将式（5）中的弹塑性矩阵$[D_{ep}]$写成

$$\left[D^{ep}\right]=\left[D^{e}\right]-\dfrac{\left[D^{e}\right]\left\{\dfrac{\partial F}{\partial \sigma}\right\}\left\{\dfrac{\partial F}{\partial \sigma}\right\}^{T}\left[D^{e}\right]}{A+\left\{\dfrac{\partial F}{\partial \sigma}\right\}\left[D^{e}\right]\left\{\dfrac{\partial F}{\partial \sigma}\right\}} \qquad (6)$$

式中，D^{p}为塑性矩阵；D^{e}为弹性矩阵；Q为塑性势函数；F为加载函数；A为硬化参数（$A=-\left\{\dfrac{\partial F}{\partial \kappa}\right\}^{T}D_{e}\left\{\dfrac{\partial Q}{\partial \sigma}\right\}$），对于理想弹塑性，$A=0$。具体的表达形式如下：

$$\left\{\dfrac{\partial F}{\partial \sigma}\right\}=\left\{\dfrac{\partial F}{\partial \sigma_{x}} \quad \dfrac{\partial F}{\partial \sigma_{y}} \quad \dfrac{\partial F}{\partial \sigma_{z}} \quad \dfrac{\partial F}{\partial \tau_{xy}} \quad \dfrac{\partial F}{\partial \tau_{yz}} \quad \dfrac{\partial F}{\partial \tau_{zx}}\right\} \qquad (7)$$

将式（4）代入上式，即可求得式（6）所表达的弹塑性矩阵。式（1）、（2）、（4）、（5）、（7）构成了处理莫尔-库仑本构关系的基本数学方程。

4.2 高强度预应力抗浮锚杆抗拔承载机制研究

4.2.1 工程概况

某房地产开发项目规划总用地面积约 47 788.91 m²，由 10 栋高层建筑（办公用房）、两栋多层建筑、裙楼及纯地下室等组成，地下室设两层。场地典型地层（图 4-2）从上至下依次为：第①层为第四系全新统人工填土层（Q_4^{ml}），主要由建筑垃圾、卵石、碎石混黏性土及生活垃圾等组成，揭示厚度为 0.6～7.6 m；第②层为第四系冲积堆积层（Q_4^{al}），主要为黄灰色、灰色的细砂、中砂和卵石层，细砂位于卵石层顶面，中砂呈透镜体位于卵石层内，卵石层可分为松散、稍密、中密、密实，顶板埋深 2.9～7.6 m，厚度未揭穿。

为满足抗浮要求，本工程采用 PSB1080 精轧螺纹钢筋预应力扩大头抗浮锚杆，共设置抗浮锚杆 2 490 根。根据建筑物布置特点和结构形式，可分为 A、B、C、D 四个区域，其中 A 区 85 根（间距 3.9 m），B 区 534 根（间距 3.0～3.6 m），C 区 1 180 根（间距 3.25 m），D 区 691 根（间距 2.95 m）。单根抗浮锚杆抗拔力特征值为 700 kN，杆体直径 40 mm，长度为 7.5 m，非扩大头段长度为 4.5 m，钻孔直径 180 mm；扩大头段长度为 3.0 m，直径 500 mm，采用高压旋喷成孔的方式形成扩大头段，锚杆锚入抗水板混凝土内长度不小于 300 mm，详见表 4-1 和图 4-3。

4.2.2 现场试验

本工程抗拔基本试验包括一组 3 根锚杆，按照《高压喷射扩大头锚杆技术规程》（JGJ/T 282—2012）和《岩土锚杆（索）技术规程》（CECS 22：2005）的要求开展。

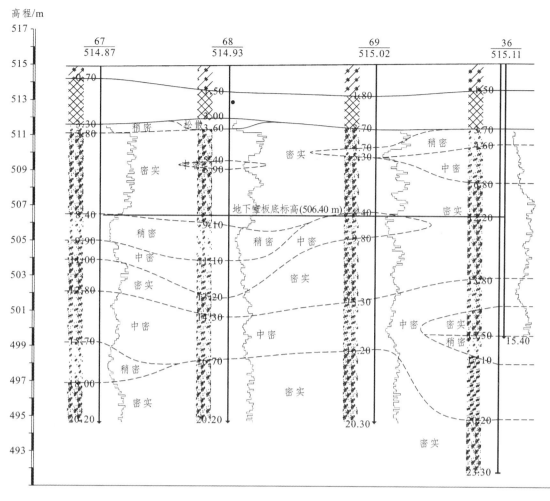

图 4-2　基坑典型地质剖面图

表 4-1　试验锚杆设计与拉拔试验要求汇总

编号	钢筋型号	锚杆总长 /m	扩大头锚固段		非扩体锚固段		自由段 长度 /m	单锚承载 力特征值 /kN	最大试 验荷载 /kN
			长度 /m	直径 /mm	长度 /m	直径 /mm			
JS1	PSB1080	7.5	3.0	500	4.5	180	1.5	700	1 412
JS2	PSB1080	7.5	3.0	500	4.5	180	1.5	700	1 412
JS3	PSB1080	7.5	3.0	500	4.5	180	1.5	700	1 412

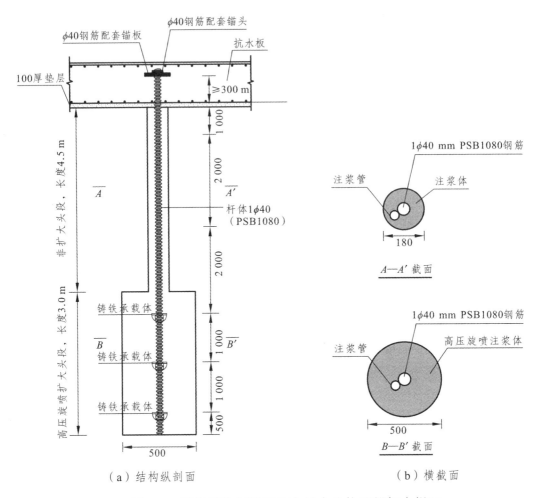

（a）结构纵剖面　　　　　　（b）横截面

图 4-3　精轧螺纹钢筋预应力扩大头抗浮锚杆大样图

1. 试验加载装置

试验时采用空心千斤顶与油泵、油表、支座、横梁等组成加载系统装置，在锚杆顶端的位移测试平台上安置 1 个百分表用于锚头位移观测。试验装置见图 4-4。锚杆拉拔试验采用 200 t 穿心式千斤顶、电动油泵，采用人工分级加载。位移量测采用（0-50）mm 级别的百分表，位移量测精度为 0.01 mm。

2. 加载方案

锚杆试验的最大荷载为 1 412 kN，为预估破坏荷载 1 750 kN 的 80%，采用多级循环加荷法，共分 7 级。第一级荷载为 1 750 kN 的 10%，分级加荷取破坏荷载的 30%、40%、50%、60%、70%、80%。

3. 锚杆位移量测

每一循环试验中，各级荷载的稳定时间均不小于 5 min，最后一级荷载的稳定时间为 10 min，各级荷载下读数不得少于 3 次。在试验过程中记录每级荷载下的位移增量，如在稳定时间内该级锚头位移增量不超过 0.1 mm，认为该级荷载作用下的锚杆位移达到稳定，否则延长观测时间，直至锚头位移增量在 2 h 内小于 2.0 mm 时，方可施加下一级荷载。通过本次抗拔试验，三根锚杆基本试验的最大抗拔力、最大位移量、最大弹性位移、最大塑性位移量等数据汇总如表 4-2。

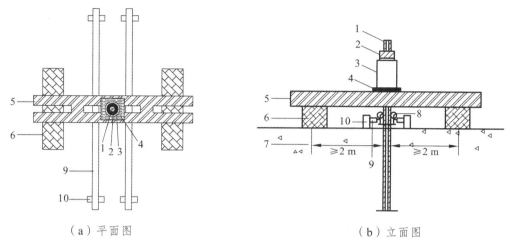

（a）平面图 　　　　　　　　　　　　（b）立面图

1—试验锚杆；2—工具锚；3—穿心式千斤顶；4—垫座；5—主梁；6—反力支座；7—垫层；
8—位移测量仪表；9—基准梁；10—基准桩。

图 4-4 支座横梁反力装置示意图

表 4-2 锚杆抗拔试验实测数据汇总

试锚编号	最大拉拔力 /kN	最大位移量 /mm	抗拔力极限值 /kN	最大位移量 /mm	弹性位移量 /mm	塑性位移量 /mm
JS1	1 412	15.05	1 412	15.05	8.28	6.77
JS2	1 412	19.20	1 412	19.20	7.21	11.99
JS3	1 412	18.16	1 412	18.16	7.85	10.31

由表 4-2 试验实测数据，3 根试验锚杆在最大试验荷载 1 412 kN 作用下均未发生破坏，此时试锚对应的最大位移量为 15.05 ~ 19.20 mm，量值非常接近。最大荷载作用下，塑性位移量为 6.77 ~ 10.31 mm。

根据试验锚杆荷载-位移曲线（图 4-5）进行分析，主要结论如下：

（1）可以将锚杆的荷载-位移（Q-S）曲线按曲线斜率分为两段，在 0 ~ 600 kN 加载区间内锚杆位移从 0 发展到 5 mm 左右，三根锚杆的总位移分别为 4.40 mm、4.41 mm、4.50 mm，在这个区间上 3 条曲线各点上的斜率都较大，当荷载 $Q>600$ kN 时，曲线各点斜率变小。

（2）各锚杆的荷载-位移（Q-S）曲线较为相似，均表现出单调上升的趋势，显示了三根锚杆仍然有很大的承载潜力，揭示了扩大头锚杆良好的承载特性，满足深埋地下空间对高承载力锚杆的要求。

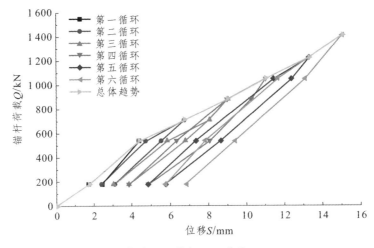

（a）JS1 锚杆 Q-S 曲线

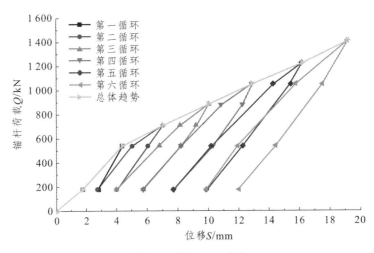

（b）JS2 锚杆 Q-S 曲线

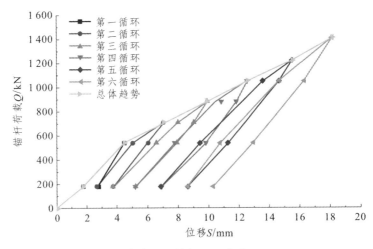

（c）JS3 锚杆 Q-S 曲线

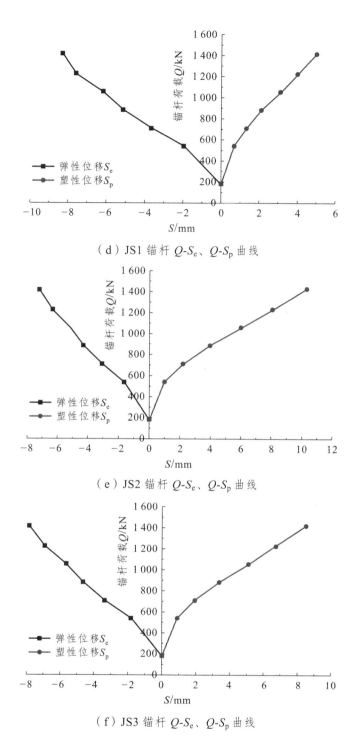

（d）JS1 锚杆 $Q\text{-}S_e$、$Q\text{-}S_p$ 曲线

（e）JS2 锚杆 $Q\text{-}S_e$、$Q\text{-}S_p$ 曲线

（f）JS3 锚杆 $Q\text{-}S_e$、$Q\text{-}S_p$ 曲线

图 4-5　JS1-JS3 锚杆 $Q\text{-}S$ 曲线、$Q\text{-}S_e$ 曲线和 $Q\text{-}S_p$ 曲线

（3）扩大头锚杆与传统锚杆的荷载-位移性状的差异性对比，揭示了扩大头锚杆荷载-位移（$Q\text{-}S$）特征曲线的单调上升性状及其应变硬化特征，这与常规等直径锚杆的荷载-位移曲线（$Q\text{-}S$）存在荷载峰值与应变软化特征有着本质区别，扩大头这种应变硬化力学特性决定了其

拥有更大的承载力与更高的安全度。

（4）三根锚杆的 $Q\text{-}S_e$ 曲线、$Q\text{-}S_p$ 曲线与 $Q\text{-}S$ 曲线一样，也表现出了分段性，均以 600 kN 为分界点，0～600 kN 的加载区间，曲线斜率较大，超过 600 kN 以后，曲线斜率变小，呈近似线性变化。最大加载（1 412 kN）条件下，最大位移量为 15.05～19.20 mm，量值较小，最大塑性位移量为 6.77～10.31 mm，约占总位移量的 45%～62%。可以看出，高强度锚杆本身的抗拉拔性能还未能充分发挥，仍有很大的承载潜能。

（5）通过与刘钟等的试验锚杆为 PSB930 级预应力混凝土用螺纹钢筋对比分析，本项目的试验最大位移量值偏小，仅 15.05～19.20 mm，为其位移量值 139.66～148.52 mm 的 1/9～1/8。刘钟等研究的试验地区的地层为淤泥质黏土～黏土～粉质黏土，承载能力相对较弱，土体与水泥土的黏结强度低，抗变形能力低，而本次试验场地地层为冲洪积的砂卵石层，土体与水泥土的黏结强度相对较高，抗变形能力强。

4.2.3　数值模拟分析

通过分析扩大头抗浮锚杆的现场试验，得到了高强度预应力扩大头抗浮锚杆在上拔力作用下位移变化。在此基础上，本节通过精细化的数值模型，对杆体以及钢筋内在的受力机理进行进一步分析研究。扩大头抗浮锚杆材料分区如图 4-6 所示，土层总厚度为 13.1 m，扩大头抗浮锚杆全长 7.5 m，其中：非扩大头段 4.5 m，孔径 0.18 m；扩大头段长 3 m，设计孔径 0.5 m。采用数值模拟软件中平面应变单元，节点总数 145 个，单元总数 108 个，如图 4-7 所示。计算模型左右边界设置水平位移约束，底部边界设置水平和垂直约束。土体本构模型采用经典的莫尔-库仑模型，具体参数如表 4-3 所示。

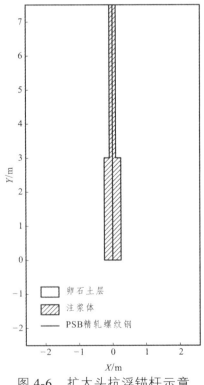

图 4-6　扩大头抗浮锚杆示意

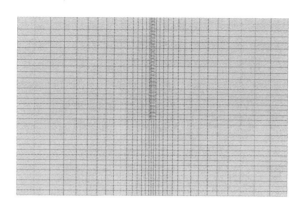

图 4-7　扩大头抗浮锚杆抗拔力计算模型

表 4-3　计算参数表

材料	$\gamma/（kN/m^3）$	E/MPa	μ	c/kPa	$\varphi/（°）$
卵石层	21.0	80	0.2	10	35
PSB 精轧螺纹钢筋	78.5	210×103	0.2	—	—
锚杆注浆体	25.0	30×103	0.2	—	—

以上拔力 1 400 kN 计算结果为例，计算得出的扩大头抗浮锚杆竖向位移云图如图 4-8 所示，在上拔力作用下，周围土体向上变形，变形量自锚杆中心位置向周围土层逐渐减小，最远影响至周边土层约 7 m 的范围。

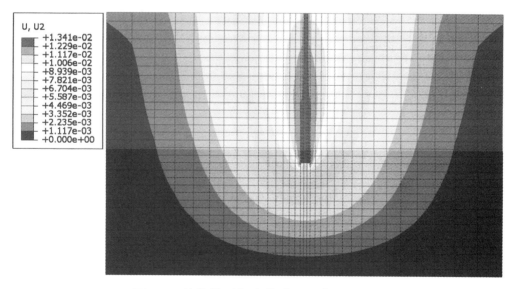

```
U, U2
  +1.341e-02
  +1.229e-02
  +1.117e-02
  +1.006e-02
  +8.939e-03
  +7.821e-03
  +6.704e-03
  +5.587e-03
  +4.469e-03
  +3.352e-03
  +2.235e-03
  +1.117e-03
  +0.000e+00
```

图 4-8　整体模型竖向位移（单位：m）

由图 4-9 可知，Q-S 曲线的模拟结果与试验结果总体趋势基本相似，呈现的线弹性特征较实测曲线更好，原因是概化模型是考虑的均质各向同性，而实际地层本身是不均匀的。

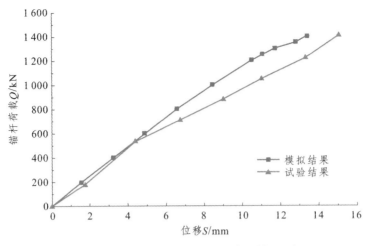

图 4-9 $Q\text{-}S$ 曲线模拟结果与试验结果对比

扩大头抗浮锚杆杆体位移如图 4-10 所示，可以看出：杆体水平向位移接近 0；竖向位移顶部最大，最大值为 13.41 mm；底部位移最小，最小位移 12.31 mm；锚杆的位移主要集中在非扩大段。

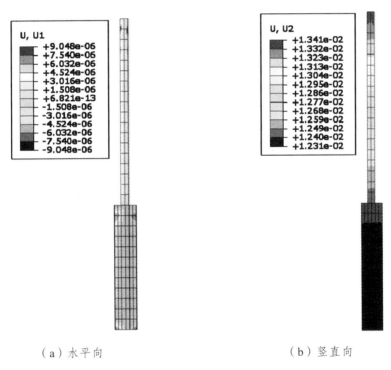

（a）水平向　　　　　　　　　　　　（b）竖直向

图 4-10　锚杆杆体位移（单位：m）

扩大头抗浮锚杆杆体应力如图 4-11 所示，可以看出：杆体水平向最大受拉为 269.3 kPa，主要分布在杆体变截面位置以及杆体顶部；最大压应力为 504.9 kPa，位于杆体底部；竖向基本为拉应力，自上而下逐级减少，非扩大头段拉应力最大，最大值为 732.4 kPa。

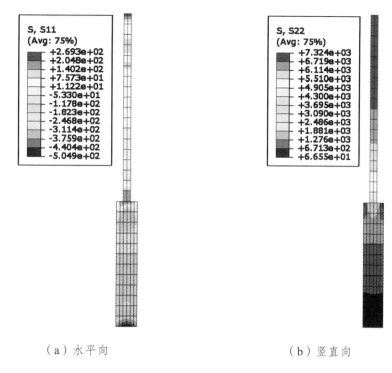

（a）水平向 （b）竖直向

图 4-11 锚杆杆体应力（单位：kPa）

不同上拔力条件下 PSB 钢筋轴向应力沿深度分布如图 4-12 所示，可以看出：钢筋应力顶部最大，随着埋深越大，呈现逐渐下降趋势；其中钢筋顶部 0.5 m 范围内钢筋轴向应力降幅达到了 41%；在杆体变截面处以上 1.0 m 范围内钢筋轴向应力降幅达到了 31%，说明锚杆周边土体的侧摩阻作用仍有很大的承载空间。

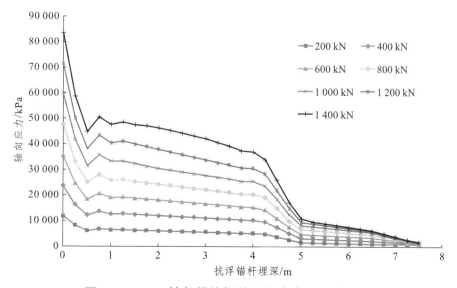

图 4-12 PSB 精轧螺纹钢筋轴向应力沿深度分布

4.2.4 小结

通过现场试验并采用数值计算方式对高强度扩大头抗浮锚杆抗拔过程中的受力变形特征进行了分析探讨，揭示了扩大头抗浮锚杆的工作机理。主要结论如下：

（1）锚杆的荷载-位移（Q-S）曲线均表现出单调上升的趋势，显示了高强度预应力扩大头抗浮锚杆仍然有很大的承载潜力，揭示了扩大头锚杆良好的承载特性，满足深埋地下空间对高承载力锚杆的要求。

（2）最大加载（1 412 kN）条件下，最大位移量为 15.05 ~ 19.20 mm，量值较小，最大塑性位移量为 6.77 ~ 10.31 mm，约占总位移量的 45% ~ 62%。可以得到，高强度锚杆本身的抗拉拔性能还未能充分发挥，仍有很大的承载潜力。

（3）钢筋应力顶部最大，随着埋深越大，呈现逐渐下降趋势，其中钢筋顶部 0.5 m 范围内钢筋轴向应力降幅达到了 41%，在杆体变截面处以上 1.0 m 范围内钢筋轴向应力降幅达到了 31%。这说明锚杆周边土体的侧摩阻作用仍有很大的承载空间。

（4）基于本次试验和数值分析，认为高强度预应力扩大头抗浮锚杆仍然有很多问题需要深入研究，需要更多的工程应用和试验数据。

高强度预应力扩大头抗浮锚杆与普通锚杆比较，PSB 精轧螺纹钢筋具有屈服强度高的优点，扩大头锚固体通过与岩土体的侧阻力及承压作用产生较大的抗拔力。本节通过对高强度预应力扩大头抗浮锚杆与普通锚杆进行现场对比试验，得出了高强度预应力扩大头抗浮锚杆承载力为普通锚杆的 3.5 倍，在同一荷载条件下塑性变形小于普通锚杆，通过数值模拟得出高强度预应力扩大头抗浮锚杆在承受水浮力工作条件下锚固体处于受压状态，有利于锚杆钢筋的耐久性要求。

4.3 构造形态对抗拔承载力影响分析

通过调研文献可知，扩大头抗浮锚杆问题的研究已有一定的成果。例如，梁仕华等介绍了一种带扩大端预应力抗浮锚索在某地下室工程的应用，并探讨了其设计、施工经验及质量保证措施，为同类工程提供了经验。陈帅等针对将扩大头锚杆作为抗浮锚杆应用于地下工程中的情形，提出了极限抗拔承载力的计算公式，并基于算例分析和数值模拟进一步对其进行验证，结果表明了该理论公式的有效性和适用性，并对极限抗拔承载力的影响因素进行讨论，对建筑结构的地下抗浮锚杆的设计有很好的借鉴作用。刘念等介绍了一种扩大头锚杆技术，并将其应用到某人防工程抗浮中，通过加大锚杆扩大头，大幅提高锚杆在软土中的抗拔力，增加人防工程建设效益。陈松对扩大头锚杆工法的原理、重要工艺、类型进行了分析，研究了锚杆抗拔力的计算公式，并对锚杆抗拔力试验检测进行了探讨，对扩大头锚杆在地下工程抗浮的应用起到一定的推广作用。陈安英等采用 ABAQUS 有限元软件，对抗浮锚杆的单锚受力性能和群锚效应进行了数值分析研究，结果表明锚杆间距对群锚效应的影响程度远大于锚杆长度，群锚效应的影响范围大致为锚杆间距 < 17D（D 为锚杆直径）。吴勇军等以南京某单建式地库为工程背景，开展扩大头抗浮锚杆技术在单建式地库工程应用研究，通过多种抗浮方案对比分析，选择扩大头抗浮锚杆作为工程的抗浮方案，提出了工程设计方法与全黏结普通锚杆相比，并支持扩大头抗浮锚杆有抗拔承载力大、位移小、可靠性高，能显著提高抗浮

措施的安全水平。

上述研究大多数集中在工程应用实践中，但对于扩大头锚杆的作用机理，特别是扩大头形状对锚杆抗拔力的影响研究偏少。本节阐述了砂卵石地层扩大头抗浮锚杆的作用原理，对不同扩大头形状的锚杆抗拔力特性进行研究，并应用于某砂卵石地层地下室抗浮工程中，为类似工程抗浮设计、施工等提供参考依据。

4.3.1　工程概况

四川成都某房建项目用地面积 3.8 万 m²，拟建项目由住宅、商业及附属幼儿园组成。场地典型地质剖面图如图 4-13 所示，场区地貌属岷江水系 I 级阶地，地层从上而下依次为：第①层为素填土（Q_4^{ml}），松散，主要以黏性土为主，含少量植物根茎和生活垃圾；第②层为粉质黏土（Q_4^{al}），可塑，稍湿，主要由粉粒和黏粒组成；第③层为砂层（Q_4^{al}），很湿~饱和，黏粒含量较大；第④层为卵石土层（Q_4^{al+pl}），主要为火成岩，呈圆形~亚圆形，磨圆度较好，中等~微风化，卵石粒径一般大于 6 cm，最大大于 20 cm，充填 15%~35% 的砂类土及细粒土。

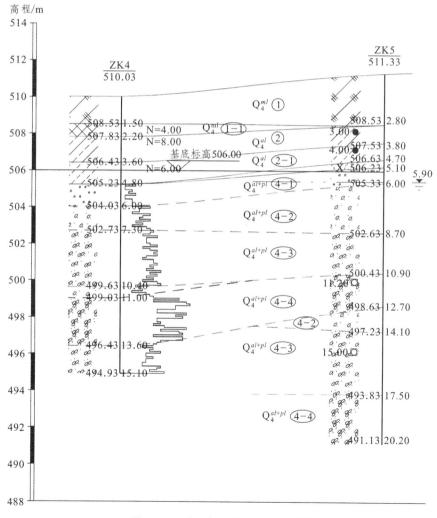

图 4-13　场地典型地质剖面图

本项目±0.00 标高为 511.80 ~ 512.30 m，依据相关规范，场地地下水抗浮设计水位可按室外地坪标高以下 1.0 m 考虑，拟建物局部设一层地下室部分，其基础埋深为 5.2 m，相应标高为 506.00 m，抗浮水位高于基底标高。根据场地实际情况和成都地区成熟的施工经验，建议采用抗浮锚杆加抗水底板方案。依据该工程初步设计方案，本工程抗浮锚杆拟采用扩大头抗浮锚杆，锚杆长度为 10.0 m，其中：普通段长度为 5.0 m，直径 180 mm；扩大头段长度为 5.0 m，直径 500 mm。锚杆杆体钢筋采用 $1\phi40$ mmPSB1080 钢筋。单根锚杆抗拔力特征值按照 700 kN 设计，基本试验加载值取 2 倍单根锚杆抗拔力特征值，即 1 400 kN。

4.3.2 抗浮锚杆扩大头类型

一般的扩大头抗浮锚杆结构如图 4-14 所示。上部非扩大头段是由水泥浆与 PSB 精轧螺纹钢筋组合而成，土体通过锚杆杆体外表面作用向下的侧摩阻力；在砂卵石地层中，下部扩大头段一般是通过高压旋喷而形成的水泥与砂卵石的结石体，并与 PSB 精轧螺纹钢筋共同组成扩大头段。由于采用的是高压旋喷施工工艺，扩大头部分与周边土层没有明显分界线，类似将整个扩大头部分嵌入土层之中。

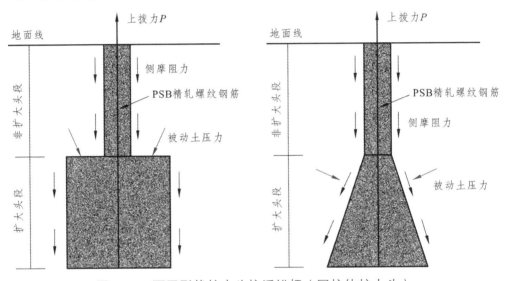

图 4-14　不同形状扩大头抗浮锚杆（圆柱体扩大头）

在上拔力 P 的作用下锚杆杆体相对土体向上移动，非扩大头段首先向上变形，周围土层通过杆体外表面作用向下的侧摩阻力；随后杆体扩大头段阻力开始发挥，主要是土体的被动土压力。杆体内力分布上部最大，逐渐向下递减。在上拔力持续增长的过程中，主要有五种破坏形式：

（1）沿杆体和注浆体之间的结合处的接触面发生破坏；

（2）沿注浆体与周边土体之间交接处呈倒锥形破坏；

（3）从锚杆杆体底部或某一深度处沿一定的扩张角，在土体内发生破坏；

（4）锚杆杆体钢筋抗拉强度不足发生断裂；

（5）锚杆群发生整体破坏。

对于一般的圆柱体扩大头抗浮锚杆，非扩大头段与扩大头段的交界处截面突然增大，往往容易导致局部应力集中，从而造成锚杆杆体破坏。而采用锥体扩大头抗浮锚杆，自上而下杆体截面逐步增大，不但可以有效降低局部应力集中，还可以做到资源的最大化利用。

4.3.3 抗拔特性计算模型

建立圆柱体扩大头抗浮锚杆、锥体扩大头抗浮锚杆计算模型分别如图 4-15 所示，非扩大头段尺寸为 5 m×0.18 m，圆柱体扩大头段尺寸为 5 m×0.5 m，锥体扩大头段为 5 m×0.18 m（上底）、0.5 m（下底）。

采用 ABAQUS 软件进行数值计算，土体计算采用莫尔-库仑模型，PSB 精轧螺纹钢筋、锚杆注浆体采用线弹性模型，各土层计算参数见表 4-4 所示。土层与非扩大头段接触面采用 Contact 约束关系，摩擦系数取 0.839；土层与扩大头段接触面采用 tie 约束关系。模型左右两侧为 X 方向约束，底部为 Y 方向约束。上拔力按抗浮锚杆抗拔试验最大值 1 400 kN。

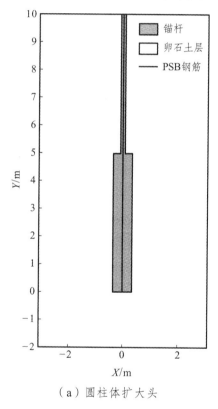

（a）圆柱体扩大头

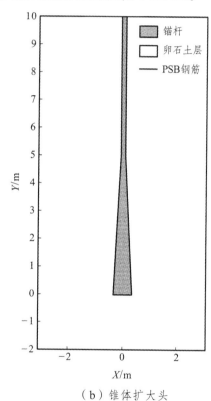

（b）锥体扩大头

图 4-15　扩大头抗浮锚杆计算模型

表 4-4　计算参数

材料	$\gamma/(\text{kN/m}^3)$	E/MPa	μ	c/kPa	$\varphi/(°)$
卵石土	21.0	80	0.28	10	35
PSB 精轧螺纹钢筋	78.5	$210×10^3$	0.20	—	—
锚杆注浆体	25.0	$30×10^3$	0.24	—	—

4.3.4 抗拔特性数值模拟

1. 位移计算结果

扩大头抗浮锚杆数值计算得出的竖向位移云图如图 4-16 所示，可以看出，在上拔力作用下带动周围土体向上变形，变形量自锚杆中心位置向周围土层逐渐减小，最远影响至周边土层约 14 m 的范围。抗浮锚杆杆体竖向位移如图 4-17 所示，可以看出杆体顶部位移最大而底部位移最小，锚杆的位移主要集中在非扩大段。从位移的最大值来看，圆柱体扩大头、锥体扩大头抗浮锚杆位移最大值分别为 15.94 mm、16.09 mm。

2. 应力计算结果

圆柱体扩大头锚杆杆体应力分布如图 4-18 所示，从水平向应力分布可以看出，杆体顶部和变截面处应力最大，最大值约为 108.5 kPa，并且在变截面呈现出应力集中。从竖直应力分布来看，锚杆的竖向应力主要集中在非扩大段，最大值约为 512.6 kPa，而在下部扩大段应力大部分低于 200 kPa，由此也说明扩大段能够起到分散应力作用。

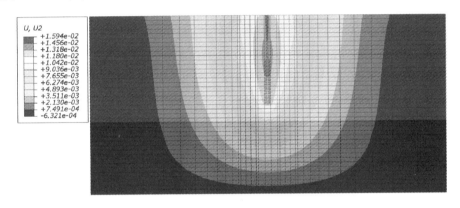

（a）圆柱体扩大头

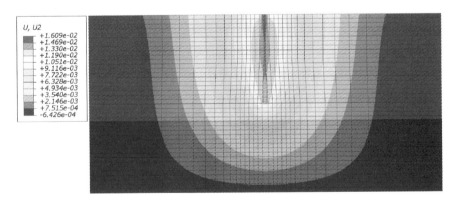

（b）锥体扩大头

图 4-16 整体模型竖向位移（单位：m）

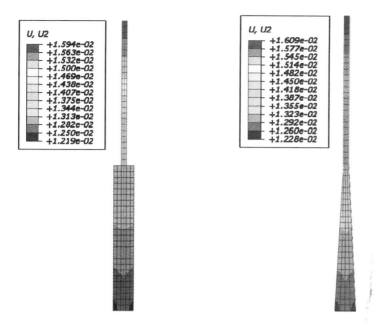

图 4-17　锚杆杆体竖向位移（单位：m）

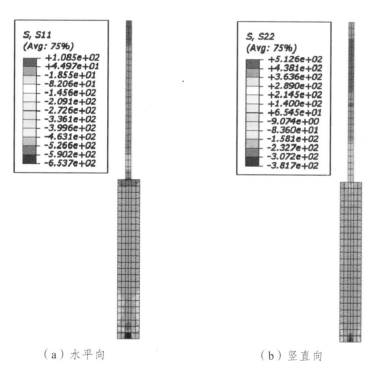

（a）水平向　　　　　　　　　　　（b）竖直向

图 4-18　圆柱体扩大头锚杆杆体应力（单位：kPa）

　　锥体扩大头锚杆杆体应力如图 4-19 所示，水平向最大应力为 149.7 kPa，竖向最大应力为 674.8 kPa。相比圆柱体扩大头锚杆杆体，梯形的应力最大值略微增大，这主要是由于杆体材料减小，单位面积材料承受的荷载变大的缘故。但从应力具体分布情况看，锥体扩大头锚杆不存在变截面处的应力集中，也说明采用锥体扩大头锚杆受荷载性能更优。

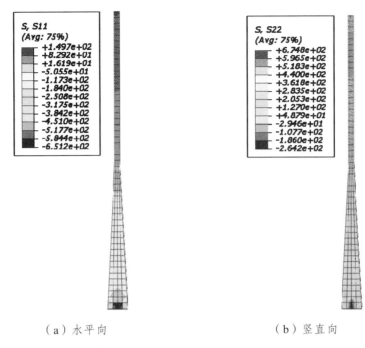

（a）水平向　　　　　　　　　　　　　（b）竖直向

图 4-19　锥体扩大头锚杆杆体应力（单位：kPa）

PSB 钢筋轴向应力分布情况如图 4-20 所示，可以看出，两种扩大头形式的抗浮锚杆轴向应力分布基本接近，但圆柱体扩大头在顶部应力相比锥体扩大头更大，达到了 1 041.6 MPa，低于 PSB 精轧螺纹钢筋的抗拉强度 1 230 MPa。在锚杆扩大段，两种扩大头形式的抗浮锚杆轴向应力存在一定的差异，对于圆柱体扩大头，在变截面处应力降幅变大，而锥体扩大头的轴向应力变化更平顺。

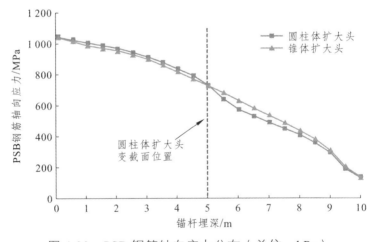

图 4-20　PSB 钢筋轴向应力分布（单位：kPa）

通过对扩大头抗浮锚杆数值分析，将两种扩大头形式的抗浮锚杆计算结果最大值列入表 4-5。由表可以看出，相比圆柱体扩大头形式，锥体扩大头材料面积减小约 32%，竖向位移最大值增大 0.9%，杆体应力最大值增大 30% 多，筋材轴向应力减小约 0.3%。

表 4-5　两种扩大头形式的抗浮锚杆计算结果

扩大头形式	面积/m²	竖向位移最大值	应力最大值/kPa		筋材轴向应力最大值/MPa
			水平向	竖直向	
矩形	2.5	15.94	108.5	512.6	1041.6
梯形	1.7	16.09	149.7	674.8	1038.0
变化幅度	−32.0%	0.9%	38.0%	31.6%	−0.3%

通过上述分析可以看出，采用锥体扩大头杆体用料将大幅度减小，杆体的应力将有所增大，但相比圆柱体扩大头在变截面处出现的应力集中现象，锥体扩大头则很好克服这一不利影响。由此可见，相比圆柱体扩大头，锥体扩大头抗浮锚杆在不仅减少了杆体材料使用，且在杆体受力更有利于发挥杆体材料的性能。

4.3.5　应用效果

本工程项目的高强度预应力抗浮锚杆现场试验照片见图 4-21，可以看出，通过控制旋喷压力实现了锚杆扩大段形状。现场锚杆挖开后，可以清晰看出，锚杆扩大段上小下大的扩大形状。依据第三方监测出具的现场抗浮锚杆抗拔基本试验结果，以 6 号锚杆测得荷载-位移为例（图 4-22），在 6 次循环荷载试验中，随着上拔力逐渐增加，锚杆的位移逐渐增大，试验荷载达到最大的 1 400 kN 时，锚杆杆体位移为 15.94 mm。把三组及基本试验结果汇总在表 4-6 中，可知 4、5、6 号锚杆试验值分别为 15.98 mm、16.21 mm、15.94 mm，平均值为 16.04 mm，略小于数值计算结果 16.14 mm。

（a）高压旋喷扩底　　　　　　　　（b）施工完成后效果

图 4-21　锥体扩大头抗浮锚杆施工

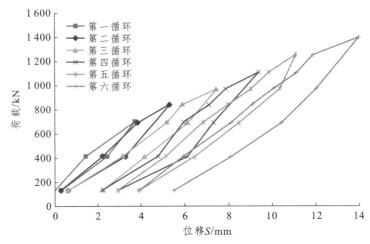

图 4-22　抗浮锚杆荷载-位移现场试验曲线（6 号）

表 4-6　试验结果与数值结果对比

锚杆编号	试验最大荷载/kN	累计最大拔出量/mm	数值计算结果/mm
4	1 400	15.98	
5	1 400	16.21	16.09
6	1 400	15.94	

4.3.6　小结

通过对矩形和梯形两种不同扩大形状的锚杆抗拔力特性进行研究，并应用于成都市某砂卵石地层地下室抗浮工程中，得出以下结论：

（1）扩大头抗浮锚杆数值计算结果表明，在上拔力作用下锚杆带动周围土体向上变形，变形量自锚杆中心位置向周围逐渐减小，最远影响至周边土体约 14 m 的范围；从杆体的位移结果来看，锚杆顶部位移最大，底部位移最小，且位移主要集中在非扩大段。圆柱体扩大头、锥体扩大头抗浮锚杆位移最大值分别为 15.94 mm、16.09 mm。

（2）从计算的扩大头抗浮锚杆应力分布情况来看，圆柱体扩大头锚杆在变截面处，存在应力集中现象，且高应力的主要分布在非扩大段，竖向应力最大值为 512.6 kPa。锥体扩大头锚杆杆体应力不存在应力集中，应力变化更为平顺，竖向应力最大值为 674.8 kPa。

（3）从 PSB 钢筋轴向应力分布来看，锚杆非扩大段两种扩大头形式的轴向应力分布基本接近，但圆柱体扩大头在顶部应力相比锥体扩大头更大，达到了 1 042 MPa，低于 PSB 精轧螺纹钢筋的抗拉强度 1 230 MPa。在锚杆扩大段，两种扩大头形式的抗浮锚杆轴向应力差异明显，对于圆柱体扩大头，在变截面处应力降幅变大，而锥体扩大头的轴向应力变化更平顺。

（4）砂卵石地层地下室抗浮工程现场抗浮锚杆抗拔基本试验结果表明，在上拔力最大达到 1 400 kN 时，锥体扩大头锚杆杆体位移约为 16.04 mm，略低于数值结果值的 16.09 mm。应用案例表明，相比圆柱体扩大头，锥体扩大头抗浮锚杆在不仅减少了杆体材料使用，杆体受力更有利于发挥杆体材料的性能。

4.4　筋体受力与界面滑移规律

传统抗浮锚杆一般为等截面全黏结形式，锚杆杆体（筋体）与注浆体之间黏结形成的界面一般称之为第一界面，注浆体与土体（或基岩）黏结形成的界面一般称之为第二界面。基于前述章节论述，高强度预应力抗浮锚杆主要可分为"压力型抗浮锚杆"与"拉压型抗浮锚杆"两大类。压力型抗浮锚杆的锚杆杆体（筋体）与锚固体之间通过 PVC 套管进行隔离，两者之间填充防腐涂层材料；拉压型抗浮锚杆的锚杆杆体（筋体）则分为黏结段与非黏结段两部分，非黏结段与拉力型抗浮锚杆一样通过 PVC 套管与锚固体之间进行隔离，两者之间同样填充防腐涂层材料，黏结段则与锚固体之间黏结并通过设置承载体以提高锚杆杆体黏结段与锚固体之间的黏结强度。压力型抗浮锚杆的锚杆杆体与锚固体之间无黏结，故该类型锚杆仅存在第二界面；拉压型抗浮锚杆的锚杆杆体在黏结段设置承载体以提高此类型锚杆的抗拔承载力，因此第一界面和第二界面均存在。第一界面与第二界面的黏结强度主要由摩阻力、化学胶着力以及机械咬合力组成，这三种力与锚杆直径、锚固长度、锚杆表面形态、锚固介质等因素相关。

4.4.1　数值模拟方案

1. 数值模型

分别建立如图 4-23 所示四类高强度预应力抗浮锚杆的三维有限元数值分析模型，由于抗浮锚杆受水浮力荷载时荷载方向朝上，故利用对称性取 1/4 模型进行分析。此外，由于土体模型不可能取无限远计算，这里不妨取 1/4 土体尺寸为 1.5 m×1.5 m×9.0 m 进行分析。

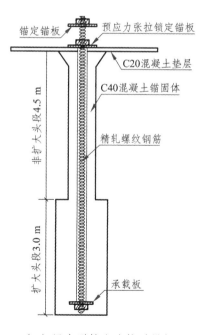

（a）压力型扩大头抗浮锚杆

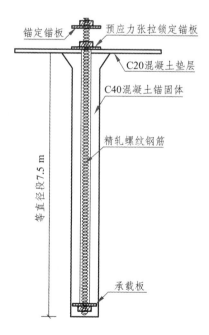

（b）压力型等直径抗浮锚杆

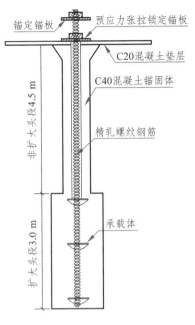
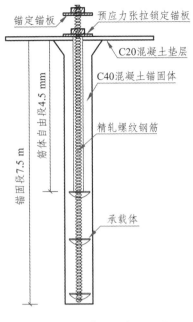

（c）拉压型扩大头抗浮锚杆　　　　　　　（d）拉压型等直径抗浮锚杆

图 4-23　四类高强度预应力抗浮锚杆

（1）PSB 精轧螺纹钢筋。

高强度预应力抗浮锚杆的锚杆杆体（筋体）均选择级别为 PSB1080 精轧螺纹钢筋，其屈服强度标准值 f_y=1 080 MPa，弹性模量 E_s=2.1 × 10^5 MPa，泊松比 μ_s=0.2，密度 ρ=7 850 kg/m³。钢筋采用双线性随动强化模型来模拟钢筋的弹塑性行为，切线模量 E_y 选取为弹性模量 E_s 的 1/10，即 E_y=2.1 × 10^4 MPa。该抗浮锚杆在施工时，通过采用后张法的方式施加预应力从而降低抗浮锚杆在水浮力来临时锚头的竖向位移。为此，在数值模拟分析时采用降温法对锚杆杆体（筋体）的预应力进行模拟，即考虑筋体在轴向方向的线膨胀系数，通过设定相应温度的变化来考虑筋体的拉拔锁定，故仅在 PSB 钢筋轴向方向设置 α_c=1 × 10^{-5}/℃ 的线膨胀系数。对于承载板、承载体、锁定螺母、锚定锚板与锚定锚具等构件，模拟时设置为与 PSB 钢筋相同的弹性模量、泊松比、密度参数，但不考虑其非线性行为，即均为弹性材料，建模时钢筋与这些配件均共用结点，从而不考虑配件与 PSB 钢筋之间的滑移行为。

（2）混凝土垫层与锚固体。

混凝土锚固体采用强度等级为 C40 的细石混凝土，混凝土垫层采用强度等级为 C20 混凝土，混凝土材料参数采用现行国家标准《混凝土结构设计规范》（GB 50010）所规定的标准值。模拟时，其余参数设置为：张开裂缝的剪力传递系数为 0.5，闭合裂缝的剪力传递系数为 0.95，拉应力释放系数采用缺省值 0.6。在混凝土开裂和压碎之前，采用缺省的混凝土本构关系，分析时关闭混凝土压碎选项并考虑拉应力释放来为增强计算模型的收敛性。

（3）基岩材料。

选取某泥岩作为基岩材料，其材料参数分别为弹性模量 E=1.0 × 10^4 MPa，密度 ρ= 2 200 kg/m³，泊松比 μ_s=0.23，黏聚力 c=780 kPa，内摩擦角 φ=35°。采用扩展 Drucker-Prager

模型（即 EDP 模型）模拟泥岩材料的非线性行为，EDP 模型可以克服经典 Drucker-Prager 模型的一些缺点，目前广泛应用于商业软件中岩土材料的数值模拟。EDP 模型线性屈服方程为

$$F_{EDP} = \alpha \sigma_m + q - \sigma_y(\hat{\varepsilon} pl) = 0$$

式中，α 为与压力敏感参数有关的材料参数；q 为单轴压缩应力；$\sigma_y(\hat{\varepsilon} pl)$ 为材料的屈服应力。通过与经典 DP 模型进行参数转换，即可获得 EDP 模型中的压力敏感参数有关的材料参数 α 与材料的屈服应力，两者可分别为

$$\alpha = \frac{6\sin\varphi}{(3-\sin\varphi)}, \quad \sigma_y(\hat{\varepsilon} pl) = \frac{6c\cos\varphi}{(3-\sin\varphi)}$$

（4）界面关系。

锚杆杆体与锚固体（第一界面）、锚固体与基岩之间（第二界面）的黏结滑移本构关系采用 Cohesive Zone Model（CZM）双线性界面模型，如图 4-24 所示。CZM 双线性界面模型的剪应力 τ 随着界面之间的相对滑动位移 δ 的变化呈线性变化，并存在剪应力峰值点。当相对滑动位移 δ 满足 $\delta \leqslant \delta^*$ 时，剪应力随着相对滑动位移 δ 的增加而增大；当相对滑动位移满足 $\delta > \delta^*$ 时，剪应力随相对滑动位移 δ 增加而减小。采用的双线性剪切-滑移模型体现了锚固面的软化特性，其基本满足锚固体与岩体的黏结滑移关系。

模拟时，锚杆杆体与锚固体之间的第一界面取 δ_c=1.0 mm，δ^*=0.4 mm，τ_{max}=3.0 MPa；锚固体与泥岩之间的第二界面，取 δ=1.0 mm，δ^*=0.4 mm，τ_{max}=0.4 MPa。其余接触界面，例如垫层与基岩、垫层与注浆体、锁定锚板与垫层之间均采用标准接触，即仅能受压不能受拉。锚杆在破坏时，界面的破坏并不一定按照剪切破坏的形式发生破坏，也可能发生断裂力学中的张拉破坏，因此在法向方向设置与剪切方向相同的材料参数，界面破坏即为混合破坏模式。

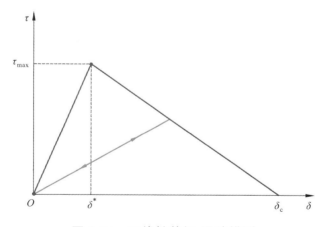

图 4-24　双线性剪切-滑移模型

2. 加载方案

为明确高强度预应力抗浮锚杆的抗拔承载力优势，上述四类抗浮锚杆在数值模拟时分别考虑为预应力锁定工况与无预应力工况，共计 8 种工况。对于有预应力锁定的抗浮锚杆，首先对预应力钢筋段单元施加 200 ℃降温荷载，然后再在锚定锚板底部施加均布压力来替代水

浮力荷载作用，锚定锚板每个荷载步施加均布压力为 400 kN/m²，即每个荷载步施加水浮力荷载 35.2 kN，直至模型不收敛或者达到 40 个荷载步后终止，共计 1 408 kN。

在模拟锚杆的拉拔过程中，由于土体的变形和沉降已经完成，在计算分析时需要防止自重对变形产生影响。为此，在建立好有限元分析模型后，首先进行基岩自重应力计算，即让初始应力保持平衡，然后将基岩的计算结果位移清除但保留计算得到的应力，作为下一步锚杆计算的初始条件。

4.4.2 模拟结果与分析

1. 预应力施加阶段

（1）锚杆预应力。

通过降温法对四类抗浮锚杆中预设的预应力钢筋段施加预应力，可以看出通过降温 200 ℃的方式可使四类抗浮锚杆中预应力钢筋段施加上约 390 MPa 的预应力，此外还可获得预应力张拉锁定锚板与混凝土垫层之间的接触压力，两者如图 4-25 所示。PSB 钢筋的预应力锁定由预应力张拉锁定锚板上的反压力支撑，理论上预应力张拉锁定锚板上的压力经转换算后应与PSB 钢筋的预应力一致，换算后两者相对误差仅分别为 0.12%、0.16%、0.10% 以及 0.07%，可以看出两者基本一致，满足数值模拟误差要求，表明通过降温法施加预应力正确。

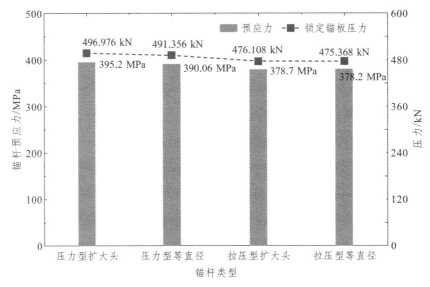

图 4-25 四类抗浮锚杆的钢筋预应力与锁定锚板压力

（2）第二界面滑移分析。

图 4-26 给出了四类预应力抗浮锚杆通过降温法施加预应力锁定后第二界面（即锚固体与岩体之间界面）的滑移变形量云图。从图 4-26 所示的变形云图可以看出，四类抗浮锚杆的滑移变形量最大值均不超过设定的 0.4 mm 弹性临界值，表明在预应力锁定情况下第二界面均处于弹性变形状态，界面均未失效。四类抗浮锚杆的切向滑移变量最小值均位于锚杆预应力钢筋中部对应的位置，这是因为在预应力作用下筋体顶部注浆体有向下滑移趋势，筋体底部注浆体有向上滑移趋势，从而在中部位置滑移量最小，趋近于无滑移状态。表明：四类抗浮锚

杆在施加相应的预应力锁定后，锚杆杆体与基岩之间并未到达失效状态，可进行下一步水浮力荷载施加。

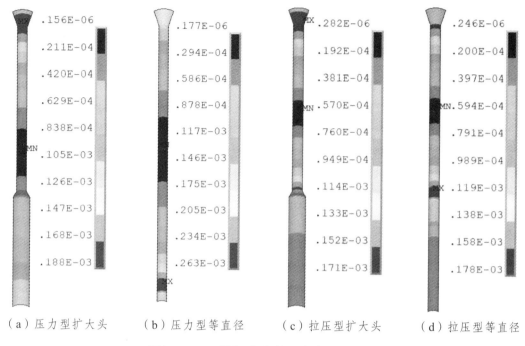

（a）压力型扩大头　　　（b）压力型等直径　　　（c）拉压型扩大头　　　（d）拉压型等直径

图 4-26　四类预应力抗浮锚杆滑移变形

2. 水浮力工作阶段

通过降温法对四类抗浮锚杆施加预应力锁定后，在锚定锚板处施加均布压力来替代水浮力荷载作用。考虑到所选取的精轧螺纹钢筋的屈服强度为 1 080 MPa，故在分析时选取每个荷载步的水浮力荷载增量为 35.2 kN，共计 40 个荷载步，共计 1 408 kN。数值分析时，以数值模型不收敛视为抗浮锚杆的承载力极限状态，通过分析可知压力型扩大头抗浮锚杆与拉压型扩大头抗浮锚杆承载力均可达 1 408 kN，压力型等直径抗浮锚杆极限承载力为 985.6 kN，拉压型等直径抗浮锚杆极限承载力为 1 337.6 kN，可见扩大头抗浮锚杆相较于等直接抗浮锚杆承载力更高。

（1）钢筋应力变化分析。

图 4-27～图 4-30 分别为四类抗浮锚杆在不同水浮力荷载作用下有预应力锁定与无预应力锁定情况下锚杆筋体沿埋深方向的轴向应力分布，图 4-31 分别为四类抗浮锚杆预应力钢筋段某点轴向应力随水浮力荷载的变化曲线。从轴向应力分布以及轴向应力变化图看出以下几点值得关注重点：

① 预应力钢筋段仅在螺栓栓接处存在部分应力集外，其在不同程度水浮力荷载作用下其轴向应力沿长度方向均匀分布，符合预期；

② 对于有预应力锁定的抗浮锚杆，由于预应力的锁定使得预应力钢筋段提前储备了相应的轴向应力，这部分轴向应力上部由预应力张拉锁定锚板提供反力支撑，下部支撑反力则由承载板（压力型锚杆）或承载体与黏结段筋体（拉压型锚杆）提供。当作用的水浮力荷载小

于锚杆筋体锁定的预应力时，预应力钢筋的轴向应力增长较为缓慢，即所施加的水浮力荷载对锚杆的预应力钢筋应力增长影响较小，表明在该阶段预应力钢筋的轴向应力无叠加。在水浮力荷载刚未超过锁定的预应力的荷载步，压力型扩大头预应力抗浮锚杆、压力型等直径预应力抗浮锚杆、拉压型扩大头预应力抗浮锚杆以及拉压型等直径预应力抗浮锚杆在该阶段其轴向应力分别仅增加 13.34 MPa、13.20 MPa、18.99 MPa 及 18.82 MPa。当作用的水浮力荷载大于锚杆筋体锁定的预应力时，预应力钢筋的轴向应力增长则与所施加的水浮力荷载一致，该阶段预应力钢筋轴向应力则处于叠加状态。

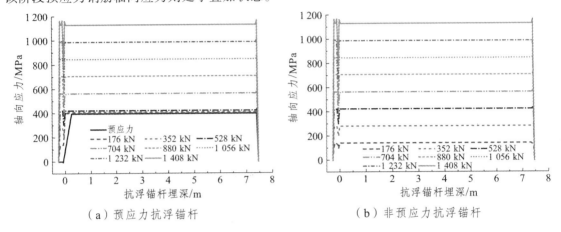

（a）预应力抗浮锚杆　　　　　　　（b）非预应力抗浮锚杆

图 4-27　压力型扩大头抗浮锚杆精轧螺纹钢筋轴向应力沿深度分布

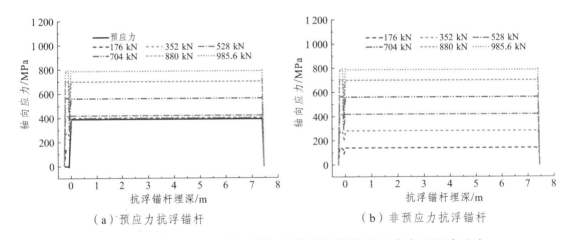

（a）预应力抗浮锚杆　　　　　　　（b）非预应力抗浮锚杆

图 4-28　压力型等直径抗浮锚杆精轧螺纹钢筋轴向应力沿深度分布

产生上述现象的原因是：当施加的水浮力荷载小于锚杆筋体的锁定预应力时，预应力张拉锁定锚板与垫层之间的接触压力逐渐减小，减小的接触压力则由水浮力提供；且抗浮锚杆体系为弹性体结构，抗浮锚杆锚固体与基岩逐渐恢复变形，其恢复的变形量即为筋体在此阶段的伸长量，而这部分变形量较小，故其对应的钢筋应变增长量也较小，从而使得筋体的轴向应力增加缓慢，即应力无叠加现象。而当施加的水浮力荷载大于锚杆筋体的锁定预应力时，此时预应力张拉锁定锚板与垫层之间完全分离，两者之间不再存在挤压力，整个锚杆体系传力路径更为明晰，筋体的应力增加则与水浮力增长量一致。

③ 对于无预应力锁定抗浮锚杆，预应力张拉锁定锚板与垫层之间在初始阶段处于刚好接触状态，一旦有水浮力荷载的施加，两者即发生分离，锚杆筋体的传力路径明晰，故而筋体轴向应力与所施加的水浮力荷载一致。

④ 对于拉压型抗浮锚杆，在筋体与锚固体黏结段的轴向应力随着埋深增加有明显的降低趋势，锚杆的上拔力由承载体与侧摩阻共同分担。当黏结段为 2.5 m 时筋体轴向应力逐渐趋近于零，表明选择长度为 2.5 m 的黏结段是合理的。

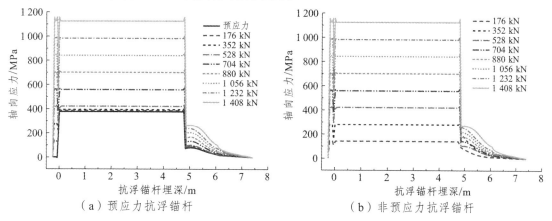

图 4-29　拉压型扩大头抗浮锚杆精轧螺纹钢筋轴向应力沿深度分布

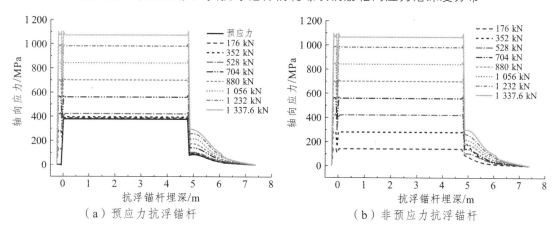

图 4-30　拉压型等直径抗浮锚杆精轧螺纹钢筋轴向应力沿深度分布

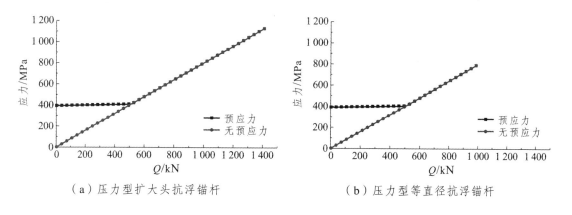

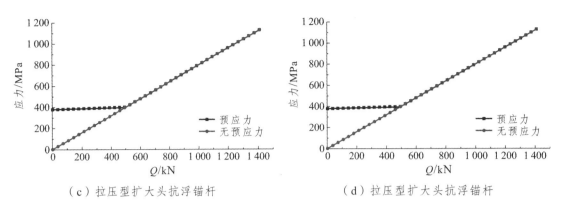

（c）拉压型扩大头抗浮锚杆　　　　　　　　　（d）拉压型扩大头抗浮锚杆

图 4-31　抗浮锚杆无黏结段钢筋某点应力变化

（2）Q-s 曲线分析。

在不同荷载作用下四类抗浮锚杆 Q-s 曲线如图 4-32 所示，可以看出有预应力锁定的抗浮锚杆在相同的水浮力荷载作用下其相较于无预应力锁定的抗浮锚杆其变形量明显更小，在水浮力荷载较小时其几乎无变形。而无预应力锁定的抗浮锚杆随着水浮力荷载的增加，锚头竖向位移从原始地面标高位置开始基本呈现线性增加。此外，还可以分析出以下值得关注的数据：

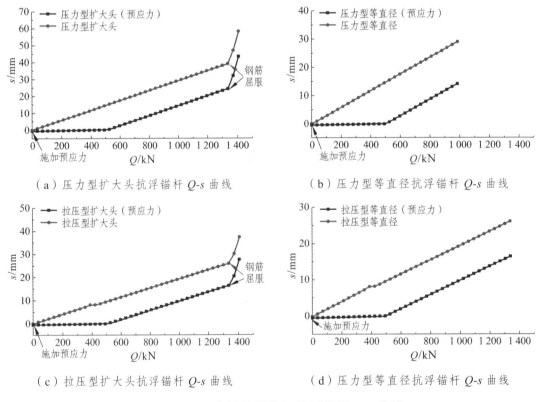

（a）压力型扩大头抗浮锚杆 Q-s 曲线　　　　　（b）压力型等直径抗浮锚杆 Q-s 曲线

（c）拉压型扩大头抗浮锚杆 Q-s 曲线　　　　　（d）压力型等直径抗浮锚杆 Q-s 曲线

图 4-32　四类精轧螺纹钢抗浮锚杆 Q-s 曲线

① 压力型扩大头预应力抗浮锚杆，当其锁定预应力为 395.2 MPa 时锚头竖向位移相较于原始地面标高降低约 0.55 mm，水浮力荷载加载至 528 kN 时锚头竖向位移由负转正，此时相

较于原始底面标高提升约为 0.41 mm，即锚头竖向变形量约为 0.96 mm。而无预应力锁定的锚杆在水浮力荷载为 528 kN 时，锚头的竖向位移则约为 15.30 mm。随着水浮力荷载继续增加，锚头竖向位移基本呈线性增加，当水浮力荷载为 1 337.6 kN 时，预应力抗浮锚杆锚头竖向变形量约为 24.69 mm，而非预应力抗浮锚杆锚头竖向变形量约为 39.08 mm，表明非预应力锚杆的变形量相较于预应力锚杆的变形量增加了约 14.39 mm。

②压力型等直径预应力抗浮锚杆，当其锁定预应力为 390.6 MPa 时锚头竖向位移相较于原始地面标高降低约为 0.54 mm，水浮力荷载加载至 528 kN 时锚头竖向位移由负转正，此时相较于原始底面标高提升约为 0.56 mm，即锚头竖向变形量约为 1.10 mm。而无预应力锁定的锚杆在水浮力荷载为 528 kN 时，锚头的竖向位移则约为 15.45 mm。有预应力锁定与无预应力锁定两种状态下抗浮锚杆的极限承载力一致，均为 985.6 kN，表明对于此类抗浮锚杆施加预应力与否并不能提高抗浮锚杆的极限承载力。在极限承载力状态下，预应力抗浮锚杆锚头的竖向位移变形量为 14.79 mm，而非预应力抗浮锚杆锚头的竖向位移 29.17 mm，两者相差 14.38 mm。

③拉压型扩大头预应力抗浮锚杆，当其锁定预应力为 378.7 MPa 时锚头竖向位移相较于原始地面标高降低约 0.50 mm，当水浮力荷载加载至 528 kN 时锚头竖向位移由负转正，此时相较于原始底面标高提升约为 0.54 mm，即锚头竖向变形量约为 1.10 mm。当水浮力荷载为 1 337.6 kN 时，预应力抗浮锚杆的锚头竖向变形量约为 16.82 mm，而非预应力抗浮锚杆的锚头竖向变形量约为 25.98 mm，两者相差约 9.16 mm。

④拉压型等直径预应力抗浮锚杆，当其锁定预应力为 378.7 MPa 时锚头竖向位移相较于原始地面标高降低约 0.5 mm，当水浮力荷载加载至 528 kN 时锚头竖向位移由负转正，此时相较于原始底面标高提升约为 0.56 mm，即锚头竖向变形量约为 1.06 mm。当水浮力荷载为 1 337.6 kN 时，预应力抗浮锚杆的锚头竖向变形量约为 16.96 mm，而非预应力抗浮锚杆的锚头竖向变形量约为 26.12 mm，两者相差约 9.16 mm。

从上述分析可以看出，有预应力锁定的抗浮锚杆相较于无预应力锁定时其锚头竖向位移明显更低，两者的变形量之差基本一致，其主要来源为钢筋的伸长量之差以及抗浮锚杆体系弹性恢复量，其中钢筋伸长量之差占主要部分，这部分主要为后张法锁定预应力时带来的预应力钢筋段的拉拔伸长量。可见，有预应力锁定的抗浮锚杆其锚头的变形量明显低于无预应力锁定的变形量，表明有预应力锁定的抗浮锚杆在工程应用时更具变形控制优势。

（3）压力分析。

图 4-33 展示的是压力型抗浮锚杆承载板与预应力张拉锁定锚板压力变化图。可以看出，有预应力锁定的抗浮锚杆在预应力初始锁定阶段其承载板与预应力张拉锁定锚板所受的压力一致。当施加的水浮力荷载小于预应力锁定值时，承载板所收到的压力变化较小，基本无增长，而预应力张拉锁定锚板所受的压力则急剧减小，减小量与所施加的水浮力荷载一致。当水浮力荷载超过预应力锁定值时，由于预应力张拉锁定锚板与混凝土垫层开始分离，张拉锁定锚板上所受的压力即为零，而承载板所受的压力则随着水浮力的增加而增加，其压力值与水浮力值一致。此时水浮力荷载通过锚定锚板施加，然后通过钢筋传递至承载板上，传力路径明晰。无预应力锁定的抗浮锚杆，一旦施加水浮力荷载，预应力张拉锁定锚板与混凝土垫层立即分离，因而两者之间压力始终为零；同样的，水浮力荷载通过锚定锚板施加后直接通过钢筋传递至底部的承载板上，因为承载板上所受的压力与水浮力荷载一致。

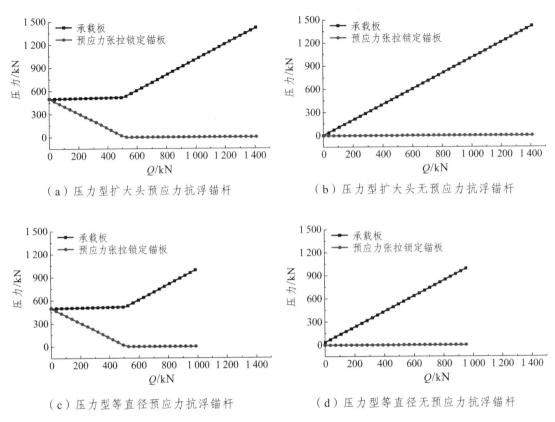

（a）压力型扩大头预应力抗浮锚杆

（b）压力型扩大头无预应力抗浮锚杆

（c）压力型等直径预应力抗浮锚杆

（d）压力型等直径无预应力抗浮锚杆

图 4-33　压力型抗浮锚杆承载板与预应力张拉锁定锚板压力变化

（4）第二界面滑移分析。

图 4-34 ～ 图 4-41 分别展示的压力型扩大头抗浮锚杆、压力型等直径抗浮锚杆、拉压型扩大头抗浮锚杆以及拉压型等直径抗浮锚杆在有预应力锁定和无预应力锁定情况下第二界面的滑移云图，以期通过对四类抗浮锚杆的第二界面滑移进行分析，明确不同类型抗浮锚杆传力受力机理。

（1）如图 4-34 和图 4-35 所示，压力型扩大头抗浮锚杆在预应力锁定阶段，锚固体顶部与底部滑移量较大，中部滑移量最小，且锚固体上部滑移方向为由上往下，锚固体下部滑移方向则由下往上。随着水浮力荷载逐渐增大至 528 kN 时，这一阶段最小滑移位置逐渐上移，锚固体顶部滑移则逐渐向未张拉状态恢复，最大滑移量则转移至锚固体底部，此时最大滑移量为 0.139 mm，并未超过弹性滑移临界值 0.4 mm，表明该强度预应力锁定情况下锚固体与基岩的第二界面仍处于弹性状态。一旦水浮力荷载超过锚杆杆体锁定的预应力时，两种工况下抗浮锚杆的第二滑移界面的滑移变形量基本一致；当水浮力荷载到达 880 kN 时，底部最大滑移位置也有向上滑动趋势，但即便水浮力荷载达到 1 408 kN 时最大滑移位移量也仅为 0.389 mm，也并为超过滑移临界值 0.4 mm。可见，对于压力型扩大头抗浮锚杆，即便水浮力荷载较大使得精轧螺纹钢筋屈服也并不会造成锚固体与基岩之间的第二界面失效。

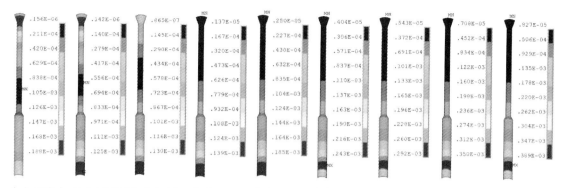

（a）预应力（b）176 kN（c）352 kN（d）528 kN（e）704 kN（f）880 kN（g）1 056 kN（h）1 232 kN（i）1 408 kN

图 4-34　压力型扩大头预应力抗浮锚杆第二界面滑移变形

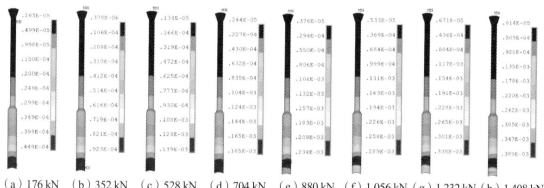

（a）176 kN　（b）352 kN　（c）528 kN　（d）704 kN　（e）880 kN　（f）1 056 kN　（g）1 232 kN　（h）1 408 kN

图 4-35　压力型扩大头无预应力抗浮锚杆第二界面滑移变形

压力型扩大头抗浮锚杆由于其特殊构造，水浮力荷载通过锚头经筋体传递至底部承载板，底部承载板上所受压力即为所施加的水浮力荷载。承载板所承受的水浮力荷载通过扩大头锚固体经第二界面传递至基岩，当水浮力较小时水浮力荷载主要由扩大头段基岩与锚固体之间的摩阻力提供，因而可以看到扩大头段第二界面逐渐增大；当水浮力较大时水浮力荷载则由扩大头段基岩与锚固体之间的摩阻力以及扩大头交界处端阻土压力共同提供。上部非扩大头段第二界面由于传力路径不经过该区域，从而使得该区域第二界面所受摩阻力较小，滑移变形量极小。

（2）如图 4-36 和图 4-37 所示，压力型等直径抗浮锚杆与压力型扩大头抗浮锚杆类似，在预应力锁定情况下第二界面滑移量最小位置位于锚杆中部，顶部与底部滑移量较大；无预应力锁定情况下第二界面滑移量最大位于锚杆底部，顶部最小。随着水浮力荷载的逐渐增加至528 kN 时，预应力锁定锚杆滑移量最小位置逐渐上移直至顶部滑移量恢复至无预应力锁定状态，底部滑移量则均逐渐增大，此时有预应力锁定锚杆与无预应力锁定锚杆第二界面的滑移力量基本一致。随着水浮力荷载的持续增加，第二界面滑移量在锚杆底部持续变大，在水浮力荷载为985.6 kN 时达到最大滑移量达 0.811 mm，若水浮力荷载继续增加计算模型将不再收敛，因而压力型等直径抗浮锚杆相较于扩大头抗浮锚杆承载力相对较低。

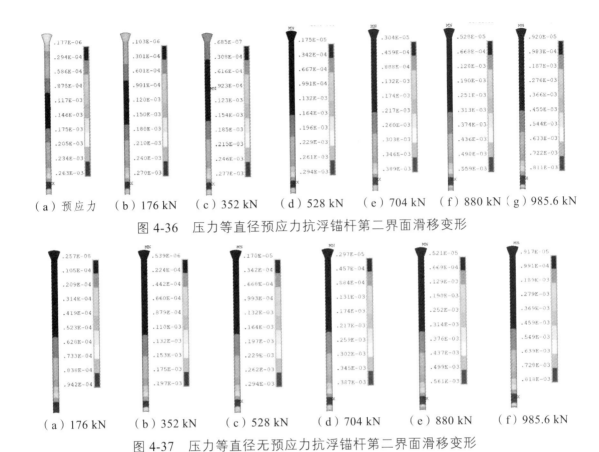

（a）预应力　（b）176 kN　（c）352 kN　（d）528 kN　（e）704 kN　（f）880 kN（g）985.6 kN

图 4-36　压力等直径预应力抗浮锚杆第二界面滑移变形

（a）176 kN　（b）352 kN　（c）528 kN　（d）704 kN　（e）880 kN　（f）985.6 kN

图 4-37　压力等直径无预应力抗浮锚杆第二界面滑移变形

（3）如图 4-38 和图 4-39 所示，拉压型扩大头抗浮锚杆由于其特殊的构造形式，锚固体扩大头段精轧螺纹钢筋和承载体一起与锚固体绑定一起，仅在非扩大头段 PSB 钢筋是预应力钢筋，因而在预应力锁定时锚固体与基岩之间的第二界面滑移最小值大致位于非扩大头段中部，在锚固体顶部、锚固体非扩大头段与扩大头交界位置滑移量较大，扩大头锚固段类似传统抗浮锚杆仅受拉拔力作用。同样的，随着水浮力荷载的增加，预应力抗浮锚杆非扩大头段滑移量最小位置逐渐上移直至向未张拉状态恢复。当水浮力荷载超过 528 kN 时，预应力抗浮锚杆与非预应力抗浮锚杆的第二界面滑移量基本一致，最大滑移位置位于扩大头与非扩大头段交界处，在水浮力荷载达到 1 408 kN 时达到 0.652 mm，并未超过设定的脱粘 1.0 mm 限值。

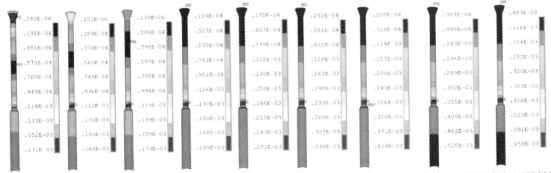

（a）预应力（b）176 kN（c）352 kN（d）528 kN（e）704 kN（f）880 kN（g）1 056 kN（h）1 232 kN（i）1 408 kN

图 4-38　拉压型扩大头预应力抗浮锚杆第二界面滑移变形

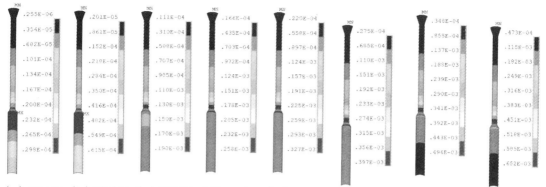

（a）176 kN （b）352 kN （c）528 kN （d）704 kN （e）880 kN （f）1 056 kN （g）1 232 kN （h）1 408 kN

图 4-39　拉压型扩大头无预应力抗浮锚杆第二界面滑移变形

（4）如图 4-40 和图 4-41 所示，拉压型等直径抗浮锚杆与拉压型扩大头抗浮锚杆第二界面滑移规律基本一致，但由于无扩大头构造措施使得其抗浮承载力相较于扩大头锚杆较低一些，但仍能达到 1 337.6 kN。

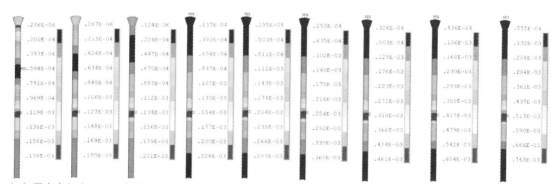

（a）预应力（b）176 kN（c）352 kN（d）528 kN（e）704 kN（f）880 kN（g）1 056 kN（h）1 232 kN（i）1 337.6 kN

图 4-40　拉压型等直径预应力抗浮锚杆第二界面滑移变形

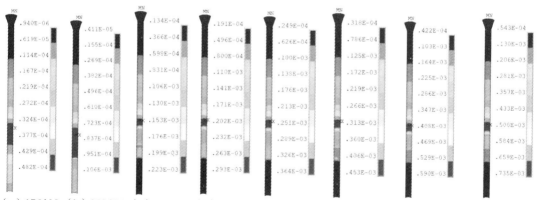

（a）176 kN （b）352 kN （c）528 kN （d）704 kN （e）880 kN （f）1 056 kN （g）1 232 kN （h）1 337.6 kN

图 4-41　拉压型等直径预应力抗浮锚杆第二界面滑移变形

4.4.3 小结

本章通过有限元软件对四类高强度预应力抗浮锚杆进行数值模拟分析，采用降温法模拟钢筋的预应力锁定，并施加水浮力荷载，获得四类抗浮锚杆在有预应力锁定与无预应力锁定情况下受力特征。获得结论如下：

（1）较高强度的预应力锁定并不会造成锚杆失效，这是因为锚杆杆体采用的是高强度 C40 混凝土，较大的锚固体截面使得其在较高强度预应力锁定时变形较小，使得第二界面的滑移量较小，故施加预应力时并不会造成锚杆失效。

（2）对比不同类型抗浮锚杆在有预应力锁定和无预应力情况下钢筋轴向应力深度分布，在有预应力锁定情况下，水浮力荷载的施加并不会大幅增加预应力钢筋段的轴向应力，即钢筋轴向应力不叠加；而无预应力锁定的抗浮锚杆其预应力钢筋段的轴向应力则处于叠加状态。

（3）通过 $Q\text{-}s$ 曲线可以看出，扩大头抗浮锚杆相较于等直径抗浮锚杆，其抗拔承载力更高；相较于无预应力锚杆，预应力锚杆在水浮力荷载作用下锚杆锚头竖向变形更低，且在所受的水浮力荷载小于锁定的预应力时几乎无变形，这对建筑抗浮工程来说是一项重大利好。

（4）通过对比分析四类抗浮锚杆受力变形等情况，拉压型扩大头预应力抗浮锚杆抗拔承载力高，变形小，在水浮力荷载较强时采用此类型抗浮锚杆更为合适。

第5章　高强度预应力抗浮锚杆的施工与验收

抗浮锚杆的施工工艺直接影响抗浮工程的质量、工期和成本等方面，如果不能保证锚杆的施工质量，将直接威胁抗浮锚杆的安全，严重的将导致发生工程事故。因此对抗浮锚杆的施工工艺进行研究是十分必要的。抗浮锚杆施工每个环节都至关重要，都直接影响抗浮锚杆的质量和安全，在施工过程中一旦出现问题就有可能造成严重的工程事故。对于抗浮锚杆而言，最重要的是提高杭拔力，锚杆的抗拔力主要由锚杆与岩土体之间的摩阻力提供，提高锚杆体与注浆体以及岩土体之间的摩阻力，是提高锚杆抗拔力的有效保证。抗浮锚杆的注浆、钻孔、锚杆的放置以及杆体防腐等施工工艺将直接影响锚杆的承载力，获得足够大的抗拔力是施工质量是否达标重要检验标准。如采用水成孔法虽施工工艺简单施工方便，适合地下水丰富的地层，但会造成孔底清理不彻底和孔壁存有泥皮等问题，而泥皮的存在将导致锚杆与岩土体之间的摩阻力降低，降低锚杆承载能力。因此，工程中应根据地层和地下水等工况信息合理选择施工工艺，以提高抗浮锚杆的施工效率，保证锚杆质量并能够降低施工成本的。

5.1　施工工艺及要求

高强度预应力扩大头抗浮锚杆在细粒土及粗粒土中采用高压旋喷扩孔+机械成孔施工工艺，但在硬塑黏性土及软岩、极软岩分布地区，高压旋喷扩孔的施工工艺受到了限制。鉴于该类地层的优点是扩孔后自稳性较好，采用机械扩孔工艺是较好的途径，因此，普通段采用普通机械钻头，扩孔段采用专门的机械承压扩孔钻头。对于硬质岩分布区域，尚应进行钻头的改进及试验性施工，以验证扩孔的适用性和可靠性。

5.1.1　施工工艺流程

高压旋喷工艺以喷射高压水和气切削土体形成孔隙，并灌注水泥浆或水泥砂浆，形成直径较大的圆柱状注浆体，适用于软塑、可塑黏土、粉土、细砂及卵石层分布地区，对于漂块石分布区域，应进行试验性施工，以验证适用性和可靠性。机械成孔工艺一般适用于硬、可塑黏性土及极软岩分布地区，地下抗浮工程，尤其适用于抗浮承载力要求高、裂缝控制严格的高质量工程。两种施工工艺在扩孔和注浆等工序具有一定差异，施工工艺流程见图5-1，主要包括锚孔定位、成孔、钢筋制作、下锚并埋设注浆管、注浆扩孔等阶段，各阶段详细操作如下：

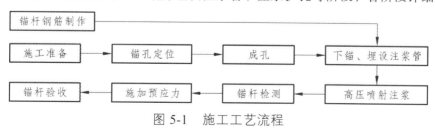

图 5-1　施工工艺流程

1. 锚孔定位

抗浮锚杆一般设置在地下室范围内，对锚杆点位精度要求较高。锚杆应按设计文件统一编号，采用全站仪或 GNSS 根据建设单位提供控制点进行定位，点位位置插上木棍并撒白灰或喷红色油漆，保证点位清晰易识别。由于施工现场交叉作业，每天测放点位不宜过多，并经常性复核，防止点位偏移造成锚杆偏位。桩位误差控制 10 cm 以内，特殊情况需移位必须经设计单位与业主单位同意后适当移位。

2. 成孔

钻机就位前应对锚杆位置进行复核，钻机定位应准确、水平、垂直、稳固。钻孔垂直度允许偏差宜小于 1%，孔位允许偏差应为 ±50 mm。锚杆孔距误差不应大于 100 mm，钻头直径最小不应小于设计钻孔直径 3 mm。钻孔角度偏差不应大于 2°。锚杆钻孔的深度不应小于设计长度 0.5 m。

在不会出现塌孔和涌砂涌水的稳定地层中，可采用普通钻孔，对于出现存在不稳定地层、存在受扰动易出现涌砂流土的地层、存在易塌孔的砂层和存在易缩颈的淤泥等软土地层，均应采用套管护壁钻孔。

机械扩孔时，扩孔钻具应根据地质情况选择适宜的钻头，扩体钻具使用前应在地面进行调试。扩体时机、绞刀旋转及行进速率、扩体遍数、辅助注浆等施工参数及措施，应能使扩体段固结体均匀连续，且强度及直径符合设计要求。锚杆应先进行扩体施工，再按注浆锚杆工艺形成浆体芯。钻孔及扩体过程中遇到异常情况时应及时查明原因并采取相应措施。钻孔完成后应清孔，将孔内残渣和泥浆清洗干净。清孔可采用清水、高压风或气水排渣法。地下水丰富的地层中，当地下水影响锚固体的施工质量时，应降低地下水位或采取其他可靠措施确保施工质量。

3. 锚杆钢筋制作

制作前钢筋应平直、除锈，杆体制作时应按设计要求进行防腐处理。压力型锚杆杆体底端宜设置保护锚具、承载板及预应力筋的防护罩，钢筋锚杆杆体底部宜设置端帽。注浆管应与杆体绑扎牢固，绑扎材料不宜采用镀锌材料。在锚固段长度范围，杆体不得有可能影响与注浆体有效黏结和影响锚杆使用寿命的有害物质，并应确保满足设计要求的注浆体保护层厚度。

杆体制作完成后应尽早使用，不宜长期存放。制作完成的杆体不得露天存放，宜存放在干燥清洁的场所，应避免阳光照晒或油渍溅落在杆体上。制作完成的杆体应单层平放，不得叠层堆放，应避免堆压损伤或碰撞损伤。对存放时间较长的杆体，在使用前应进行严格检查。

在杆体放入钻孔前，应检查杆体的加工质量，确保满足设计要求。安放杆体时，应防止扭压和弯曲，杆体放入孔内应与钻孔角度保持一致。安放杆体时，不得损坏防腐层，不得影响正常的注浆作业。抗浮锚杆钢筋表面除锈质量等级主要参考现行国家标准《工业建筑防腐蚀设计标准》（GB/T 50046）确定。安放钢筋时应顺着钻孔方向，弯度不宜太大，以防止扭压、弯曲。

注浆前应清除孔内碎屑，对塌孔、孔壁变形应进行处理。若施工过程中地下水位较高，存在返砂严重现象时，钢筋末端距承压板宜 300～500 mm。下锚前应检查锚杆安装质量，安装连接应牢固，杆体防腐应符合设计图纸的规定。

图 5-2　锚杆成孔和钢筋制作

4. 下锚、埋设注浆管

锚杆成孔完成后及时下钢筋及 PVC 管，下锚杆前检查 PVC 管有无破裂或堵塞，接口处是否牢固。结合设计的杆体长度和现场实际，采用垂直起吊设备下放钢筋，安放时避免钢筋扭曲、弯折及部件松脱。钢筋下放必须平稳，下部利用承载体对正，上部可人工对中。下锚过程中若遇杆体钢筋无法下至孔底时，应将钢筋拔出并用钻机重新扫孔后再下锚。下锚后钢筋与钻孔中心的偏差不得大于 2 cm。

杆体钢筋下至孔位后，应测量顶部标高，并做记录，保证锚板锚入基础厚度，以防杆体在混凝土底板中的锚固长度不够或影响混凝土底板受力钢筋的安放。锚杆下放完成后利用拔管器进行套管上拔。

5. 注浆

浆液配制时水泥应使用普通硅酸盐水泥 P·O 42.5R；水中不应含有影响水泥正常凝结和硬化的有害物质，不得使用污水拌和，严禁采用有腐蚀性的水。对锚孔的首次注浆，宜选用水灰比为 0.5 ~ 0.55 的纯水泥浆或灰砂比为 1∶0.5 ~ 1∶1 的水泥砂浆。对改善注浆料有特殊要求时，可加入一定量的外加剂或外掺料，水泥浆的搅拌时间不少于 3 min，随拌随用，浆液应在初凝前用完，并严防石块、杂物混入浆液。

（1）高压喷射扩孔注浆。

锚杆扩大头段采用高压旋喷注浆扩孔，扩孔直径不小于 500 mm，扩大头施工是扩大头抗浮锚杆质量控制的关键，因此施工过程中严格按照下列要求、参数进行：

① 根据前期基本试验试桩参数及扩大头开挖情况，施工过程中高压旋喷注浆扩孔喷射压力不小于 20 MPa，提升速度可取 10 ~ 25 cm/min，喷嘴（ϕ 3.0 mm）钻速为 5 ~ 15 r/min。

② 旋喷钻机施工前应进行试喷，确保管道及喷嘴通畅，压力表压力稳定无掉压现象。

③ 当喷射注浆管贯入锚孔内，喷嘴达到设计扩大头位置时，可按确定的高压旋喷参数进行扩孔。喷射过程中，喷管应均匀旋转，均匀提升，自下而上进行高压旋喷扩孔。在高压旋喷扩孔过程中，若出现压力骤然下降或上升时，应查明原因并及时采取措施，恢复正常后方可施工。

④ 旋喷注浆过程中孔口冒浆量小于注浆量的 20%时为正常；超过此值时，可通过提高喷射压力或更换新喷嘴（或采用小一级孔径的喷嘴）。若有砂层时，旋喷注浆时至少上下往返喷射两遍。

图 5-3　下放钢筋、注浆管及注浆扩孔

⑤ 注浆终止条件以按照第①项设计参数旋喷注浆扩大头段完成且孔口冒浆浓度与原浆浓度一致为标准。

⑥ 由于高压旋喷注浆完成后会出现轻微掉浆现象，需在注浆完成后 45 min 内（水泥初凝前）补浆至孔口并少量溢出。

⑦ 施工过程中每根锚杆注浆都必须做好详细注浆原始记录。

⑧ 锚固段注浆体须按规范要求制作试块，规格 70.7 mm × 70.7 mm × 70.7 mm，取 28 d 抗压强度不小于 20 MPa。浆体强度检验用试块的数量若单日施工数量不足 30 根，则每累计 30 根锚杆不少于一组；若单日施工数量多于 30 根，则每天不应少于一组，每组试块不应少于 6 个。

⑨ 锚杆施工完成后应养护 14 d，养护期内严禁外力触碰外露锚头钢筋。养护期后及时进行锚杆拉拔验收。孔内的水泥砂浆应有足够的养护时间，在养护期内不得移动锚杆。锚杆施工完后，外露锚头用防锈漆涂封。

（2）机械扩孔注浆。

注浆管应插入锚孔底部，至锚孔底距离不应大于 300 mm，浆液自下而上连续灌注，对采用碎石填充后灌浆的锚杆，锚杆上段 3 m 范围内应采取可靠措施灌注密实；必要时，初凝前可多次反复注浆。当孔口溢出的浆液与注入浆液颜色和浓度一致时，方可停止注浆，并根据浆液沉淀情况确定是否二次或多次补注浆。

钻孔灌浆应饱满密实，灌浆方法和压力应满足设计要求。注浆浆液不能过稀，以确保能将泥浆和较稀的水泥浆置换出来，形成强度较高的注浆体。有条件进行水泥砂浆注浆时，砂浆的水灰比在满足可注性的条件下应尽量小，具体根据注浆设备性能确定。

施工过程中每根锚杆注浆都必须做好详细注浆原始记录。锚固段注浆体须按规范要求制作试块，规格 70.7 mm × 70.7 mm × 70.7 mm，取 28 d 抗压强度不小于 20 MPa。浆体强度检验用试块的数量若单日施工数量不足 30 根，则每累计 30 根锚杆不少于一组；若单日施工数量多于 30 根，则每天不应少于一组，每组试块不应少于 6 个。

锚杆施工完成后应养护 14 d，养护期内严禁外力触碰外露锚头钢筋。养护期后及时进行锚杆拉拔验收。孔内的水泥砂浆应有足够的养护时间，在养护期内不得移动锚杆。锚杆施工完后，外露锚头用防锈漆涂封。

5.1.2 施工安全与环境保护

施工作业面应平整，周边有边坡时应事先确认边坡稳定，地下水位较高场地应做好降水、隔水作业，地层软弱场地应做好地基处理工作，保证作业场地安全。机械设备应安放平稳，作业前应检查机械设备，确认各部件完好、正常、可靠；使用前应进行试运转。使用过程中如出现异常情况应立即停机检查，排除故障后方可使用，作业完毕后应切断电源。

张拉作业时相关人员不应站在千斤顶的正面及上下方，施工区域应避免人员及机械穿行；恶劣天气作业时应采取相应的安全措施，易燃易爆物品及危险化学品等材料，在采购、运输、存放、发放、使用、回收、处理等各环节均应严格控制管理。

抗浮锚杆施工应符合以下环境保护要求，应选择对周边环境及地层扰动小的施工方法，施工现场应积极采取降噪隔离措施，防止噪声扰民，施工中应控制扬尘，积极采取封闭、遮盖、降尘等措施。施工作业产生的泥浆、污水等，未经处理不得直接排放，完工后应对灰浆搅拌台、水泥库等作业面进行清理，文明施工。施工现场禁止焚烧各类废弃物。

抗浮结构的设置应充分考虑建（构）筑物、地下管廊及管线等周边环境的形式及空间分布情况，不得损坏，并应尽量避免对其造成不利影响。一般认为，抗浮锚杆的应力影响范围约为 6 倍锚固体直径，通常按 1.5 m 控制即可。

5.2　预应力快捷张拉锁定

预应力张拉锁定技术是制约预应力锚杆应用主要因素，传统预应力锚杆由于采用多束钢绞线，锚具四件套包括锚板、夹片、锚垫板和螺旋筋，锚具结构和预应力张拉过程复杂，严重影响工期，特别是在锚杆数量较多的工程中，难以推广应用。因此需要针对拉压复合型预应力扩大头抗浮锚杆研发专用锚具和预应力快捷张拉锁定技术，实现抗浮锚杆预应力快捷张拉，在更短工期内完成更大批量的预应力抗浮锚杆施工。

5.2.1　伸展式专用抗裂锚具

拉压复合型预应力扩大头抗浮锚杆筋材为单根高强度精轧螺纹钢筋，无法使用传统预应力锚杆的锚具，需要针对性研发新型锚具。在预应力锚杆施工时，锚杆长度固定，而锚孔深度存在一定偏差，因此在预应力锁定时会造成外露杆体较长或较短。当杆体较长时，需要对多余杆体进行切割，造成钢筋浪费；当杆体较短时，则会影响预应力张拉，无法满足锚具使用要求。因此只能在设计时需要对杆体进行加长，以避免因施工误差造成的杆体端部变短而无法施加预应力的情况。

拉压复合型预应力扩大头抗浮锚杆新型锚具由连接套筒、锚具配套锚板、锚具配套锚、预应力配套锚板和预应力配套锚头组成。连接套筒由 40Cr 钢制成，预应力配套锚板、预应力配套锚头、锚具配套锚板和锚具配套锚头由精轧钢制成。通过连接套筒能够调节锚具配套锚板和锚头的位置（图 5-4），使得在拉压复合型预应力扩大头抗浮锚杆的杆体端部位置出现偏差的情况下，能够按照设计要求施加预应力，施加预应力后，锚具配套锚板、锚具配套锚头和连接套筒浇筑在建筑物基础或抗水板内。这样既避免了为满足施加预应力的要求而将抗浮锚杆杆体加长之后进行切割的做法，也能够降低精轧螺纹钢筋用量，节约造价，达到降低成本的目的。

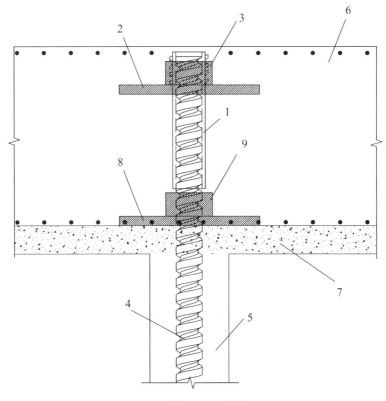

图 5-4　位置可调节锚具

　　当施加的预应力较高时，为了防止垫层被压碎，传统方法都会在抗浮锚杆的顶部施工钢筋混凝土垫墩。不过施工钢筋混凝土垫墩会导致施工周期变长，施工成本变高的问题。本技术通过在锚孔的顶段设置钢套筒，钢套筒的顶部固定连接锚板，精轧螺纹钢的顶部依次穿过钢套筒和锚板并连接螺母，这样一来，钢套筒就嵌入在锚孔中并与锚板固定连接，使得锚固体、钢套筒、锚板和精轧螺纹钢筋形成一个整体。通过钢套筒和锚板的支撑即可对精轧螺纹钢筋施加预应力，既能够缩短施工周期和施工成本，也能够提高抗浮锚杆的稳定性，还能够防止在施加预应力时出现倾斜和开裂的情况。

5.2.2　预应力预压快捷张拉锁定技术

　　传统的预应力施加方法采用较大的穿心千斤顶，需要多人配合以及大型机械搬运千斤顶及支撑钢梁，作业效率较低。并且在预应力施加完成后，由于未对预应力锚板进行预压，造成预应力锚头锁定，在千斤顶泄压后，预应力锚板在预应力的作用下，向下产生位移，无法避免地造成预应力损失，难以保证预应力的施加效果，进而产生工程质量隐患。

　　为了实现预应力快速施加，解决传统预应力施加方法难以解决的预应力损失问题，本技术开发了一种拉压复合型预应力扩大头抗浮锚杆的预应力快捷施加技术（图 5-5），通过安装可施加超高预应力的预应力加载顶板和底板，在预应力施加的过程中对预应力锚板同步进行预压，解决了预应力施加后预应力锚板产生向下位移造成预应力抗浮锚杆的预应力损失的问题。同时本技术不使用穿心千斤顶即可实现预应力快捷张拉（图5-6），施工十分方便，为拉压复合型预应力扩大头抗浮锚杆的推广应用奠定了基础。

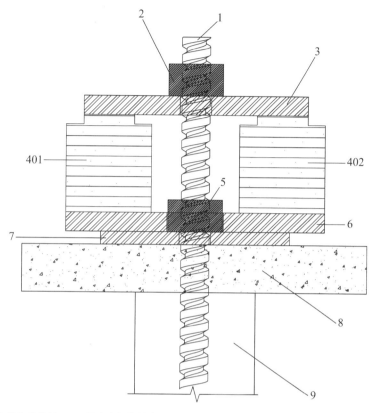

1—PSB 精轧螺纹钢；2—预应力加载锚头；3—预应力加载顶板；4—千斤顶；5—预应力锚头；
6—预应力加载底板；7—预应力锚板；8—垫层。

图 5-5　预应力快捷张拉锁定技术

（a）传统穿心千斤顶施加预应力　　　　　　（b）预应力快捷张拉锁定技术

图 5-6　预应力快捷张拉锁定技术效果

传统预应力抗浮锚杆在完成基础施工并达到一定强度后，才进行预应力张拉锁定，且需要在基础上预留预应力施加锚坑，严重影响基础施工效率。为了进一步提高预应力抗浮锚杆施工效率，本技术对预应力施加位置进行了创新，预应力锁定在锚固体上，抗浮锚杆端部直接浇筑在基础内，与基础形成一个整体（图 5-7），极大程度减小了基础施工和预应力施加难度，提高了整体施工效率。

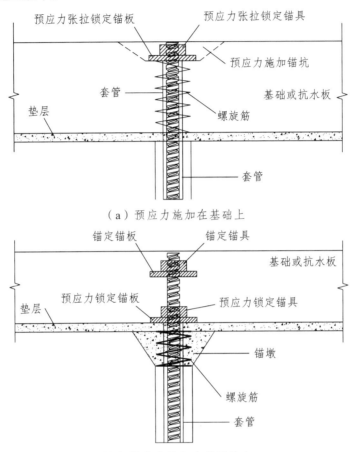

（a）预应力施加在基础上

（b）预应力施加在锚固体上

图 5-7　预应力施加位置

5.2.3　预应力预压快捷张拉要求

预应力张拉时外部承载构件的承压面应平整，并应与锚杆轴线方向垂直。锚杆张拉前应对张拉设备进行校准和标定，锚头台座承压面应平整。锚杆张拉应在同批次锚杆验收试验合格后，且承载构件的混凝土抗压强度值不低于设计要求时进行。并应采用与杆体钢筋匹配成套的螺母锚具。

张拉时注浆体与台座混凝土抗压强度值应达到表 5-1 的规定值的 80% 以上。锚杆正式张拉前宜取 10%～20% 的抗拔承载力特征值对锚杆预张拉 1～2 次。张拉应均匀、有序，避免局部区域内集中张拉对邻近锚杆的不利影响，张拉过程中禁止扰动筋体、千斤顶或其他锚夹具。应完整记录张拉荷载与变形，张拉完成后应及时进行锚头封闭。

表 5-1　锚杆张拉时注浆体与台座混凝土的抗压强度值

锚杆类型		抗压强度值/MPa	
		灌（注）浆体/锚固体	台座混凝土
土层锚杆	压力型	30	30
岩石锚杆	压力型	35	35

锚杆张拉至 1.00～1.20 倍锚杆抗拔承载力特征值时，对砂性土层应持荷 10 min，对黏性土层应持荷 15 min，然后卸荷至设计要求的锁定荷载进行锁定。锚杆张拉荷载的分级和位移观测时间应按表 5-2 的规定。

表 5-2　锚杆张拉荷载分级和位移观测时间

荷载分级	位移观测时间/min		加荷速率/（kN/min）
	岩层、砂土层	黏土层	
$0.10T_{ak}$～$0.20T_{ak}$	2	2	
$0.50T_{ak}$	5	5	不大于 100
$0.75T_{ak}$	5	5	
$1.00T_{ak}$	5	10	
$1.10T_{ak}$～$1.20T_{ak}$	10	15	不大于 50

注：T_{ak}——锚杆抗拔承载力特征值。

锁定时，为了达到设计要求的张拉锁定值，锁定荷载应高于张拉锁定值，根据经验一般可取张拉锁定值的 1.10～1.15 倍，必要时可采用拉力传感器和油压千斤顶现场对比测试确定。在锚杆部位垫层浇筑时预留锚墩凹槽，垫层浇筑时一同浇筑。

5.3　试验及验收

相对于工程建设中其他分部分项工程，抗浮锚杆工程具有明显的复杂性和隐蔽性，且属于永久性结构构件，工作年限与主体结构使用年限一致。如果抗浮锚杆的整体质量得不到有效的保障，就必定会增加后期风险和维护（修）成本，进而极易造成人力、物力以及财力浪费的现象。对于锚杆的设计和施工质量检验而言，锚杆的抗拔承载力是最重要的，也是最基本的指标。而锚杆的抗拔承载力又受控于诸如岩土性质、材料特性和施工质量等多种因素，要准确地估计是比较困难的。工程检测和验收过程中采用原位测试的方法确定锚杆的承载力能够一定程度能够评价工程质量，还能够在一定程度上提升工程建设的整体效率，并能够有效的降低因施工质量问题对工程建设整体进度的影响，进而降低建设成本的支出，是能够保障建筑工程质量的主要有效方式之一。

锚杆试验与检测工作程序宜包括接受委托、收集资料、制订方案、准备仪器设备及人员、实施检测与试验现场工作、复检、分析数据、评价成果、出具报告等环节，需收集的资料宜包括岩土工程勘察报告及调查资料、设计文件、试验类型、施工方案、施工记录、施工工艺、施工异常情况和原材料检测报告等。应根据试验与检测目的、现场条件、实施可行性等条件编制试验与检测方案，方案主要内容宜包括：工程概况、地质条件、周边环境、编制依据、设计要求、施工工艺等基本情况；试验与检测的目的、方法、受检锚杆选取原则、锚杆数量、仪器设备等工作要点；工作程序、工作人员、进度安排、配套机械设备及人员、安全管理等程序性及辅助性工作。

高强度预应力抗浮锚杆试验分为基本试验、验收试验、蠕变试验和持有荷载试验。检验包括施工前检验、施工中检验、施工后检验。竣工验收包括为设计提供依据试验成果的验收、施工过程分部验收和按地基基础分项工程的竣工验收。锚杆试验与检测方法宜根据主要目的及适用条件合理选择，在工程不同阶段进行实施。

（1）有下列情况之一时应进行锚杆基本试验：

① 新型锚杆，包括新材料、新施工工艺、新组配件等；

② 无锚固相关经验的地层；

③ 拟设计承载力高于既有经验。

（2）有下列情况之一且设计人认为有必要时宜进行蠕变试验：

① 泥质岩类以及节理裂隙发育张开且充填有黏性土的岩层；

② 塑性指数大于17或液限大于50%的土层以及新近填土；

③ 水泥土锚杆；

④ 黏结段锚筋采用了环氧涂层或波纹管等防腐措施。

如果适应试验常规观测期内蠕变不稳定，宜选取2根锚杆进行蠕变试验。

表 5-3　锚杆试验方法

类型	方法	主要目的	实施阶段
荷载试验	基本试验	测试锚杆各种承载力极限值及工作性能，为设计提供依据	设计、施工
	蠕变试验	测试锚杆特定条件下工作性能，事先验证是否达到设计预期目标，为设计及验收提供依据	设计
	验收试验	检测工程锚杆工作性能是否符合设计指标，为验收提供依据	验收
	持有荷载试验	测试预应力锚杆拉力锁定值，为设计及施工提供依据	设计、施工

抗浮锚杆施工前应进行基本试验，基本试验的地层条件、锚杆杆体和参数、施工工艺应与工程抗浮锚杆相同，检测数量不应少于3根。抗浮锚杆施工完成后应进行验收试验，验收试验应在基础结构混凝土浇筑施工前及锚杆张拉锁定前进行。试验检测数量不应少于同类型锚杆总数的5%且不应少于5根。验收试验应在基础或抗水板混凝土浇筑及锚杆张拉锁定前进行。当抗浮锚杆验收试验出现不合格锚杆时，应增加检测数量，扩大检测数量不宜低于不合格数量的2倍。补充检验结果不合格时，应按废弃或降低标准使用，或处理后再按验收检验标准进行检验。抗浮锚杆锁定后应进行持有荷载试验，持有荷载试验检测数量不应少于同类型构件总数的5%且不应少于5根。对有特殊要求的工程，应按设计要求的检验数量进行检验。

试验应在锚固体强度达到设计强度90%后方可进行，锚杆试验最大试验荷载 P_p 不应超过钢筋屈服强度标准值的0.9倍，初始试验荷载 P_a 宜为 $0.1P_p$ 且不宜大于50 kN。设计最大试验荷载 P_p 对应的锚筋拉应力不应大于杆体材料抗拉强度设计值，材料抗拉强度设计值应符合《混凝土结构设计规范》（GB 50010）的规定。试验用计量仪表（压力表、测力计、位移计）应满足测试要求的精度和量程，检验的仪表、器具应在标定有效期内。试验用加载装置（千斤顶、油泵）的额定压力应满足最大试验荷载的要求。试验过程中锚筋及固结体应与垫层、锚座、荷载反力装置及千斤顶等一直处于有效隔离状态。

构件检验部位宜均匀随机分布，抗浮锚杆检测数量和方式应符合下列规定：

（1）重要功能构件或重要部位、与设计要求差异较大部位、施工质量有疑问部位宜全部检测；

（2）基本试验的地层条件、锚杆杆体和参数、施工工艺应与工程锚杆相同，且试验数量不应少于 3 根；

（3）验收试验应在锚杆锚固浆体强度达到设计强度 90%后方可进行。检测数量不应少于同类型锚杆总数的 5%且不应少于 5 根；

（4）蠕变试验数量不应少于 3 根；

（5）持有荷载试验数量不应少于同类型锚杆总数的 1%且不应少于 3 根。

5.3.1 基本试验

基本试验用于确定锚杆的极限抗拔承载力，获取固结体与岩土体黏结强度，验证锚杆涉及参数和施工工艺的合理性，为锚杆设计、施工提供依据。

锚杆基本试验宜采用多循环张拉方式，循环次数宜为 6 ~ 8 次，承载力高时取高值；反之，取低值。循环次数为 7 次时分级荷载宜为预估最大试验荷载 P_p 的 0.3、0.5、0.6、0.7、0.8、0.9 及 1.0 倍，为 8 次时可增加 $0.4P_p$ 级，为 6 次时可将 $0.3P_p$ 级及 $0.5P_p$ 级合并为 $0.4P_p$ 级。预加的初始荷载应取最大荷载的 0.1 倍，试验中的加荷速度宜为 50 ~ 100 kN/min，卸荷速度宜为 100 ~ 200 kN/min，在土层和岩层中的锚杆每级持荷时间宜为 15 min。基本试验的加荷、持荷和卸荷模式如图 5-8 所示。

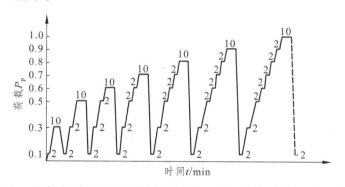

图 5-8 锚杆基本试验多循环张拉试验的加荷模式（黏性土中）

试验过程中每循环峰值荷载的位移常规观测期宜为 60 min，其中最短观测期不宜少于 15 min，延长观测期不宜少于 240 min，卸载时前两级过程荷载的观测期宜为 5 min，其余加卸载过程荷载的观测期宜为 1 min。最短观测期宜按 1 次/1 min，之后 45 min 宜按 1 次/5 min，延长观测期宜按 1 次/10 min，每级加卸载过程荷载观测期宜按 1 次/1 min 自动化测读并记录锚杆位移。

蠕变地层时，每循环加载至峰值荷载下，第 5～15 min 蠕变量不大于 1.0 mm 宜判断为蠕变稳定，否则应继续观测 45 min，45 min 内蠕变量不大于 1.2 mm 宜判断为蠕变稳定，否则宜进入延长观测期继续观测。如蠕变稳定随时可进入下一循环试验，否则宜观测至延长观测期结束。蠕变地层时，不应设置最短观测期，观测期宜如表 5-6 所示；每循环加载至峰值荷载下，常规观测期内应蠕变稳定；否则宜进入延长观测期继续观测（0.7P_p 级可不延长），如蠕变稳定随时可进入下一循环试验，否则宜至最长观测期结束。观测期超过 1 h 后可采用蠕变率 α 不大于 2.0～5.0 mm 的某个数值作为蠕变稳定判定指标。

表 5-4　判断可能会发生较大蠕变情况时观测期

荷载等级	0.3P_p	0.5P_p	0.6P_p	0.7P_p	0.8P_p	0.9P_p	1.0P_p	＞1.0P_p
观测期/min	60～300	60～300	60～300	300	60	60	60	60

锚杆基本试验出现下列情况之一时，应判定锚杆破坏：

（1）在规定的持荷时间内锚杆或单元锚杆位移增量大于 2.0 mm；

（2）锚杆杆体破坏；

（3）最长观测期结束时不满足稳定指标。

基本试验结果宜按荷载等级与对应的锚头位移列表整理绘制锚杆荷载-位移曲线、荷载-弹性位移曲线，荷载-塑性位移曲线。锚杆受拉极限承载力取破坏荷载的前一级荷载，在最大试验荷载下未达到锚杆破坏标准时，锚杆受拉极限承载力取最大试验荷载。加载至 P_p 后如未出现规定的中止加载情况，则应继续分级循环加载试验直至破坏，每级荷载增量宜取 0.05P_p。最后应整理试验数据并绘制荷载-位移（P-s）、荷载-弹性位移（P-s_e）、荷载-塑性位移（P-s_p）、位移-时间对数（s-lg$t$）、蠕变量-时间对数（Δs-lg$t$）、蠕变率-荷载（α-P）等曲线。

蠕变率 α 的计算式为

$$\alpha = (s_2 - s_1)/(\lg t_2 - \lg t_1)$$

式中：α——蠕变率（mm）；

s_2、s_1——t_2、t_1 时刻所测读的锚头位移（mm）；

t_2、t_1——计算时间对数周期的终、始时刻（min），其中 t_1 不宜小于第 5 min，观测期在 1 h 之内时 t_2 宜大于 t_1 至少 10 min，超出 1 h 时至少 20 min。

锚杆承载力检测值宜按下列规定计取：

（1）$\alpha \geq 2.0$ mm 时，取 2.0 mm 对应的荷载，蠕变地层时也可取 α 在 2.0～5.0 mm 的某一数值所对应的荷载；

（2）$\alpha < 2.0$ mm 且锚杆达到承载能力极限状态时取破坏荷载的前一级荷载；

（3）$\alpha < 2.0$ mm 且锚杆未达到承载能力极限状态时取实际最大试验荷载；

（4）非预应力锚杆取值不得大于累计位移量为 100 mm 所对应的荷载。

锚杆承载力计取方法应符合下列规定：

（1）锚杆荷载试验数量不少于 6 个时宜按下列公式计算承载极限承载力标准值：

$$R_{um} = \sum_{i=1}^{m} R_{u,i} / m$$

$$\sigma_f = \sqrt{\left[\sum_{i=1}^{m} R_{u,i}^2 - \left(\sum_{i=1}^{m} R_{u,i}\right)^2 / m\right] / (m-1)}$$

$$\delta_m = \sigma_f / R_{um}$$

$$\gamma_s = 1 - (1.704/\sqrt{m} + 4.678/m^2)\delta_m$$

$$R_{uk} = \gamma_s R_{um}$$

式中：R_{uk}——承载力标准值（kN）；

　　　R_{um}——承载力检测值的平均值（kN）；

　　　m——试验数量；

　　　$R_{u,i}$——第 i 个试验锚杆承载力检测值（kN）；

　　　σ_f——标准差；

　　　δ_m——变异系数；

　　　γ_s——统计修正系数。

（2）锚杆荷载试验数量少于 6 个时，极差不超过平均值的 30%时取试验结果中的最小值，极差超过平均值的 30%时分析原因，结合施工工艺、地层条件等工程具体情况综合确定，原因不能明确时面增加试验数量后重新统计，按 95%保证概率计算锚杆的受拉极限承载力，极限试验获得的锚杆性能参数应用于工程锚杆时应考虑适用条件。

预应力锚杆应计算表观锚筋自由长度 L_{app}，宜按下式计算，其中荷载分散锚杆宜按每个单元锚杆单独计算：

$$L_{app} = nA_s\Delta s_e E_s / (P_p - P_a)$$

式中：L_{app}——表观锚筋自由长度（m）；

　　　Δs_e——相应于 P_a 至 P_p 的锚筋弹性位移（mm），为锚头总位移 s 与塑性位移 s_p 之差；

　　　E_s——锚筋材料的弹性模量（MPa）；

　　　P_a——初始试验荷载（kN）；

　　　P_p——设计最大试验荷载（kN）。

拉力型锚杆及压力型锚杆 L_{app} 上下限指标应分别符前述规定：

$$0.8L_{tf} + L_e \leqslant L_{app} \leqslant L_{tf} + L_{tb}/2 + L_e$$

$$0.8L_{tf} + L_e \leqslant L_{app} \leqslant 1.1L_{tf} + L_e$$

式中：L_{tf}——锚筋自由段长度（m）；

　　　L_e——张拉段长度（m），位移测量点设置在孔口处的杆体上时取 0；

　　　L_{tb}——锚筋黏结段长度（m）。

L_{app} 如不符合上下限指标，应分析原因并采取测试锚筋摩阻损失等对策后重新试验或在适应试验时重新验证，如仍不满足，原因明确时可调整上下限指标作为工程验收指标。

锚杆刚度系数宜按下式计算：

$$k_{RT} = (P_2 - P_1) / (s_2 - s_1)$$

式中：k_{RT}——通过锚杆试验获得的锚杆轴向刚度系数（kN/mm）；

P_2、P_1——P-s 曲线上的特定荷载（kN），取值方法宜符合 4.3.16 条规定；

s_2、s_1——P_2、P_1 所对应的锚杆位移（mm）。

P_2 宜取锚杆轴向拉力标准值 N_k，P_1 宜取 P_a，数据离散性小且经验丰富时预应力锚杆的 P_1 也可取锁定力 P_0。地质条件复杂或数据离散性较大时 k_{RT} 宜分不同区域分别统计取值，各锚杆 k_{RT} 极差不超过平均值的 30% 时可取平均值，超过 30% 时可按相关经验处理。

5.3.2 蠕变试验

锚杆的蠕变指的是在保持应力不变的情况下，锚杆的应变随着时间的增加而逐渐增大的现象。锚杆作为由多种材料组成的结构，蠕变特性是其重要的力学特性之一，大量工程实践表明，很多土层锚杆均存在不同程度的蠕变现象。岩土锚杆的蠕变是导致锚杆预应力损失的主要因素之一。工程实践表明，塑性指数大于 17 的土层、极度风化的泥质岩层，或节理裂隙发育张开且充填有黏性土的岩层对蠕变较为敏感，因而在该类地层中设计锚杆时，应充分了解锚杆的蠕变特性，以便合理地确定锚杆的设计参数和荷载水平，并且采取适当措施，控制蠕变量，从而有效控制预应力损失。

蠕变试验用于特定岩（土）层的预应力锚杆，确定预应力锚杆的蠕变特性。蠕变试验过程中常规观测期前 15 min 宜按 1 次/1 min，之后 45 min 宜按 1 次/5 min，延长观测期宜按 1 次/10 min，加卸载过程荷载宜按 1 次/1 min 自动化测读并记录锚杆位移。常规观测期结束且蠕变稳定后方可进行下一级试验，否则宜延长观测 240 min（荷载达到 1.5NK 级以后可不延长），延长观测期内如果蠕变稳定随时可进行下一级试验，否则宜试验至最长观测期结束。

一般情况下，宜采用 α 不大于 2.0 mm 作为蠕变稳定判定指标，有经验时，也可采用 α 不大于 5.0 mm 的其他指标。锚杆蠕变试验加荷等级与观测时间应满足表 5-5 的规定。在观测时间内荷载应保持恒定。每级荷载应按持荷时间间隔以 1、2、3、4、5、10、15、20、30、45、60、75、90、120、150、180、210、240、270、300、330、360 min 记录蠕变量。

表 5-5　永久性锚杆蠕变试验加荷等级与观测时间

加荷等级	观测时间/min
$0.25N_d$	10
$0.50N_d$	30
$0.75N_d$	60
$1.00N_d$	120
$1.10N_d$	240
$1.20N_d$	360

试验结果按荷载-时间-蠕变量整理，蠕变率应按下式计算：

$$K_c = \frac{S_2 - S_1}{\lg t_2 - \lg t_1}$$

式中：S_1——t_1 时所测得的蠕变量；

S_2——t_2 时所测得的蠕变量。

锚杆在最大试验荷载作用下的蠕变率不应大于 2.0 mm/对数周期。

对不符合设计指标锚杆处理，宜按确定的蠕变率指标对应的荷载作为承载力检测值，未达到该指标时宜取破坏荷载的前一级荷载。当 L_{app} 小于下限指标时，宜再进行 1 遍循环试验，仍不符合时宜按第 3 款执行。分析原因，采取调整设计施工参数、提高组件及施工质量等相应处理措施，必要时可降低承载力设计值及调整相应验收指标。

5.3.3 验收试验

验收试验用于判定锚杆抗拔承载力检测值是否满足设计要求，为工程验收提供依据。抗浮锚杆验收宜采用多循环张拉试验，最大试验荷载应取锚杆抗拔承载力特征值的 2 倍，加荷级数不宜小于 5 级，加荷速度宜为 50 ~ 100 kN/min，卸荷速度宜为 100 ~ 200 kN/min，每级荷载 10 min 的持荷时间内，按持荷 1、3、5、10 min 测读一次锚杆位移值。加载时每循环峰值（每级）荷载的锚杆位移常规观测期应为 60 min，其中最短观测期为 15 min；每级加卸载过程荷载观测期为 1 min。最短观测期宜按 1 次/1 min，之后宜按 1 次/5 min，加卸载时每级过程荷载观测期宜按 1 次/1 min 自动化测读并记录锚杆位移。加载时每级荷载第 5 ~ 15 min 蠕变量不大于 0.5 mm 应判定为蠕变稳定，否则应继续观测 45 min，45 min 内蠕变量不大于 1.2 mm 或 α 不大于蠕变试验所确定的蠕变率时应判定为蠕变稳定，快速法也可采用与适应试验数据校准后得到的判稳指标。

验收合格的标准应满足以下几种情况：（1）最大试验荷载作用下，在规定的持荷时间内锚杆的位移增量应小于 1.0 mm；（2）不能满足时，则增加持荷时间至 60 min 时，锚杆累计位移增量应小于 2.0 mm；（3）压力型锚杆的单元锚杆在最大试验荷载作用下所测得的弹性位移应大于锚杆自由杆体长度理论弹性伸长值的 90%，且应小于锚杆自由杆体长度理论弹性伸长值的 110%；（4）拉压型锚杆的单元锚杆在最大试验荷载作用下，所测得的弹性位移应大于锚杆自由杆体长度理论弹性伸长值的 90%，且应小于自由杆体长度与 1/3 锚固段之和的理论弹性伸长值。P_p 加载至验收荷载时锚杆未出现规定的应中止加载情况，且预应力锚杆 L_{app} 符合上下限指标时应判定锚杆承载性能符合设计指标，否则应判定不符合。最后，根据锚杆多循环张拉验收试验结果绘制出荷载-位移（$N\text{-}\delta$）曲线、荷载-弹性位移（$N\text{-}\delta_e$）曲线，荷载-塑性位移（$N\text{-}\delta_p$）曲线。

5.3.4 持有荷载试验

持有荷载试验用于测定锚杆的杆体持有荷载，也可用于测定预应力锚杆锁定力。试验过程中最大试验荷载 Q_{md} 宜为设计锁定荷载 Q_{ld} 的 1.2 倍，Q_{ld} 不明确时，Q_{ld} 取值宜为各筋体抗拉承载力标准值之和的 0.7 倍。试验应分级加载，当 Q_{ld} 明确时，分级荷载宜为 Q_{ld} 的 0.6、0.7、0.8、0.85、0.9、0.95、1.0、1.05、1.1、1.15 及 1.2 倍；当 Q_{ld} 不明确时，每级荷载宜为 $0.05Q_{md}$。每级荷载持载时间宜为 2 min，判断锚头（锚夹具或垫板）有明显松动后宜再加载 2 级后停止加载，否则应一直加载到 Q_{md}。卸载过程中宜重新锁定至设计要求荷载，设计无要求可锁定至原持有荷载。

每级加载至荷载稳定后的第 1、5 min 测读锚头位移，位移观测期间，应维持荷载变化幅度不应超过分级荷载量的 ±10%。最大试验荷载加载结束后，卸荷至锚杆锁定荷载值的 1.05 倍，重新锁定锚具，并测读锚杆锁定后第 5 min 锚头位移，再卸载至锚杆锁定荷载值的 0.2 倍，并测读荷载稳定后第 5 min 锚头位移。

持有荷载试验最终取锚头明显松动时的前一级荷载为锚杆持有荷载，或取 Q-s 曲线上两直线延长线的交叉点所对应的荷载值为持有荷载。持有荷载试验应按荷载与对应得锚头位移列表整理并绘制荷载-锚头位移（Q-s）曲线，取荷载-位移（P-s）曲线上两直线延长线的交叉点所对应的荷载值为锚杆锁定荷载或工作荷载。

5.3.5　检验

施工过程中应按设计要求和质量合格条件分批次进行检验和验收，过程检验应包括位置、截面尺寸、长度、垂直度等，施工结束后应检验混凝土强度和承载力。抗浮锚杆原材料的质量检验应包括：原材料的出厂合格证；材料现场抽检试验报告；注浆体强度等级检验报告；砂、石等质量检验项目、批量和检验方法应符合现行行业标准《普通混凝土用砂、石质量及检验方法标准》（JGJ 52）的有关规定和钢材、水泥等产品质量检验应包括出厂合格证检查、现场抽检试验报告检查。

抗浮锚杆检测点位的选择，宜遵循下列原则：基础底板或抗水板范围内均匀选择，并选在地质条件相对较差处；选择在浮力作用较大或对变形敏感部位；当对锚杆工程质量有异议或施工时局部地质条件出现异常，应适量增加检测数量。抗浮锚杆的质量检验应符合表 5-8 的规定，主控项目的质量经抽样检验均应合格，一般项目的质量经抽样检验合格点率不应低于 80%。

表 5-6　锚杆工程质量检验标准

项目	检查项目	允许偏差或允许值	检查方法
主控项目	锚杆杆体长度/mm	+100，−30	用钢尺量
	锚杆抗拔承载力特征值/kN	达到设计要求	现场抗拔试验
	锚杆锁定力/kN	±10%预应力锁定值	测力计量测
	锚头及锚固结构变形	小于设计变形预警值	现场量测，抗拔试验
	扩大头长度（如有）/mm	±100	钻机自动监测记录或现场监测
一般项目	扩大头直径（如有）/mm	≥1.0 倍设计直径	钻机自动监测记录或现场监测
	锚杆位置/mm	±100	用钢尺量
	锚孔直径/mm	±10	用卡尺量
	浆体强度	达到设计要求	试样送检
	注浆量	不小于理论计算浆量	检查计量数据
	钻孔垂直度	钻孔倾斜度应≤2%	测斜仪等
	锚杆杆体插入长度	不小于设计长度的 95%	用钢尺量

扩大头锚杆的扩大体直径的检验可采用下列方法：

（1）有条件时可在相同地质单元或土层中进行扩孔试验，通过现场量测和现场开挖量测；

（2）在正式施工前，应在锚杆设计位置进行试验性施工，计算水泥浆灌浆量，通过灌浆量计算扩大头直径；

（3）扩大头直径的现场开挖量测可在较浅的相同地质单元或土层中进行。扩大头直径的试验检验除以上两种方法之外，有条件时还可以采用其他可靠的方法。

当扩大头直径和长度的检测结论与抗拔承载力验收试验的检测结论不符时，以抗拔承载力验收试验的结论为判定标准。

5.3.6 验收

抗浮锚杆工程施工过程及竣工后，应按设计要求和质量合格条件分步分项进行质量检验和验收。工程施工中对检验出不合格的锚杆应根据不同情况分别采取增补、更换或修复的方法处治。

抗浮锚杆验收应在施工单位自检合格后进行，验收应提交下列资料：勘察及设计文件；原材料、半成品等产品合格证书；构件施工记录，隐蔽工程检查验收记录，包含有扩大头注浆（如有）监控仪的监测记录或注浆时间记录的施工记录；性能试验报告，浆体强度、混凝土强度、混凝土与岩体黏结强度检测报告；设计变更报告，重大问题处理文件；监理方案、实施及监督记录与监督评价报告；监理方案、实施及监督记录与监督结果报告；检测试验报告及见证取样文件；施工记录和竣工图，其他必须提供的文件或记录。

主控项目试验及检测结果与设计指标的符合率为100%，一般项目的符合率不低于80%时应评定为该受检项目验收合格。出现验收不合格项后，建设单位应组织有关各方分析原因，根据综合质量评估和质量问题处理的需要制定处理方案，必要时可进行专家论证。

检验批合格时，设计方复核后认为个体不合格项对工程的安全、正常使用及耐久性影响程度可以接受时，经工程主体责任方共同确认后可不进行技术处理或复检；检验批不合格时，可复检、技术处理或不处理。复检时应确定扩大抽检、验证检测及（或）重新检测的数量及部位等，检测单位完成后宜给出该受检项目的评定结果。技术处理时应确定技术方案，可采取增补、更换及修复锚杆等方法；设计方复核后认为不合格程度对工程的安全、正常使用及耐久性影响程度可以接受，经工程主体责任方共同确认可降低设计标准及让步接收、不进行技术处理及复检。

持有拉力不合格复检时可对原锚杆按调整放张荷载、张拉、锁定及提离试验的程序重新检测一次，如果结果合格则应评定为验收合格，否则应评定为不合格。浆体强度验收不合格复检时可采用承载力验收试验进行验证检测，如果结果全部合格则应评定为检验批合格，否则应评定为不合格，验证试验数量不应少于该浆体强度不合格检验批的锚杆总数的1%且不应少于3个。

锚具锁紧性不合格复检时宜按不合格样本的数量的 2 倍扩大抽检，如果均合格则应评定为验收合格，否则应评定为验收不合格、退场处理。增补、更换及修复的锚杆原则上应进行检测验收。

5.4 质量通病及防治

抗浮锚杆工程具有一定的隐蔽性，如果某些抗浮锚杆存在施工质量问题，将影响局部抗浮效果，甚至产生"多米诺骨牌"效应，对建筑整体安全产生致命威胁。经过大量工程实践，现针对高强度预应力抗浮锚杆施工工艺中锚杆定位、成孔、杆体制作、下锚和注浆等各个环节，将抗浮锚杆施工过程中存在的质量通病进行总结，并提出相应的防治措施，为高强度预应力抗浮锚杆施工提供技术支撑，提高高强度预应力抗浮锚杆工程质量。

1. 锚杆定位

通病现象 1：场地移交开挖标高不明确。

产生原因：场地移交未及时结合设计图纸对基底标高进行复测，导致工作面未开挖到位或者超挖。

产生后果：锚杆施工完成后还需进行二次大面积机械开挖或回填，导致锚杆钢筋会被压弯甚至破坏。

防治措施：结合设计图纸，认真计算移交场地区域基底标高，保证锚杆施工完成后仅需适当人工捡底即可，不会出现机械捡底情况。

通病现象 2：锚杆定点装置不稳定。

产生原因：放点人员责任心不强，点位仅随意撒白灰或者采用不牢靠的装置进行点位标志，导致施工过程中点位不清晰或者受风吹等外力作用导致点位移动。

产生后果：锚杆间距过大，不满足设计要求导致验收无法通过或者增补锚杆增加费用。

防治措施：放点人员责任心要强，放点时要有质量或技术人员现场旁站，点位要采用钢筋或者坚硬木棍牢固设置在地层中。严禁只采用撒白灰或者能被风等外力轻松挪动位置的装置。

2. 成孔

通病现象 1：孔位误差大。

产生原因：放点不精确，放点装置不稳主从而产生位移，钻孔施工未对准点位。

产生后果：锚杆间距不满足规范要求，无法通过验收。

防治措施：放测点位要牢靠，成孔后要及时对施工点位进行复校。

通病现象 2：钻孔深度不够。

产生原因：土方开挖移交场地后场地高低不平，未对锚杆位置标高进行计算。成孔后未进行标高测量。

产生后果：锚杆长度不足或锚杆锚入筏板长度不足。

防治措施：施工前根据点位放测标高，计算该标高下钻孔深度；成孔后进一步复核孔深。

通病现象 3：遇软弱层后未调整钻孔深度。

产生原因：施工前未核对地勘报告报告；钻孔区域未派专人对实际地层进行编录，从而未能及时发现软弱层。

产生后果：锚杆承载力不满足设计要求，质量不合格。

防治措施：施工前熟悉地勘报告，对存在软弱层区域进行标注，施工时进行重点关注；做好成孔地质编录，发现与地勘报告不一致情况及时向有关单位反映，调整锚杆长度。

通病现象 4：锚杆长度范围内地下水丰富。

产生原因：砂卵石地区基坑降水深度不够，未降至锚杆底部以下。

产生后果：砂卵石地区，锚杆成孔后，孔内砂层会沉淀至孔底，导致沉淀段注浆效果差。

产生后果：锚杆承载力不满足设计要求，质量不合格。

防治措施：降水深度考虑降至锚杆底部深度以下。

通病现象 5：泥岩中裂隙水丰富，导致钻孔孔壁产生泥皮。

产生原因：由于泥岩中存在裂隙水，成孔后裂隙水汇入钻孔中会导致泥浆在泥岩钻孔孔壁表面形成一层泥皮。

产生后果：降低锚固体与岩层间的摩阻力，锚杆承载力降低。

防治措施：锚孔终孔后，对钻孔进行洗孔。将孔内泥浆用清水冲出，洗孔完成后及时下放钢筋、砾石，并及时注浆。

3. 锚杆钢筋制作

通病现象 1：钢筋进场未进行原材料送检。

产生原因：工期紧张，交底不到位。

产生后果：钢筋复检不合格，导致锚杆质量不达标。

防治措施：对工人未交底到位，成品完成后未进行检查。

通病现象 2：钢筋套筒连接不规范。

产生原因：对工人交底不到位，未进行过程检查及旁站。

产生后果：钢筋受力后套筒断开。

防治措施：施工前进行交底，制作前进行工人安装试验，做好过程检查及旁站。

通病现象 3：注浆管设置不规范或者破裂。

产生原因：工人水平参差不齐，责任心不强。

产生后果：注浆施工时不能保证孔底反浆，若钻孔有水时，浆液无法注浆至孔底，造成锚杆注浆效果差，锚杆承载力不足。

防治措施：锚杆制作时将注浆管安放到锚杆底部，并固定牢靠。注浆管口向上 50 cm 每隔 10~15 cm 设置一个出浆口。注浆管与杆体钢筋每隔 1.5 m 用扎丝或者胶带固定牢靠。

4. 下锚

通病现象 1：锚杆钢筋放入孔内未居中。

产生原因：锚杆未设置居中装置或者下放随意。

产生后果：锚杆钢筋保护层厚度不够，锚杆受力不均匀。

防治措施：要设置好锚杆支架，每 1.5 m 不少于 1 个；锚杆钢筋下放过程中尽量采用吊车或者三角架进行平稳下放，严禁采用锚杆钻机或者工人自行操作斜着下放。

通病现象 2：把套管时钢筋上拔。

产生原因：套管内加入砾石后与钢管壁摩擦力增大，拔管时导致钢筋随套管上升。

产生后果：钢筋锚固长度不足，若上拔严重会导致注浆管破坏或者错位，影响后期注浆。

防治措施：可在钢筋底部设置承压板，增加钢筋稳定性；亦可采用砾石分批次加入方式，第一次加入约 1/4 锚杆长度砾石，然后上拔套管至不高于砾石顶面，第二次加入砾石至锚杆长度 3/4 处，上拔套管至不高于砾石顶面，第三次加入砾石至锚杆顶面，最后将套管全部拔出。

5. 注浆

通病现象 1：配合比达不到要求。

产生原因：未按配合比进行拌料。

产生后果：锚固体强度达不到设计要求。

防治措施：严格进行技术交底及旁站，搅拌区显眼位置张贴配料信息表；每桶料拌制完成后全部放入注浆池再拌制下一筒料，严禁随拌随放。

通病现象 2：孔口不返浆。

产生原因：地下水丰富，孔底沉渣过厚；锚杆施工长度过大，孔底存在裂隙或软弱层，相互钻孔间出现串孔情况。

产生后果：锚杆锚固体注浆效果差，承载力无法保证。

防治措施：采用多次补浆方式，第一次注浆至设计要求注浆量后若未能返浆，初凝前进行二次注浆，以此类推；若超过 3 次补浆均未能返浆，须和相关单位沟通，改变注浆方式，例如采用高压旋喷注浆等。

通病现象 3：注浆区域紧邻正在进行锚杆钻孔区域。

产生原因：未合理规划施工区域。

产生后果：锚杆成孔施工采用空压机，地下水丰富或者基岩裂隙发育区域在空压机作用下会将周边正在注浆锚杆未凝固的水泥浆液冲散或稀释，导致锚杆承载力严重降低。

防治措施：合理规划施工区域，注浆和锚杆成孔应分区进行或者错峰进行。

通病现象 4：孔口补浆。

产生原因：交底不到位，工人责任心不强。

产生后果：锚杆顶部注浆体不饱满，导致钢筋裸露、锈蚀。

防治措施：做好注浆交底工作，采用责任心强的工人，注浆过程中做好旁站，补浆要从注浆管补浆，并出现孔口返浆现象，才能保证锚杆注浆的连续性。

6. 施加预应力

通病现象 1：锚固体强度未达到设计要求就施加预应力。

产生原因：交底不到位，工期紧张。

产生后果：锚固体破坏，锚杆失效。

防治措施：做好技术交底工作，做好工期计划。

通病现象 2：预应力施加设备千金顶、百分表未标定。

产生原因：交底不到位，责任心不强。

产生后果：预应力施加不够，达不到设计要求。

防治措施：做好技术交底工作，预应力施加前检查各类标定证书，做好施工记录。

第6章 高强度预应力抗浮锚杆工程应用案例

本章主要介绍了西南地区部分使用高强度预应力抗浮锚杆的工程应用案例，通过案例，主要介绍设计计算方法、施工和检测等内容。不同的案例具有不同设计背景，特别是基础以下与抗浮锚杆接触的岩/土体类型，可分为岩层、卵石土层、土+岩石组合和软土等类型，其中：某 57 亩（1 亩≈666.67 m²）住宅项目及配建幼儿园项目、某 117 亩住宅项目、某 71 亩住宅项目、某 72 亩住宅项目和某 100 亩住宅项目均为土层；某污水处理厂项目和某三层地下室科技楼项目为岩层；某 35 亩住宅项目和某 135 亩项目项目为土+岩组合类型；某 153 项目则为软土。同类型之间也存在一定差异，如某 57 亩住宅项目及配建幼儿园项目采用抗浮锚杆独立基础柱下集中布置的形式，而其他大部分项目则采用均布的形式。又如某 117 亩住宅项目虽为砂卵石地层，但其渗透系数达到了 100 m/d，远超其他同类型项目。某污水处理厂项目由于项目本身的特殊性，对工程防渗具有严格要求，对抗浮锚杆裂缝宽度提出了严格要求，锚固体裂缝的宽度须控制在 0.3 mm 以内或不出现裂缝。以上情形均给抗浮锚杆的设计和施工增加了难度，本章详细介绍了这些项目的设计和施工细节，可为西南地区乃至全国同类案例提供技术参考。

6.1 某 57 亩住宅项目及配建幼儿园抗浮锚杆工程

6.1.1 工程概况

项目场地属岷江水系一级阶地，现为拆迁空地，局部地段有少量堆土，勘探点孔口高程介于 510.82 ~ 512.58 m，高差 1.76 m 左右，场地平均高程在 510.82 m 左右，地势较为平缓。项目规划建设用地面积 38 338.15 m²（约 57 亩），总建筑面积 187 522.47 m²，拟建项目由住宅、商业及附属幼儿园组成。其中住宅地块由 6 栋 20 ~ 31 层高层住宅、2 层地下车库及 1 层门楼组成，商业地块由 1 栋 30 层的办公楼、1 栋 22 层办公楼、9 栋 2-3 层商业群楼及 2 层地下车库组成。

6.1.2 工程地质条件

1. 地层结构及其分布

项目场地典型地质剖面图如图 6-1 所示，地层结构及其分布如下：

杂填土（Q_4^{ml}）：杂色，松散，表层以建筑垃圾及碎石层为主，多为建筑垃圾（砖块、混凝土块），充填黏性土和粉土，结构松散，回填时间为新近回填。该层在场地内普遍分布，层厚 1.00 ~ 5.30 m。

素填土（Q_4^{ml}）：杂色，松散~稍密，表层含少量耕土，以粉土和少量黏性土为主要成分，含少量植物根系，回填时间约3年以上。该层在场地内普遍分布，层厚0.40~2.60 m。

粉质黏土（Q_4^{al}）：黄褐色~褐黄色，局部灰黑色，可塑，稍湿，主要由粉粒和黏粒组成，含少量铁锰氧化物，无摇震反应，稍有光泽反应，干强度中等，韧性中等；下部含粉粒较重，逐步演化为粉土，底层局部含薄层粉土，该层在场地内局部零星分布，层厚0.40~3.60 m。

细砂（Q_4^{al}）：褐黄色~黄色，松散，很湿~饱和，成分以石英、长石为主，含铁锰质氧化物及云母片，黏粒含量较大，局部分布，层厚0.40~2.30 m。

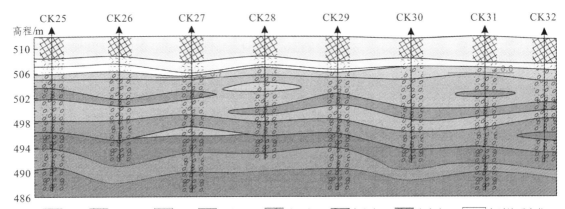

图6-1 项目场地典型地质剖面图

中砂（Q_4^{al+pl}）：黄褐色~青灰色，松散，饱和。矿物成分以石英、长石为主，夹少量云母片和铁质氧化物，在场地内以透镜体形式分布于卵石层中，层厚0.40~1.20 m。

卵石土（Q_4^{al+pl}）：浅灰~黄灰色，湿~饱和，卵石成分主要为火成岩，呈圆形~亚圆形，磨圆度较好，中等~微风化，卵石粒径一般>6 cm，最大>20 cm，充填15%~35%的砂类土及细粒土。层顶埋深1.00~2.20 m。根据其密实程度及充填物多少，按《成都地区建筑地基基础设计规范》（DB51/T 5026—2001）及其密实程度将卵石划分为松散卵石（$N_{120} \leqslant 4$ 击）、稍密卵石（4 击$< N_{120} \leqslant 7$ 击）、稍密卵石（7 击$< N_{120} \leqslant 10$ 击）3个亚层，其中N_{120}为超重型圆锥动力触探修正锤击数。

松散卵石（Q_4^{al+pl}）：浅灰色，湿~饱和。卵石主要为火成岩，呈圆形~亚圆形，磨圆度较好，中等~微风化，卵石含量50%~55%，呈交错排列，不连续接触$N_{120} \leqslant 4$击。

稍密卵石（Q_4^{al+pl}）：浅灰~灰黄色，湿~饱和。卵石主要为火成岩，呈圆形~亚圆形，磨圆度较好，中等~微风化，卵石含量55%~60%，呈交错排列，连续接触，4 击$< N_{120} \leqslant 7$ 击。

中密卵石（Q_4^{al+pl}）：浅灰~灰黄色，湿~饱和。卵石主要为火成岩，主要分布于卵石层下部及中部，亚圆形，磨圆度较好，中等~微风化，卵石含量60%~70%，呈交错排列，连续接触，N_{120}为7~10击。

密实卵石（Q_4^{al+pl}）：主浅灰~灰黄色，湿~饱和。卵石主要为火成岩，主要分布于卵石层下部及中部，亚圆形，磨圆度较好，中等~微风化，卵石含量>70%，呈交错排列，连续接触，$N_{120} > 10$击。

2. 水文地质条件

场地地下水类型主要为上层滞水和孔隙潜水，上层滞水主要位于场地个别低洼处，由于该场地素填土层为相对隔水层，层厚变化较大，该层水水量匮乏、水力联系差、径流短、排泄不畅，无统一水位，受大气降水和附近低洼区积水补给，排泄方式为蒸发及向下补给。孔隙潜水主要赋存于砂卵石层中，主要接受侧向径流补给，少量上层滞水渗流，侧向径流排泄，受大气降水垂直渗入的影响较小，该层渗透性较好，富水性较强，水量丰富。

场地在勘察期间属平水期向丰水期过渡期，受周边临近工地施工降水影响，测得砂卵石中孔隙潜水地下水位埋深为 5.10 ~ 6.80 m，相对应水位高程 505.50 ~ 505.98 m。根据区域水文地质资料，场地地下水位丰、枯水期年变幅一般为 1.50 ~ 2.50 m，其水位变化与大气降水及季节性变化密切，以侧向径流及蒸发为主要排泄途径，施工时须考虑降水措施，基坑降水水位建议按 507.50 m 考虑，在降水施工前应现场复核地下水位。

6.1.3 抗浮锚杆设计

1. 抗浮锚杆设计参数

场地±0.00 标高为 511.80 ~ 512.30 m，根据场地水文地质条件及场地内孔隙型潜水的埋深情况，依据成都市城乡建设委员会印发的《成都市建筑工程抗浮锚杆质量管理规程》的规定，该场地地貌属于岷江水系一级阶地，场地地下水抗浮设计水位可按室外地坪标高以下 1.0 m 计算。综合场地实际情况和成都地区成熟的施工经验，本工程采用扩大头抗浮锚杆方案进行抗浮处理，场地岩土体参数见表 6-1。

表 6-1　场地岩土体与锚固体黏结强度标准值

土层名称	天然重度 $\gamma/$（kN/m³）	黏聚力 c/kPa	内摩擦角 $\phi/$（°）	土体与锚固体黏结强度标准值 f_{rbk}/kPa
中　　砂	20.0	0	25.0	80
松散卵石	20.5	0	30.0	110
稍密卵石	21.0	0	35.0	140
中密卵石	22.0	0	40.0	200
密实卵石	23.0	0	45.0	260

2. 锚杆抗拔承载力特征值计算

场地基底持力层 5 m 范围内以稍密卵石为主，5 m 以下以中密卵石 ~ 密实卵石为主，因此扩大头抗浮锚杆长度范围内普通段按稍密卵石设计，扩大头段按中密卵石设计。根据《高压喷射扩大头锚杆技术规程》（JGJ/T 282—2012）扩大头锚杆抗拔力极限值可按下式计算：

$$T_{uk} = \pi\left[D_1 L_d f_{mg1} + D_2 L_D f_{mg2} + \frac{(D_2^2 - D_1^2)P_D}{4} \right]$$

式中：T_{uk}——锚杆抗拔力极限承载力标准值（kN）；

D_1——锚杆非扩大头钻孔直径（m）；

D_2——锚杆扩大头直径（m）；

L_d——锚杆普通锚固段计算长度（m）；

L_D——锚杆扩大头长度（m）；

f_{mg1}——锚杆普通锚固段注浆体与土层间的摩阻强度标准值；

f_{mg2}——扩大头注浆体与土层间的摩阻强度标准值；

P_D——扩大头端上覆土体对扩大头的抗力强度值（kPa）。

本项目中，D_1 取 0.18 m；D_2 取 0.50 m；L_d 取实际长度减去两倍扩大头直径，取 3.9 m；L_D 取 4.0 m；f_{mg1} 取 140 kPa；f_{mg2} 取 200 kPa；P_D 按下式计算：

$$P_D = \frac{(K_0 - \xi)K_P\gamma h + 2c\sqrt{K_P}}{1 - \xi K_P}$$

式中：γ——扩大头上覆土的容重（kN/m³）；

h——扩大头上覆土体的厚度（m）；

K_0——扩大头端上覆土体的静止土压力系数，$K_0 = 1 - \sin\varphi'$（φ' 为土体有效内摩擦角）；

K_P——扩大头端上覆土体的被动土压力系数，取 2.464；

c——扩大头端上覆土体的粘聚力（kPa），取 50 kPa；

ξ——扩大头向上位移时反映土的挤密效应的侧压力系数。

本项目中，γ 取 11.0 kN/m³，h 取 5.4 m，K_0 取 0.5，K_P 取 3，c 取 0，ξ 取 $\xi = 0.8K_a = 0.26$。经计算 P_D 为 194.40 kPa，锚杆抗拔力极限值 T_{uk} 为 1 598.62 kN。

扩大头锚杆抗拔承载力特征值可按下式计算：

$$T_{ak} = \frac{T_{uk}}{K}$$

式中：T_{ak}——锚杆抗拔力特征值（kN）；

K——锚杆抗拔力安全系数，取 2.0。

经计算，锚杆抗拔力特征值 T_{ak} 为 799.31 kN，考虑地区施工经验，T_{ak} 取 700 kN。

3. 扩大头长度验算

扩大头抗浮锚杆的扩大头长度应符合注浆体与杆体间的黏结强度安全要求，按下式计算：

$$L_D \geqslant \frac{K_s T_{ak}}{n\pi d\zeta f_{ms}\varphi}$$

式中：K_s——杆体与注浆体的黏结安全系数；

n——钢筋根数；

d——杆体钢筋直径；

ζ——采用两根或两根以上钢筋时黏结强度降低系数；

f_{ms}——PSB1080 精轧螺纹钢筋与扩大头注浆体的极限黏结强度标准值；

φ——扩大头长度对黏结强度的影响系数。

本项目中，K_s 取 1.8；n 为 1；d 为 40 mm；本项目高强度预应力抗浮锚杆采用 1 根 PSB1080 钢筋，不存在黏结强度降低现象，取 1；f_{ms} 取 1.8 MPa；当扩大头长度为 4 m 时，φ 为 1.5。

经计算 $L_D > 3.71$ m，本工程高强度预应力抗浮锚杆的扩大头长度实际为 4.0 m，符合注浆体与杆体间的黏结强度安全要求。

4. 抗浮锚杆数量计算及布置

本工程高强度预应力抗浮锚杆布置主要在基础区域，根据结构设计单位计算基础所需浮力值要求进行锚杆布置，单根锚杆抗拔力特征值按照 700 kN 设计。根据所需抗拔力不同，分别按照每根柱基布置 1~5 根锚杆等 5 种情况布置，住宅、商业及配建幼儿园共布置抗浮锚杆 1008 根，其中住宅地块 580 根，商业地块 390 根，幼儿园 38 根（图 6-2 和图 6-3）。

图 6-2　配建幼儿园高强度预应力抗浮锚杆布置

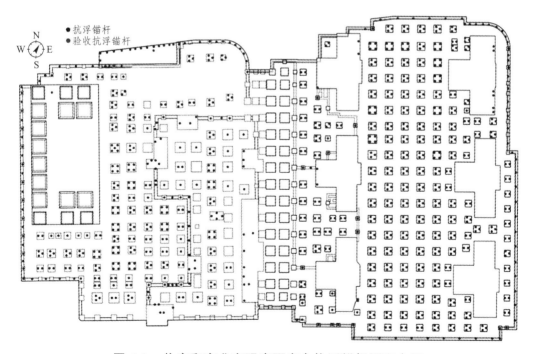

图 6-3　住宅和商业高强度预应力抗浮锚杆平面布置

5. 锚杆配筋

本工程高强度预应力抗浮锚杆属永久性锚杆，为了满足抗拔力特征值达到 700 kN，根据工程性质和施工工艺要求，抗浮锚杆杆体（钢筋）截面 A_s 应满足

$$A_s \geqslant \frac{K_t T_{ak}}{f_y}$$

式中：A_s——钢筋锚杆杆体的截面面积（mm^2）；

$\qquad K_t$——安全系数；

$\qquad f_y$——钢筋抗拉强度设计值（MPA）。

本项目中，K_t 取 1.6，f_y 取 900 MPa，经计算可得 A_s 为 1 244.44 mm^2。因此，抗浮锚杆拟采直径 40 mm，PSB1080 预应力螺纹钢筋作为锚杆配筋。单根 40 mm，PSB1080 预应力螺纹钢筋面积为 1 256 mm^2。单根锚杆抗拔力特征值取 700 kN 时，配置 1 根直径 40 mm，PSB1080 预应力螺纹钢筋，即可满足配筋要求。钢筋深入基础长度不小于基础厚度的一半且不小于 300 mm。PSB1080 钢筋直径大、强度高，不宜弯折，须采用锚板锚固在筏板基础混凝土内，锚板锚入基础混凝土内长度不小于 450 mm。

本工程抗浮锚杆采用扩大头抗浮锚杆，扩大头有效长度 4.0 m，普通锚固段有效长度 3.9 m。抗浮锚杆普通锚固段计算长度，取实际长度减去两倍扩大头直径，因此抗浮锚杆普通段长度须增加 1.0 m。同时根据施工经验抗浮锚杆应将上部不小于 0.5 m 长度作为构造段。因此，普通锚固段长度还须增加不少于 0.5 m，即抗浮锚杆长度为 9.4 m，其中普通段长度为 5.4 m，扩大头段长度为 4.0 m，锚杆总长为 9.4 m（图 6-4）。

6. 抗浮锚杆设计结论

（1）锚杆间距：详见锚杆平面布置图，单根锚杆抗拔力标准值 T_{ak}=700 kN。

（2）锚固体直径：普通段 d=180 mm，扩大头段 D=500 mm。

（3）锚杆杆体钢筋采用 1ϕ40 mmPSB1080 钢筋。

（4）水泥采用 P·O 42.5R 普通硅酸盐水泥，锚固体采用细石水泥结石体，强度等级为 M30。

（5）锚杆杆体配筋长度：锚固段总长度 9.4 m（含垫层），锚板锚入抗水板（或基础）不少于 0.45 m，钢筋总长度为 L=10.0 m。

6.1.4　锚固体整体稳定性验算

当抗浮锚杆埋深较浅而抗拔力较高时，可能会导致抗浮锚杆和土体的整个体系发生抗拔稳定性破坏，因此抗浮锚杆完成设计后需对抗浮锚杆和土体的整个体系进行整体稳定性验算，地下室整体和任一局部锚固体应满足整体稳定性要求。本工程高强度预应力抗浮锚杆布置形式分为在基础内布置 1 根、2 根、3 根、4 根和 5 根共 5 种类型，应分开进行锚固体整体稳定性验算，抗浮锚杆锚固体整体稳定性验算可按下式计算：

$$K_F = \frac{W_k + W}{F_w}$$

其中
$$W_k = W_{k1} + W_{k2} + W_{k3}$$
$$F_w = N_{w,k} \times L^2$$

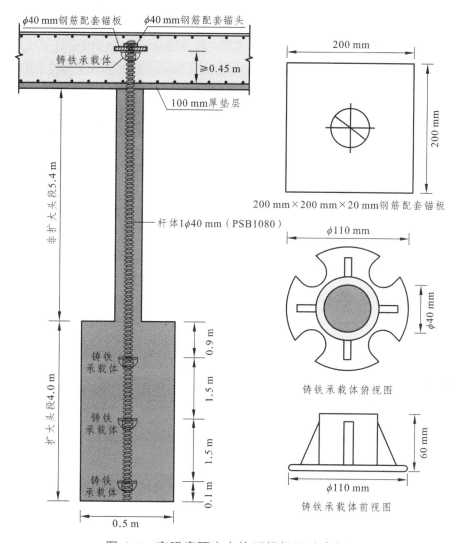

图 6-4　高强度预应力抗浮锚杆设计大样

式中：K_F——抗浮锚杆锚固体整体稳定性；

　　　W——地下室整体抵抗浮力的建筑物总质量；

　　　F_w——单根锚杆作用范围内受到的浮力；

　　　W_k——单锚范围土体的有效质量。

　　　W_{k1}——单锚受破裂角影响椎体内有效土质量；

　　　W_{k2}——基础轴线破裂角范围土质量；

　　　W_{k3}——基础轴线破裂角以上土质量；

　　　$N_{w,k}$——水浮力标准值。

一般认为抗浮锚杆稳定破坏时岩土体破裂面呈圆锥体形状，单锚抗浮力验算模型可按上半部分长方体、下半部分圆锥体的假定破裂体形状。由于锚杆长度 H 为 9.4 m，破裂角为 30°，则受破裂角影响锥形土体高度 $h_1=(L-D_2)/2 \times \cot30°$，未受破裂角影响土体高度 $h_2=H-h_1$，因此 $W_{k1}=\pi(L/2)^2 \times h_1/3 \times \gamma_k$，$W_{k2}=h_2 \times L^2 \times \gamma_k$。本项目场地为卵石地层，土体平均浮重度标准值

γ_k=11 kN/m³。本设计 W 按 0 考虑。

经计算可得到本工程 5 种抗浮锚杆布置类型的抗浮稳定安全系数为 1.24～2.33（表 6-2），均大于安全等级为三级时抗浮稳定安全系数 1.05，若考虑破裂面摩阻力，则实际抗浮稳定安全系数更高。因此，设计本工程高强度预应力抗浮锚杆有效长度 9.4 m 时，满足抗浮锚杆锚固体整体稳定性要求。

表 6-2　高强度预应力抗浮锚杆整体抗浮稳定性验算

布置类型	L/m	W_{k1}/kN	W_{k2}/kN	W_{k3}/kN	基础承担浮力最大值/kN	K_F
1 根	—	1 078.94	—	—	691.2	1.56
2 根	2	39.26	790.38	2 399.37	1 388.8	2.33
3 根	2.078	66.17	1 003.98	2 562.47	2 096.3	1.73
4 根	2.5	154.55	964.68	2 801.81	2 650.1	1.48
5 根	2	98.15	1 165.19	2 577.91	3 086.3	1.24

6.1.5　筏板基础抗冲切验算

本工程抗浮锚杆采用锚板尺寸为 200 mm × 200 mm × 20 mm，钢筋和锚板锚入抗水板 0.45 m，因此需对抗水板在锚入混凝土中锚板作用下的受冲切须进行验算（图 6-5）。抗水板在锚入混凝土中锚板作用下受冲切承载力可根据柱下独立基础的受冲切承载力公式验算：

$$F_L \leqslant 0.7\beta_{hp}f_t a_m h_0$$
$$a_m = (a_t + a_b)/2$$
$$F_L = p_j A_L$$

式中：β_{hp}——受冲切承载力截面高度影响系数；

　　　f_t——混凝土轴心抗拉强度设计值；

　　　h_0——混凝土冲切破坏锥体的有效高度（m）；

　　　a_t——冲切破坏锥体最不利一侧斜截面的上边长（m）；

　　　a_b——冲切破坏锥体最不利一侧斜截面在基础底面积范围内的下边长（m）；

　　　a_m——冲切破坏锥体最不利一侧计算长度（m）；

　　　p_j——扣除基础自重及其上土重后相应于作用的基本组合时的地基土单位面积净反力，取相应区域整体抗浮力标准值；

　　　L_1、L_2——抗浮锚杆在相应方向上的间距；

　　　A_L——冲切验算时取用的计算面积；

　　　F_L——相应于作用的基本组合时作用在 A_L 上的抗浮力标准值。

由于冲切承载力截面高度影响系数，$h \leqslant 800$ mm 时，β_{hp} 取 1.0。基础混凝土等级为 C30，f_t 取 1 430 kPa。由于存在钢筋保护层约 0.04 m，故 h_0=0.45-0.04=0.41（m）。a_t 即锚板边长为 0.20 m。根据图 6-5 所示，a_b=2h_0 × tan45°+a_t=2 × 0.41 × tan45°+0.20=1.02（m），a_m=（0.20+1.02）/2=0.61（m）。

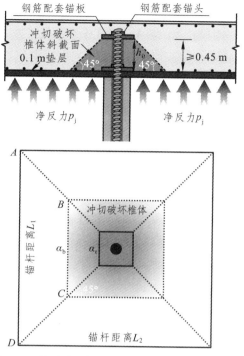

图 6-5　抗水板在锚板作用下的受冲切示意

由于本工程各区域抗浮锚杆采用等间距布置，因此 $L_1=L_2$＝抗浮锚杆间距，抗浮锚杆在 4 个方向上受冲切计算面积 A_L 相等，即图 6-5 中 $ABCD$ 面积。经计算可得到高强度预应力抗浮锚杆 $0.7\beta_{hp}f_ta_mh_0=0.7\times1\times1\ 430\times0.61\times0.41=250.35$ kN，本工程 5 种抗浮锚杆布置类型的 A_L 和 F_L 见表 6-3，最大值为 205.32 kN，均满足 $F_L\leqslant0.7\beta_{hp}f_ta_mh_0$ 的要求。因此，本工程抗浮锚杆采用锚板尺寸 200 mm × 200 mm × 20 mm 时，PSB 钢筋加锚板锚入抗水板 0.45 m 满足抗水板抗冲切承载力要求。

表 6-3　独立基础抗冲切验算统计表

布置类型	f_t/（kN/m²）	β_{hp}	h_0/m	a_m/m	A_L/m²	p_j/（kN/m²）	F_L/kN	$0.7\beta_{hp}f_ta_mh_0$/kN	锚板尺寸/mm
1 根	1 430	1	0.41	0.61	0.74	88.17	65.24	250.35	200 × 200 × 20
2 根	1 430	1	0.41	0.61	0.74	135.63	100.35	250.35	200 × 200 × 20
3 根	1 430	1	0.41	0.61	0.82	137.83	112.94	250.35	200 × 200 × 20
4 根	1 430	1	0.41	0.61	1.3	157.65	205.32	250.35	200 × 200 × 20
5 根	1 430	1	0.41	0.61	0.74	145.86	107.92	250.35	200 × 200 × 20

6.1.6　极限抗拔试验

为了了解本工程抗浮锚杆的极限承载力及其工艺参数的合理性，按照《成都市建筑工程抗浮锚杆质量管理规程》和《岩土锚杆（索）技术规程》（CECS 22：2005）的相关规定，采用支座横梁反力装置和分级循环加荷法，对该工程的 A 型-4、A 型-5 和 A 型-6 共 3 根抗浮锚杆进行抗拔基本试验。

现场实验采用 $1\phi40$PSB1080 钢筋作为抗浮锚杆杆件，锚杆杆件截面积为 1 256.6 mm²，锚杆自由段长度为 1.4 m，锚固段长度为 9.4 m，其中普通段 5.4 m，扩大头段 4.0 m。单根锚杆轴向拉力标准值为 700 kN，最大试验荷载为 1 407.8 kN。试验过程中，初始荷载为预估破坏荷载的 0.1 倍，每级加荷等级观测时间内测读锚头位移不少于 3 次，锚头位移增量不大于 0.1 mm 时施加下一级荷载，否则延长观测时间直至锚头位移增量在 2 h 内小于 2.0 mm 时再施加下一级荷载。每级荷载施加后达到《岩土锚杆（索）技术规程》（CECS 22：2005）规定的位移收敛标准后施加下一级荷载，直到试验满足规范规定的终止加载条件时卸荷载完成试验。

抗浮锚杆极限抗拔试验中 A 型-4、A 型-5 和 A 型-6 三根抗浮锚杆在最大试验荷载下累计拔出量为 13.74 mm、13.21 mm 和 13.94 mm，对应弹性位移分别为 3.17 mm、3.61 mm 和 8.43 mm。根据基本试验结果（表 6-4）绘制抗浮锚杆荷载-位移（Q-S）曲线（图 6-6）、荷载-弹性位移（Q-S_e）曲线和荷载-塑性位移（Q-S_p）曲线（图 6-7），本工程的 3 根抗浮锚杆加载至抗拔力特征值的 2 倍时锚头位移稳定，最后一级荷载作用下锚头位移稳定收敛，锚杆未出现破坏。因此，设计抗浮锚杆的极限承载力为最大试验荷载为 1 407.8 kN。

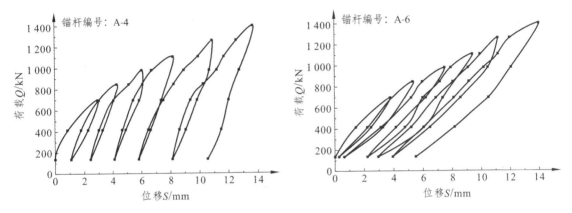

图 6-6　配建幼儿园抗浮锚杆分级循环加荷 Q-S 曲线

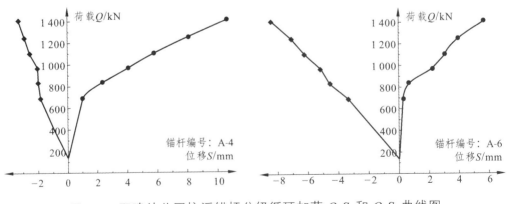

图 6-7　配建幼儿园抗浮锚杆分级循环加荷 Q-S_e 和 Q-S_p 曲线图

表 6-4 配建幼儿园高强度预应力抗浮锚杆限抗拔试验检测结果

锚杆编号	残余锚头位移/mm	最大弹性位移/mm	锚头最大位移/mm	回弹率/%
A 型-4	10.57	3.17	13.74	23.07
A 型-5	9.60	3.61	13.21	27.33
A 型-6	5.51	8.43	13.94	60.47

6.1.7 抗浮锚杆施工

（1）测量放孔：施工单位的工作面进行清理和控制点（轴线、抗水地板顶标高等）的交接，测量人员根据控制点及抗浮锚杆平面布置图进行测放。测放务必准确，要求测放过程中作好记录，检查无误。在抗浮设计范围外应设置固定点，并用红油漆标注清晰，供测放、恢复、检查桩位用，以保证在施工过程中能够经常进行复测，确保孔位的准确。孔位放测完毕后保证偏差＜5 cm。

（2）钻机成孔：在确定锚杆孔位后，用液压锚杆钻机钻孔（边加钻杆边加套管），经连续钻孔后，开孔直径扩大为 180 mm 以上。该成孔采用跟管钻进，并且利用空压机产生的高压空气进行排渣。达到设计深度后，不得立即停钻，稳钻 1～2 min，防止底端头达不到设计的锚固直径以及后来的灌浆充分。

（3）清孔提钻：终孔后利用高压空气清除孔内余渣，直到孔口返出之风，手感无尘屑为止，避免孔内沉渣存在，同时现场工程师及质检员进行孔深检测，锚孔偏斜度（不宜大于 5%），符合要求后进行下道工序施工。

（4）置入杆体（制作）：钢筋制安见锚杆大样图。

（5）拔管：套管根据实际情况使用。

（6）高压旋喷压力注浆。

① 制浆。

制浆设备：100/3.5 制浆机。

制浆材料：复合硅酸盐水泥 P·O 42.5R，现场施工用水。

浆液配比：水灰比不大于 0.8。

搅拌时间：$t \geqslant 3$ min。

② 压力灌浆：

压力灌浆准备：灌浆前，检查制浆设备、灌浆泵是否正常；检查送浆管路是否畅通无阻，确保注浆过程顺利，避免因中断情况影响压浆质量。

灌浆设备：高压旋喷钻机。

压浆管路检查：灌注前先压清水，检查管道通畅情况。

灌注方法：提升速度 10～25 cm/min，喷嘴钻速 5～15 r/min。

灌浆压力：不小于 28 MPa。

注浆结束标准：排出的浆液浓度与灌入的浆液浓度相同，且不含气泡时为止。

6.1.8 应用效果

基于本次设计参数在某住宅及配建幼儿园分别完成施工了 650 根和 38 根抗浮锚杆（图

6-8），为了检测本次抗浮锚杆的设计和施工的效果，按照《高压喷射扩大头锚杆技术规程》（JGJ/T 282—2012）标准，对抗浮锚杆分两批次进行验收，第一批验收 350 根，第二批验收 300 根，根据规范要求分别抽取 18 根和 15 根抗浮锚杆进行现场验收试验（图 6-9），对配建幼儿园抽取 6 根抗浮锚杆进行现场验收试验。采用锚拉横梁反力装置和分级循环加载法，最大实验荷载取 1 065.1 kN，为单根锚杆轴向拉力标准值的 1.5 倍，初始荷载取 318.7 kN，为最大实验荷载的 30%，并按照最大实验荷载的 50%、60%、70%、80%、90% 和 100% 逐级加荷，实际荷载分别为 526.7 kN、624.6 kN、734.7 kN、844.9 kN、942.8 kN 和 1 065.1 kN，详细的加荷、卸荷等级和相应观测时间见表 6-5。

图 6-8　高强度预应力抗浮锚杆成品

图 6-9　高强度预应力抗浮锚杆抗拔承载力检测

表 6-5　锚杆验收试验加荷等级与位移观测间隔时间

循环次数	试验何载值与最大试验荷载值的比例/%									
	初始荷载	加载过程					卸载过程			
第一循环	30						50			30
第二循环	30	50					60			30
第三循环	30	50			60	70			50	30
第四循环	30	50		60	70	80			50	30
第五循环	30	50	60	70	80	90		70	50	30
第六循环	30	50	60	70	80	90	100	70	50	30
观测时间/min	1	1	1	1	1	1	≥10	1	1	1

现场实验采用 $1\phi40$PSB1080 钢筋作为抗浮锚杆杆件，其弹性模量为 2.0×10^5 N/mm^2，锚杆杆件截面积为 1 256.6 mm^2，锚杆自由段长度为 1.4 m，实际试验过程中自由段使用长度为 1.0 m，锚固段长度为 9.4 m，其中普通段 5.4 m，扩大头段 4.0 m。在试验荷载范围内，实测各循环弹性位移（S_e）、塑性位移（S_p）、80%自由段长度理论弹性伸长量（S_1）和自由段长度与 1/2 锚固段长度之和的理论弹性伸长量（S_2）。本次检测由四川省科源建设工程质量检测鉴定有限公司完成。

住宅和商业部分抗浮锚杆验收试验中抽检的 33 根抗浮锚杆在最大试验荷载下累计拔出量为 11.22～18.33 mm，平均值为 14.09 mm；最大试验荷载下弹性位移介于 5.83～13.02 mm，平均值为 8.85 mm；最大试验荷载下塑性位移介于 2.74～10.83 mm，平均值为 5.24 mm（表6-6）。配建幼儿园抗浮锚杆验收试验中抽检的 6 根抗浮锚杆在最大试验荷载下累计拔出量介于 12.52～16.04 mm，平均 14.37 mm；最大试验荷载下弹性位移介于 5.73～9.99 mm，平均 8.24 mm；最大试验荷载下塑性位移介于 5.10～8.20 mm，平均值为 6.13 mm（表 6-7）。经计算可得最大试验荷载下杆体自由段长度理论弹性伸长值的 80%为 2.38 mm，最大试验荷载下自由段和 1/2 锚固段长度之和的理论弹性伸长值为 19.01 mm，所有抽检的抗浮锚杆均满足 $S_1<S_e<S_2$。

表 6-6　高强度预应力抗浮锚杆验收试验数据

序号	锚杆编号	残余锚头位移/mm	最大弹性位移/mm	锚头最大位移/mm	回弹率/%
1	M413#	3.66	7.75	11.41	67.92
2	M405#	5.14	9.21	14.35	64.18
3	M404#	4.63	6.59	11.22	58.73
4	M389#	9.79	6.83	16.62	41.10
5	M195#	6.58	10.87	17.45	62.29
6	M205#	10.02	6.91	16.93	40.82
7	M138#	4.77	6.89	11.66	59.09
8	M262#	6.21	8.91	15.12	58.93
9	M203#	10.83	7.5	18.33	40.92
10	M165#	4.44	10.68	15.12	70.63
11	M 136#	4.86	7.39	12.25	60.33
12	M286#	4.46	7.47	11.93	62.62
13	M201 #	4.13	13.02	17.15	75.92
14	M140#	6.43	9.12	15.55	58.65
15	M540#	4.57	8.25	12.82	64.35
16	M290#	3.46	10.98	14.44	76.04

序号	铀杆编号	残余锚头位移/mm	最大弹性位移/mm	锚头最大位移/mm	回弹率/%
17	M142#	5.26	7.71	12.97	59.44
18	M141#	5.93	8.6	14.53	59.19
19	M566#	4.74	11.41	16.15	70.65
20	M564#	5.32	8.91	14.23	62.61
21	M578#	4.9	7.13	12.03	59.27
22	M550#	5.17	7.48	12.65	59.13
23	M536#	6.63	9.98	16.61	60.08
24	M371#	3.96	12.68	16.64	76.20
25	M474#	2.78	8.78	11.56	75.95
26	M234#	8.34	5.83	14.17	41.14
27	M246#	3.42	10.52	13.94	75.47
28	M130#	2.74	8.61	11.35	75.86
29	M127#	3.36	8.09	11.45	70.66
30	M109#	3.4	10.84	14.24	76.12
31	M121#	4.09	9.86	13.95	70.68
32	M31#	3.65	7.91	11.56	68.43

表 6-7　高强度预应力抗浮锚杆验收试验数据

序号	铀杆编号	残余锚头位移/mm	最大弹性位移/mm	锚头最大位移/mm	回弹率/%
1	M978#	5.1	7.42	12.52	59.27
2	M985#	6.05	9.99	16.04	62.28
3	M990#	5.82	8.32	14.14	58.84
4	M997#	8.2	5.73	13.93	41.13
5	M1004#	5.84	8.38	14.22	58.93
6	M1010#	5.77	9.59	15.36	62.43

　　根据基本试验结果绘制抗浮锚杆荷载-位移（Q-S）曲线（图 6-10、图 6-12）、荷载-弹性位移（Q-S_e）曲线和荷载-塑性位移（Q-S_p）曲线（图 6-11、图 6-13）。抗浮锚杆随着每循环最大试验荷载的增加，锚头最大位移呈近似线性稳定增加，加载至抗拔力特征值的 1.5 倍时锚头位移稳定，在最大试验荷载下锚头位移稳定收敛，锚杆未出现破坏，表明抗浮锚杆抗拔承载

力满足 700 kN 的设计要求。在最大试验荷载下，抽检 33 根抗浮锚杆中有 29 根表现为 $S_e > S_p$，M389#、M205#、M203#和 M234#为 $S_e < S_p$；配建幼儿园 6 根抗浮锚杆中有 5 根表现为 $S_e > S_p$，M997#锚杆为 $S_e < S_p$，展现了优良的锚杆性能。

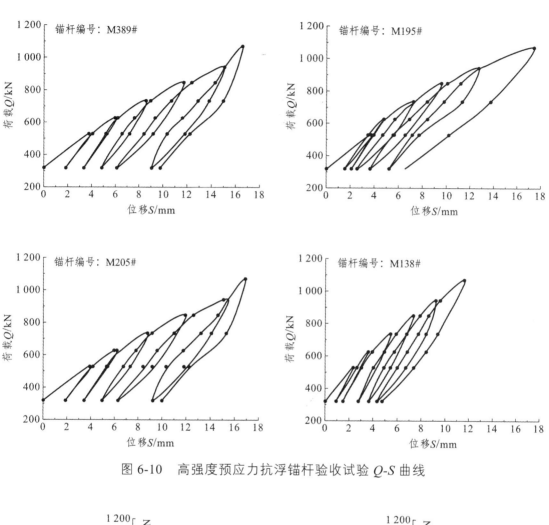

图 6-10　高强度预应力抗浮锚杆验收试验 $Q\text{-}S$ 曲线

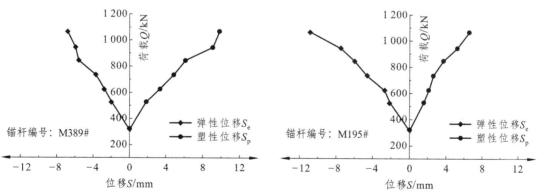

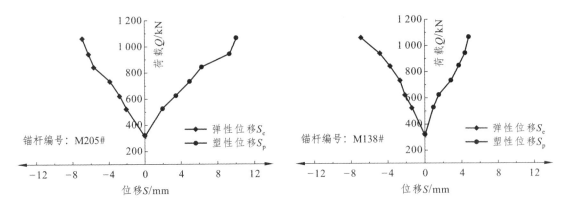

图 6-11　高强度预应力抗浮锚杆验收试验 $Q\text{-}S_e$ 和 $Q\text{-}S_p$ 曲线

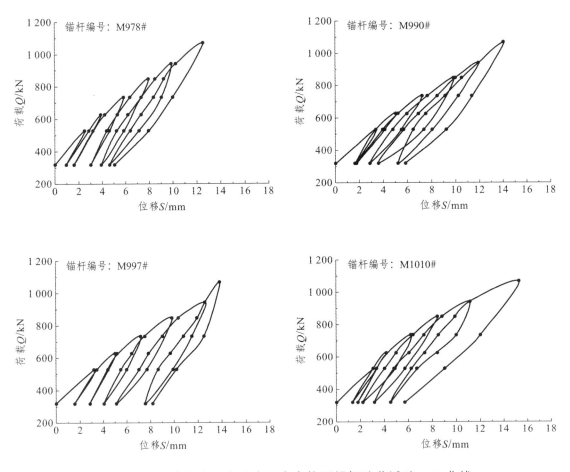

图 6-12　配建幼儿园高强度预应力抗浮锚杆验收试验 $Q\text{-}S$ 曲线

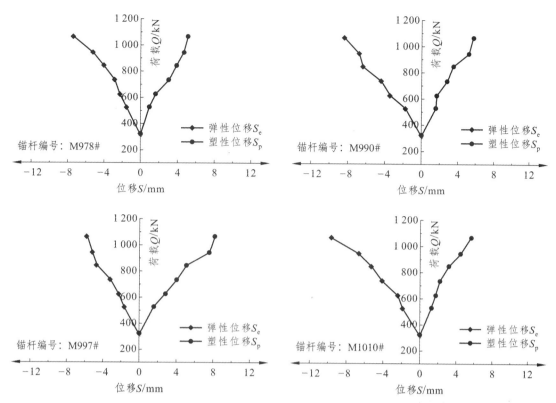

图 6-13　配建幼儿园高强度预应力抗浮锚杆验收试验 Q-S_e 和 Q-S_p 曲线

6.2　某 117 亩住宅项目抗浮锚杆工程

6.2.1　工程概况

场地占地面积 78 475.41 m² （约 117 亩），分为 1#、2#（图 6-14）、3#、4#共 4 个地块，拟建物为高层住宅（11～18 层）、多层住宅（6～7 层）、低层商业（1～2 层）及纯地下室，本次抗浮工程为 2#地块。场地属岷江水系一级阶地，北侧领河，西侧为人工湖，南侧为居住区，东侧主要为耕地。实测项目勘探点孔口高程为 692.08～696.60 m，孔口最大相对高差 4.52 m。场地属岷江水系一级阶地，原始地貌主要为绿化用地及拆迁地，部分地段存在建筑垃圾堆积，堆积时间 1～5 年。

6.2.2　工程地质条件

1. 地层结构及其分布

根据钻探、原位测试、室内土工试验结果及场地附近已有岩土工程勘察资料和区域地质资料，本次勘察深度范围内地基土按时代成因及土性特性自上而下分为 3 个工程地质层（图6-15），依次为：第四系全新统（Q_4^{ml}）人工填土层；第四系全新统冲洪积（Q_4^{al+pl}）粉质黏土、粉土层；第四系全新统冲洪积（Q_4^{al+pl}）砂卵石层。其中砂卵石层③按密实度差异，又划分出若干亚层。各土层的野外主要特征描述如下：

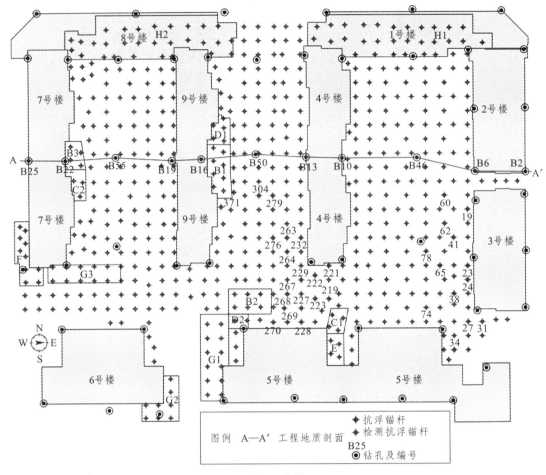

图 6-14　场地 2#地块工程平面图

（1）第四系全新统（Q_4^{ml}）人工填土层。

杂填土层：褐灰、褐黄等色，松散，稍湿，以建筑垃圾及混凝土块为主，含一定量黏性土及植物根系，局部含少量生活垃圾，结构松散。全场地大面积分布，主要为拆迁及场地平整形成，回填时间为近 1～5 年，层厚 0.5～2.5 m，层底高程 691.48～693.43 m。

（2）第四系全新统冲洪积（Q_4^{al+pl}）粉质黏土层、粉土层。

粉质黏土层：褐色，可塑，该层含氧化铁、铁锰质结核，稍有光泽，无摇震反应，中等干强度及韧性。在场地大部分地段分布，层厚 0.3～1.5 m，层底埋深 690.68～69 693.91 m。

粉土层：褐色、褐黄色，湿～很湿，中密，含氧化铁、铁锰质结核。无光泽，摇振反应中等～迅速，干强度及韧性较低。在场地大面积分布，层厚 0.3～2.2 m，层底埋深 690.02～692.87 m。

（3）第四系全新统冲洪积（Q_4^{al+pl}）砂卵石层。

砂卵石层：褐黄、褐灰、青灰色，湿～饱和，卵石母岩岩性主要为岩浆岩，磨圆度较好，以亚圆～圆为主，粒径一般在 30～300 mm，充填物主要为中砂、砾砂。该层层间局部地段夹薄层中砂。根据《成都地区建筑地基基础设计规范》（DB51/T 5026—2001）按照 N_{120} 超重型动力触探击数可将其划分为 4 个亚层，分别描述如下：

松散卵石：灰白、青灰，湿～饱和，卵石含量约 55%，粒径一般为 30～80 mm，最大约 100 mm，磨圆度较好，多呈亚圆形，岩性主要为岩浆岩，局部地段夹 10～30 cm 薄层中砂，该层以透镜体形式存在，仅在钻孔 A1 有揭露。

稍密卵石：灰白、青灰，湿～饱和，卵石含量 60% 左右，粒径一般为 30～100 mm，最大约 150 mm，圆度较好，呈亚圆～圆形，岩性主要为岩浆岩，孔隙间充填物主要为中砂及砾石，局部地段夹薄层中砂，该层层厚 0.5～3.4 m，层底埋深 688.32～691.77 m。

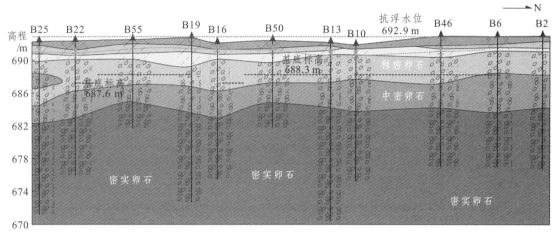

图 6-15　场地典型地质剖面图

中密卵石：灰白、青灰，饱和，卵石含量在 65% 以上，卵石粒径一般为 30～120 mm，最大大于 180 mm，磨圆度较好，呈亚圆～圆形，岩性以岩浆岩为主，卵石粒间充填物主要为中砂及圆砾，局部地段夹 10～30 cm 薄层中砂，该层层厚 1.6～6.0 m，层底埋深 684.34～690.29 m。

密实卵石：灰白、青灰，饱和，卵石含量约 75%，卵石粒径一般为 30～150 mm，最大大于 200 mm，磨圆度较好，呈亚圆～圆形，岩性以岩浆岩为主，卵石粒间充填物主要为中砂及圆砾，局部地段夹薄层中砂，该层未揭穿。

2. 水文地质条件

场地 2# 地块内存在几个小水塘，水面与地下水位基本一致。场地西侧约 50 m 人工湖泊勘察期间水位高程 694.02 m，水深 2.0～3.0 m，湖泊西北角、西南角两个入水口，直接由北侧河流补给，水位相对稳定。场地北侧河流水流自西向东，水流湍急。场地 2# 地块存在上层滞水和孔隙潜水两种类型的地下水。上层滞水赋存于地表细粒土中，主要由大气降水补给，水量易于消散，对施工影响较小。孔隙潜水赋存于砂卵石层内，含水层厚度变化较小，分布稳定，主要由大气降水和上游地下水补给，并通过地下径流排走。

6.2.3　抗浮锚杆设计

1. 抗浮锚杆设计参数

场地 2# 地块 ±0.00 标高为 693.55 m，抗浮水位为 692.90 m。场地勘察期间属于平水期，2# 地块钻孔内测得地下水水位埋深 0.8～2.6 m，高程 690.48～691.31 m，地下水位差约 0.83 m。

该区场地砂卵石层富水性和透水性均较好，属于强透水层，该场地地下水渗透系数取值可按 $k=100$ m/d 考虑。

根据前述的场地水文地质条件及场地内孔隙型潜水的埋深情况，依据成都市城乡建设委员会印发的《成都市建筑工程抗浮锚杆质量管理规程》的规定，该场地地貌属于岷江水系一级阶地，场地地下水抗浮设计水位高，地下水丰富，根据场地实际情况和地区成熟的施工经验，项目采用预应力扩大头抗浮锚杆方案进行抗浮处理，场地内土层主要包括松散卵石、稍密卵石、中密卵石和密实卵石，与锚固体黏结强度标准值（f_{rbk}）分别为 80 kPa、110 kPa、180 kPa 和 230 kPa。

2. 锚杆抗拔承载力特征值计算

以 B56 钻孔为设计依据，基底持力层 3 m 范围内以稍密卵石为主，3 m 以下以中密~密实卵石为主，因此本次方案扩大头抗浮锚杆长度范围内普通段按稍密卵石设计，扩大头段按中密卵石设计。扩大头锚杆抗拔力极限值可按下式计算：

$$T_{uk} = \pi \left[D_1 L_d f_{mg1} + D_2 L_D f_{mg2} + \frac{(D_2^2 - D_1^2) P_D}{4} \right]$$

本项目中，D_1 取 0.18 m；D_2 取 0.50 m；L_d 取实际长度减去两倍扩大头直径，为 3.1 m；L_D 取 4.0 m；f_{mg1} 取 0 kPa；f_{mg2} 取 180 kPa；P_D 按下式计算：

$$P_D = \frac{(K_0 - \xi) K_P \gamma h + 2c \sqrt{K_P}}{1 - \xi K_P}$$

本项目中，γ 取 11.0 kN/m³，h 取 4.6 m，K_0 取 0.5，K_P 取 3，c 取 0，ξ 取 $\xi=0.8K_a=0.26$。经计算 P_D 为 165.60 kPa，锚杆抗拔力极限值 T_{uk} 为 1 159.27 kN。

扩大头锚杆抗拔承载力特征值可按下式计算：

$$T_{ak} = \frac{T_{uk}}{K}$$

经计算，锚杆抗拔力特征值 T_{ak} 为 579.64 kN，考虑地区施工经验，T_{ak} 取 560 kN。

3. 扩大头长度验算

扩大头抗浮锚杆的扩大头长度应符合注浆体与杆体间的黏结强度安全要求，按下式计算：

$$L_D \geqslant \frac{K_s T_{ak}}{n \pi d \zeta f_{ms} \varphi}$$

本项目中，K_s 取 1.8；n 为 1；d 为 40 mm；本项目高强度预应力抗浮锚杆采用 1 根 PSB1080 钢筋，不存在黏结强度降低现象，取 1；f_{ms} 取 1.6 MPa；当扩大头长度为 4 m 时，φ 为 1.5。

经计算 $L_D > 3.34$ m，本工程高强度预应力抗浮锚杆的扩大头长度实际为 4.0 m，符合注浆体与杆体间的黏结强度安全要求。

4. 抗浮锚杆数量计算及布置

由于设计本项目高强度预应力抗浮锚杆抗拔承载力特征为 560 kN，首先基于地下室布置抗浮锚杆的整体抗拔力应满足整体抗浮力的要求，设计抗浮锚杆根数 n 应满足。

$$n \geqslant \frac{F_w - W}{T_{ak}}$$

式中：F_w——作用于地下室整体的浮力；

W——地下室整体抵抗浮力的建筑物总重量；而 $F_w - W$ 为整体抗浮力，即 $F_w - W =$ 抗浮力标准值 × 抗浮面积。计算可得高强度预应力抗浮锚杆理论根数为 558 根，计算锚杆间距为 3.5~5.0 m，实际布置抗浮锚杆根数为 610 根，实际锚杆间距为 3.5~3.8 m，实际布置抗浮锚杆根数大于计算抗浮锚杆根数，实际抗浮锚杆间距小于计算间距（表 6-8），满足抗浮锚杆数量要求。

表 6-8　高强度预应力抗浮锚杆数量分区域计算统计

分区	面积 A/m²	底板高 /m	$N_{w,k}$/(kN/m²)	G_k/ (kN/m²)	抗浮力/ (kN/m²)	计算数量 /根	计算间距 /m	实际数量 n/根	实际间距 L/m
A	7 252.2	688.3	46	10	36	466	3.9	474	3.8
B1	83.2	687.6	53	10	43	6	3.6	8	3.6
B2	81.3	687.6	53	10	43	6	3.6	6	3.6
B3	39	687.6	53	10	43	3	3.6	4	3.6
C1	32.5	688.3	46	10	36	2	3.9	4	3.8
C2	32.9	688.3	46	10	36	2	3.9	3	3.8
D1	37.2	687.6	53	10	43	3	3.6	5	3.6
D2	21.8	687.6	53	10	43	2	3.6	2	3.6
E	38.9	687.4	55	10	45	3	3.5	4	3.5
F	79.2	687.4	55	10	45	6	3.5	10	3.5
G1	162.3	688.3	46	10	36	10	3.9	12	3.8
G2	80.5	688.3	46	10	36	5	3.9	8	3.8
G3	94	688.3	46	10	36	6	3.9	12	3.8
H1	488.2	688.3	46	24	22	19	5	29	3.8
H2	474	688.3	46	24	22	19	5	29	3.8

注：$N_{w,k}$ 为地下水浮力标准值；G_k 为结构自重及标准组合下传到抗水板或基础上的压重。

5. 锚杆配筋

本项目高强度预应力抗浮锚杆属永久性锚杆，为了满足抗拔力特征值达到 560 kN，根据工程性质和施工工艺要求，抗浮锚杆杆体（钢筋）截面 A_s 应满足：

$$A_s \geqslant \frac{K_t T_{ak}}{f_y}$$

本项目中，K_t 取 2.0，f_y 取 900 MPa，经计算可得 A_s 为 1 244.44 mm²。因此，本项目高强度预应力抗浮锚杆拟采直径 40 mm，PSB1080 预应力螺纹钢筋作为锚杆配筋。单根 40 mm，

PSB1080 预应力螺纹钢筋面积为 1 256 mm²，单根锚杆抗拔力特征值取 560 kN 时，配置 1 根直径 40 mm，PSB1080 预应力螺纹钢筋，即可满足配筋要求。钢筋深入基础长度不小于基础厚度的一半且不小于 300 mm。PSB1080 钢筋直径大、强度高，不宜弯折，须采用锚板锚固在筏板基础混凝土内，锚板锚入基础混凝土内长度不小于 300 mm。

项目抗浮锚杆为扩大头抗浮锚杆，扩大头有效长度 4.0 m，普通锚固段有效长度 3.1 m。抗浮锚杆普通锚固段计算长度，取实际长度减去两倍扩大头直径，因此抗浮锚杆普通段长度须增加 1.0 m。同时根据施工经验抗浮锚杆应将上部不小于 0.5 m 长度作为构造段，因此，普通锚固段长度还须增加不少于 0.5 m，即本工程抗浮锚杆长度为 8.6 m，其中普通段长度为 4.6 m，扩大头段长度为 4.0 m，锚杆总长为 8.6 m（图 6-16）。

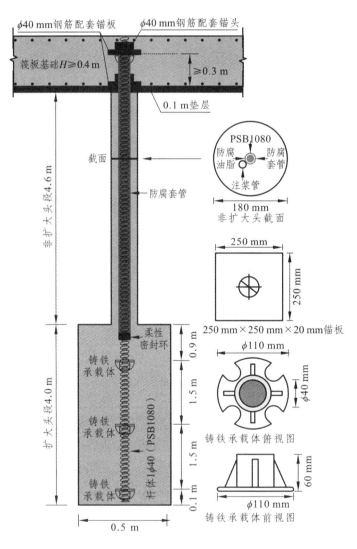

图 6-16 高强度预应力抗浮锚杆构造

6. 抗浮锚杆预加应力计算

（1）预应力筋的抗拉控制应力计算。

根据《预应力混凝土结构设计规范》（JGJ 369—2016）可知，预应力螺纹钢筋的张拉控制应力应满足

$$\sigma_{con} \leqslant 0.85 f_{pyk}$$

式中：σ_{con}——预应力筋的张拉控制应力；

f_{pyk}——预应力螺纹钢筋屈服强度标准值（MPa），取 1 080 MPa。

根据计算，

$$\sigma_{con} \leqslant 0.85 f_{pyk} = 0.85 \times 1 080 = 918（MPa）$$

若抗浮锚杆不产生裂缝，施加预应力后按二级裂缝控制等级根据公式计算可得：

$$\sigma_{ck} \leqslant \frac{N_{ak}}{A} = \frac{560 \times 1 000}{3.14 \times 250 \times 250} = 2.85（MPa）$$

$$\sigma_{ck} - \sigma_{pc} < f_{tk} = 2.01（MPa）$$

$$\sigma_{pc} - \sigma_{ck} < f_{tk} = 2.85 - 2.01 = 0.84（MPa）$$

$$P = \sigma_{pc} \times A > 0.84 \times 3.14 \times 250 \times 250 = 164.85（kN）$$

根据计算结果可知，若扩大头锚固体受到的抗拉强度须满足二级裂缝控制要求，须施加不少于 0.85 MPa 预加应力，即须提供至少 164.85 kN 的压力。

（2）预应力损失值计算。

根据《预应力混凝土结构设计规范》（JGJ 369—2016）可知，预应力螺纹钢筋在张拉过程中存在预应力损失，预应力损失包括张拉端锚具变形和预应力筋内缩（σ_{L1}），预应力筋与孔道壁之间的摩擦（σ_{L2}），预应力筋的应力松弛（σ_{L4}），混凝土的收缩和徐变（σ_{L5}），混凝土弹性压缩（σ_{L7}），根据规范规定，对预应力损失分别计算如下：

①预应力损失包括张拉端锚具变形和预应力筋内缩（σ_{L1}）。

张拉端锚具变形和预应力筋内缩造成的预应力损失（σ_{L1}）可按下列公式进行计算：

$$\sigma_{L1} = \frac{a}{L} E_p$$

式中：a——张拉端锚具变形和预应力筋内缩值，取 1 mm；

L——张拉端至锚固段之间的距离取 4 600 mm；

E_p——钢筋弹性模量取 200 000 MPa。

根据计算：$\sigma_{L1} = \dfrac{1}{4 600} \times 200 000 = 43.48（MPa）$。

②预应力筋与孔道壁之间的摩擦（σ_{L2}）。

预应力筋与孔道壁之间的摩擦造成的预应力损失（σ_{L2}）可按以下公式进行计算：

$$\sigma_{L2} = \sigma_{con}\left(1 - \frac{1}{e^{kx+\mu\theta}}\right)$$

式中：θ——张拉端至计算截面曲线孔道部分切线的夹角（rad），垂直张拉取 0；

μ——预应力筋与孔道壁之间的摩擦系数（1/rad），预埋塑料波纹管，取 0；

k——考虑孔道每米长度局部偏差的摩擦系数（1/m），预埋塑料波纹管取 0.001 5；

x——张拉端至计算截面的距离取 4.6 m；

根据计算：$\sigma_{L2} = 918 \times \left(1 - \dfrac{1}{2.72^{0.001\,5 \times 4.6}}\right) = 6.32$（MPa）。

③预应力筋的应力松弛（σ_{L4}）。

预应力筋的应力松弛造成的预应力损失（σ_{L4}）可按以下公式进行计算：

$$\sigma_{L4} = 0.03\sigma_{con}$$

根据计算：$\sigma_{L4} = 0.03 \times 918 = 27.54$（MPa）。

④混凝土的收缩和徐变（σ_{L5}）。

混凝土的收缩和徐变造成的预应力损失（σ_{L5}）可按以下公式进行计算：

$$\sigma_{L5} = \frac{55 + 300\dfrac{\sigma'_{pc}}{f'_{cu}}}{1 + 15\rho'}$$

式中：σ'_{pc}——受压区预应力筋合力点处的混凝土法向压应力（MPa），取锚板处混凝土受到法向压应力 8.96 MPa；

f'_{cu}——施加预应力时混凝土立方体抗压强度，取筏板混凝土（C15）抗压强度标准值的 75%，即 11.25 MPa；

ρ'——受压区预应力筋配筋率取 0.049 4；

根据计算：$\sigma_{L5} = \dfrac{55 + 300\dfrac{0.96}{11.25}}{1 + 15 \times 0.049\,4} = 168.83$（MPa）。

⑤混凝土弹性压缩（σ_{L7}）。

由于本设计预应力属于一次张拉完成的后张法构件，因此 $\sigma_{L7} = 0$。

根据《预应力混凝土结构设计规范》（JGJ 369—2016），各阶段预应力损失值采用后张法时为 $\sigma_{L1} + \sigma_{L2} + \sigma_{L4} + \sigma_{L5} + \sigma_{L7}$，故采用本设计预应力张拉时预应力损失值为：43.68+6.32+27.54+168.83+0=246.17（MPa）。因此预应力损失造成的后期施加预应力后锁定在锚头上的压力的损失为 246.17×1 256=309.19（kN）。保证抗浮锚杆不开裂的最小压力为 164.85 kN，因此，预应力抗浮锚杆最终锁定值不小于 309.19+164.85=474.04（kN），故预应力锚杆张拉锁定值按 560 kN 设计时可满足抗浮锚杆不产生裂缝的要求。

其次，张拉锁定预应力时混凝土立方体抗压强度不应小于基础筏板设计要求混凝土强度的 75%，锚杆张拉须等筏板基础混凝土强度达到要求后才能张拉，因此锚杆施工点位应避开柱、墙、地下预埋管件区域。

7. 设计结论

（1）锚杆间距：详见锚杆平面布置图，单根锚杆抗拔力标准值 N_k=560.00 kN。

（2）锚固体直径：普通段 d=180 mm，扩大头段 D=500 mm。

（3）锚杆杆体钢筋采用 1ϕ40 mmPSB1080 钢筋。

（4）水泥采用 P·O 42.5R 普通硅酸盐水泥，锚固体采用细石水泥结石体，强度等级为 M30。

（5）锚杆杆体配筋长度：锚固段总长度 8.6 m（含垫层），锚板锚入抗水板（或基础）不少于 0.30 m，钢筋总长度为 $L=9.0$ m；普通段长度为 4.6 m，扩大头段长度为 4.0 m，普通段包裹波纹管形成自由段。

6.2.4　锚固体整体稳定性验算

当抗浮锚杆埋深较浅而抗拔力较高时，可能会导致抗浮锚杆和土体的整个体系发生抗拔稳定性破坏，因此抗浮锚杆完成设计后需对抗浮锚杆和土体的整个体系进行整体稳定性验算，地下室整体和任一局部锚固体应满足整体稳定性要求。本项目抗浮锚杆布置较密，应进行群锚稳定性验算，群锚稳定性验算又可进一步简化为单锚稳定性验算模式，当不考虑破裂面摩阻力时，应按 1 和下式进行单锚稳定性验算：

$$K_{\mathrm{F}} = \frac{W_{\mathrm{k}} + W}{F_{\mathrm{w}}}$$

其中
$$W_{\mathrm{k}} = W_{\mathrm{k1}} + W_{\mathrm{k2}} + W_{\mathrm{k3}}$$

$$F_{\mathrm{w}} = N_{\mathrm{w,k}} \times L^2$$

一般认为抗浮锚杆稳定破坏时岩土体破裂面呈圆锥体形状，单锚抗浮力验算模型可按上半部分长方体、下半部分圆锥体的假定破裂体形状。由于锚杆长度 H 为 8.6 m，横向和纵向等间距布置，破裂角为 30°，则受破裂角影响锥形土体高度 $h_1 = (L-D_2)/2 \times \cot 30°$，未受破裂角影响土体高度 $h_2 = H - h_1$，因此 $W_{\mathrm{k1}} = \pi(L/2)^2 \times h_1/3 \times \gamma_{\mathrm{k}}$，$W_{\mathrm{k2}} = h_2 \times L^2 \times \gamma_{\mathrm{k}}$。本场地为卵石地层，土体平均浮重度标准值 $\gamma_{\mathrm{k}} = 11$ kN/m³。单根锚杆作用范围内地下室建筑物抵抗浮力的总质量 $W =$ 结构压重 × 单根锚杆作用面积 $= G_{\mathrm{k}} \times L^2$；单根锚杆作用范围内受到的浮力 $F_{\mathrm{w}} =$ 水浮力标准值 × 单根锚杆作用面积 $= N_{\mathrm{w,k}} \times L^2$。

经计算可得到本场地 2#地块各区域抗浮稳定安全系数为 1.52～1.97（表 6-9），均大于安全等级为三级时抗浮稳定安全系数 1.05，若考虑破裂面摩阻力，则实际抗浮稳定安全系数更高。因此，设计本项目高强度预应力抗浮锚杆有效长度 8.6 m 时，满足抗浮锚杆锚固体整体稳定性要求。

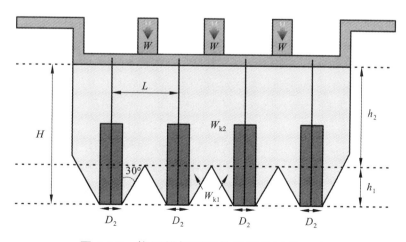

图 6-17　抗浮锚杆群锚效应稳定破坏示意

表 6-9　高强度预应力抗浮锚杆整体抗浮稳定性验

抗浮分区	h_1/m	W_{k1}/kN	h_2/m	W_{k2}/kN	W_k/kN	F_W/kN	W/kN	K_F
A	2.86	118.93	5.74	912.08	1031.01	664.24	144.4	1.77
B1	2.68	100.02	5.92	843.29	943.31	686.88	129.6	1.56
B2	2.68	100.02	5.92	843.29	943.31	686.88	129.6	1.56
B3	2.68	100.02	5.92	843.29	943.31	686.88	129.6	1.56
C1	2.86	118.93	5.74	912.08	1 031.01	664.24	144.4	1.77
C2	2.86	118.93	5.74	912.08	1 031.01	664.24	144.4	1.77
D1	2.68	100.02	5.92	843.29	943.31	686.88	129.6	1.56
D2	2.68	100.02	5.92	843.29	943.31	686.88	129.6	1.56
E	2.60	91.72	6.00	808.76	900.48	673.75	122.5	1.52
F	2.60	91.72	6.00	808.76	900.48	673.75	122.5	1.52
G1	2.86	118.93	5.74	912.08	1 031.01	664.24	144.4	1.77
G2	2.86	118.93	5.74	912.08	1 031.01	664.24	144.4	1.77
G3	2.86	118.93	5.74	912.08	1 031.01	664.24	144.4	1.77
H1	3.46	201.77	5.14	1 144.02	1 345.79	931.50	486	1.97
H2	3.46	201.77	5.14	1 144.02	1 345.79	931.50	486	1.97

6.2.5　筏板基础抗冲切验算

本项目抗浮锚杆采用锚板尺寸为 250 mm × 250 mm × 20 mm，钢筋和锚板锚入抗水板 0.30 m，因此需对抗水板在锚入混凝土中锚板作用下的受冲切须进行验算（图 6-18）。抗水板在锚入混凝土中锚板作用下受冲切承载力可根据柱下独立基础的受冲切承载力公式验算：

$$F_L \leqslant 0.7\beta_{hp}f_t a_m h_0$$

$$a_m = (a_t + a_b)/2$$

$$F_L = p_j A_L$$

由于冲切承载力截面高度影响系数，h 不大于 800 mm 时，β_{hp} 取 1.0。基础混凝土等级为 C30，f_t 取 1 430 kPa。由于存在钢筋保护层约 0.04 m，故 $h_0=0.30-0.04=0.26$（m）。a_t 即锚板边长为 0.25 m。根据图 6-18 所示，$a_b=2h_0 \times \tan45°+a_t=2 \times 0.26 \times \tan45°+0.25=0.77$（m），$a_m=(0.25+0.77)/2=0.51$（m）。

由于本项目各区域抗浮锚杆采用等间距布置，因此 $L_1=L_2=$ 抗浮锚杆间距，抗浮锚杆在 4 个方向上受冲切计算面积 A_L 相等，即图 6-18 中 $ABCD$ 面积。经计算可得到高强度预应力抗浮锚杆 $0.7\beta_{hp}f_t a_m h_0=0.7 \times 1 \times 1430 \times 0.51 \times 0.26=132.73$（kN），各分区抗浮锚杆的 A_L 和 F_L 见表 6-10，其中 E 和 F 区值最大，最大值为 131.14 kN，均满足 $F_L \leqslant 0.7\beta_{hp}f_t a_m h_0$ 要求。因此，本项目抗浮锚杆采用锚板尺寸 250 mm × 250 mm 时，PSB 钢筋加锚板锚入抗水板 0.30 m 满足抗水板抗冲切承载力要求。

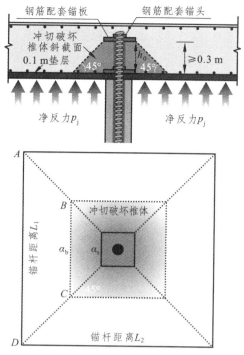

图 6-18 抗水板在锚板作用下的受冲切示意

表 6-10 独立基础抗冲切验算统计表

抗浮分区	锚杆间距/m	A_m/m	A_L/m²	p_j/kPa	F_L/kN	$0.7\beta_{hp}f_t a_m h_0$/kN	锚板尺寸/mm
A1	3.80	0.51	3.46	36.0	124.62	132.73	250×250×20
B1	3.50	0.51	2.91	43.0	125.31	132.73	250×250×20
B2	3.50	0.51	2.91	43.0	125.31	132.73	250×250×20
B3	3.50	0.51	2.91	43.0	125.31	132.73	250×250×20
C1	3.80	0.51	3.46	36.0	124.62	132.73	250×250×20
C2	3.80	0.51	3.46	36.0	124.62	132.73	250×250×20
D1	3.50	0.51	2.91	43.0	125.31	132.73	250×250×20
D2	3.50	0.51	2.91	43.0	125.31	132.73	250×250×20
E	3.50	0.51	2.91	45.0	131.14	132.73	250×250×20
F	3.50	0.51	2.91	45.0	131.14	132.73	250×250×20
G1	3.80	0.51	3.46	36.0	124.62	132.73	250×250×20
G2	3.80	0.51	3.46	36.0	124.62	132.73	250×250×20
G3	3.80	0.51	3.46	36.0	124.62	132.73	250×250×20
H1	4.50	0.51	4.91	22.0	108.11	132.73	250×250×20
H2	4.50	0.51	4.91	22.0	108.11	132.73	250×250×20

6.2.6 极限抗拔试验

为了验证项目抗浮锚杆的极限承载力及其工艺参数的合理性，按照《成都市建筑工程抗浮锚杆质量管理章程》和《建筑地基基础设计规范》（GB 50007—2011）的相关规定，采用多循环加卸载法，对该工程的 303、433 和 436 共 3 根抗浮锚杆进行抗拔基本试验。本次试验采用模拟锚杆抗拔实际工作状态的试验方法，通过经系统标定过的空心油压千斤顶进行分级加载，利用支墩承受荷载反力，支墩由数根工字钢梁组成，支墩置于支座上，支座与试验锚杆的中心距离不小于锚杆中心间距的一半且不小于 2.0 m，空心千斤顶置于支墩上，锚杆穿过空心千斤顶，空心千斤顶与锚杆同轴心，并用夹具对锚杆进行锁定。本次现场实验采用 1 根直径为 40 mm 的 PSB1080 钢筋作为抗浮锚杆杆件，其弹性模量为 2.0×10^5 N/mm^2。试验最大试验荷载（Q_{max}）为单根锚杆抗拔承载力特征值（T_{ak}）的 2 倍，即 1 120 kN，初始荷载（Q_0）为最大试验荷载的 0.1 倍（$0.1Q_{max}$），即 112 kN，采用六循环最大试验加荷等级依次为 $0.3Q_{max}$、$0.5Q_{max}$、$0.7Q_{max}$、$0.8Q_{max}$、$0.9Q_{max}$ 和 $1.0Q_{max}$，并最终卸荷至初始荷载 112 kN，每级加荷观测时间内当锚头位移增量不大于 0.1 mm 时可施加下一级荷载，每级详细加荷和观测时间见表 6-11。本工程抗浮锚杆抗拔试验由四川省禾力建设工程检测鉴定咨询有限公司完成。

表 6-11　抗浮锚杆抗拔试验加荷等级与位移观测间隔时间

循环次数	预估破坏荷载的百分数									
	每级加载量				累计加载量	每级卸载量				
第一循环	10				30					10
第二循环	10	30			50				30	10
第三循环	10	30	50		70		60	50	30	10
第四循环	10	30	50	70	80	70	70	50	30	10
第五循环	10	30	50	80	90	80	80	50	30	10
第六循环	10	30	50	90	100	90	90	50	30	10
观测时间/分钟	5	5	5	5	10	5	5	5	5	5

本项目抗浮锚杆极限抗拔试验中 303、433 和 436 号三根抗浮锚杆在 1 120 kN 最大试验荷载下累计拔出量分别为 11.21 mm、11.83 mm 和 10.72 mm，应弹性位移分别为 4.96 mm、5.36 mm 和 3.73 mm，塑性位移分别为 6.25 mm、6.47 mm 和 6.99 mm。根据基本试验结果（表 6-12）绘制抗浮锚杆荷载-位移（$Q\text{-}S$）曲线（图 6-19）、荷载-弹性位移（$Q\text{-}S_e$）曲线和荷载-塑性位移（$Q\text{-}S_p$）曲线（图 6-20），本次抗拔试验中 3 根抗浮锚杆在加载至抗拔力特征值的 2 倍时锚头位移稳定，未出现破坏，因此单根锚杆的极限承载力不小于最大试验荷载 1 120 kN。

表 6-12　高强度预应力抗浮锚杆极限抗拔试验检测结果

锚杆编号	残余锚头位移/mm	最大弹性位移/mm	锚头最大位移/mm	回弹率/%
303	6.25	4.96	11.21	44.25
433	6.47	5.36	11.83	45.31
436	6.99	3.73	10.72	34.79

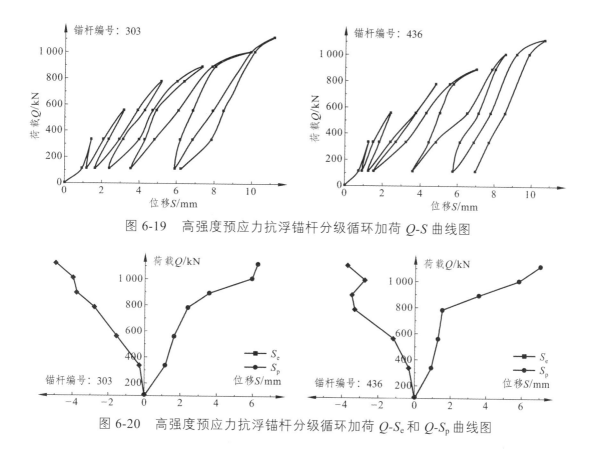

图 6-19　高强度预应力抗浮锚杆分级循环加荷 Q-S 曲线图

图 6-20　高强度预应力抗浮锚杆分级循环加荷 Q-S_e 和 Q-S_p 曲线图

6.2.7　抗浮锚杆施工

该项目施工应委托具相关资质的专业施工单位进行实施，并应结合相关规范要求，制定明确、详细的施工组织纲要以指导施工，确保施工质量和施工安全。

（1）本设计方案锚杆长度 8.6 m，其中普通锚固段长度 4.6 m，锚固体直径 180 mm；扩大头段长度 4.0 m，扩大头锚固体直径 500 mm。钢筋锚入混凝土长度不小于 300 mm，钢筋与锚板连接，由于抗水板存在一定高差，施工过程中须严格控制锚板位置。

（2）锚杆杆体钢筋为 PSB1080 钢筋，严禁在杆体上进行任何电焊工作，只能进行机械切割及机械连接。

（3）由于拟建场地为卵石地层，成孔过程易垮塌，因此须采用套管护壁。锚杆垂直、水平方向孔距误差不应大于 100 mm，钻孔角度偏差不应大于 2°。

（4）扩大头锚固段采用高压旋喷注浆工艺，喷射压力不小于 28.0 MPa，提升速度可取 10 ~ 25 cm/min，喷嘴钻速 5 ~ 15 r/min，旋喷注浆时至少上下往返喷射两遍，水灰比不大于 0.80。水泥采用 P·O 42.5R 普通硅酸盐水泥，锚固体注浆体强度不应小于 30 MPa。

（5）在高压喷射过程中出现压力骤然下降或上升时，应查明原因并应及时采取措施，恢复正常后方可继续施工。

（6）施工成孔过程中做好记录，若遇厚度超过 0.5 m 砂层时应及时反应，设计单位及时验算并调整锚杆长度。

（7）抗浮锚杆与基础连接处采用卷材或非固化橡胶沥青涂料进行防水处理，抗浮锚杆与基础连接处的防腐及防水处理措施由主体土建施工单位结合地下室土建工程完成。

6.2.8 应用效果

基于本次设计参数完成施工了 610 根抗浮锚杆，为了检测抗浮锚杆的设计和施工的效果，对本项目的 31 根抗浮锚杆开展抗拔验收试验。验收试验检测装置和检测依据与基本试验中相同，现场实验采用 1 根直径为 40 mm 的 PSB1080 钢筋作为抗浮锚杆杆件，其弹性模量为 $2.0 \times 10^5 \text{N/mm}^2$。试验采用单循环法，最大试验荷载（$Q_{max}$）为锚杆抗拔承载力的 1.5 倍，初始荷载（$Q_0$）为最大试验荷载的 10%，分级加荷值依次为最大试验荷载的 30%、50%、70%、80%、90% 和 100%，每级试验荷载后观测 10 min 后测定锚头位移，最大试验荷载后卸荷到试验荷载的 10%，并观测 10 min 测定锚头位移。

项目检测 31 根抗浮锚杆结果见表 6-13，最大试验荷载下累计拔出量为 5.25 ~ 9.97 mm，平均值为 7.91 mm；卸荷至最大试验荷载 10% 时弹性位移为 1.59 ~ 3.73 mm，平均值为 2.45 mm，塑性位移为 2.91 ~ 7.95 mm，平均值为 5.46 mm。在最大试验荷载下所有锚杆位移稳定收敛，未发生破坏，表明抗浮锚杆抗拔承载力满足 560 kN 的设计要求。根据验收试验结果绘制抗浮锚杆荷载-位移（Q-S）曲线，项目高强度预应力抗浮锚杆存在三阶段、二阶段和一阶段 3 种类型的应力-应变模式。

表 6-13　高强度预应力抗浮锚杆验收试验数据

序号	铀杆编号	残余锚头位移/mm	最大弹性位移/mm	锚头最大位移/mm	回弹率/%	变形模式
1	19	4.23	2.46	6.69	36.77	
2	38	4.91	2.47	7.38	33.47	
3	60	6.13	2.46	8.59	28.64	
4	74	6.16	2.21	8.37	26.40	
5	62	5.34	2.78	8.12	34.24	
6	78	5.35	1.62	6.97	23.24	
7	83	4.95	1.62	6.57	24.66	
8	221	5.31	1.87	7.18	26.04	
9	222	5.25	1.79	7.04	25.43	
10	226	7.2	1.59	8.79	18.09	三阶段
11	227	6.06	2.51	8.57	29.29	
12	264	5.56	2.84	8.40	33.81	
13	269	6.13	1.95	8.08	24.13	
14	270	5.01	2.67	7.68	34.77	
15	276	4.05	3.31	7.36	44.97	
16	279	5.31	3.37	8.68	38.82	
17	304	6.21	2.13	8.34	25.54	
18	371	5.19	3.23	8.42	38.36	

序号	锚杆编号	残余锚头位移/mm	最大弹性位移/mm	锚头最大位移/mm	回弹率/%	变形模式
19	23	5.3	2.18	7.48	29.14	
20	34	5.2	2.79	7.99	34.92	
21	65	3.81	3.28	7.09	46.26	
22	219	5.52	3.22	8.74	36.84	
23	223	6	2.16	8.16	26.47	二阶段
24	229	6.07	1.91	7.98	23.93	
25	232	5.73	2.65	8.38	31.62	
26	263	7.03	2.74	9.77	28.05	
27	268	5	2.98	7.98	37.34	
28	24	5.22	2.23	7.45	29.93	
29	27	2.91	2.34	5.25	44.57	一阶段
30	41	5.09	2.52	7.61	33.11	
31	267	7.95	2.02	9.97	20.26	

三阶段模式（图6-21）：此阶段可概括为压密—预应力抵消—扩大头端压三个阶段受力变形模式。由于施工过程中对土体发生了扰动，早期压密阶段，锚固体与周围土体的摩阻力使整个锚固体和周围土体发生压密，此阶段表现为在初期较小荷载作用下抗浮锚杆发生显著位移，但位移量极小。本项目高强度预应力抗浮锚杆一般在 84 kN 荷载下完成早期压密阶段，位移量小于 2 mm，少部分如 264 号锚杆则在 252 kN 荷载时完成，位移量也仅 3 mm。在早期压密阶段之后高强度预应力抗浮锚杆的预应力开始发挥作用，随荷载增加而锚杆位移明显减弱，在加荷达到 588 kN 时达到拐点，该拐点又称"端压拐点"（曾庆义等，2010），荷载小于拐点时由预应力和摩阻力发挥作用。在 588 kN 荷载拐点之后锚杆位移随增加速率明显增加，此时抗浮锚杆变形取决于扩大头端前土体的压缩性能，由于土体的压缩变形比摩阻变形大，且扩大头端前土体在施工过程中受到不同程度的扰动，进一步加剧了此阶段土体压缩变形量，因此在荷载-位移曲线上扩大头端压阶段相比于预应力抵消阶段的位移增量明显增大，即端压拐点之后的荷载-位移曲线斜率变小。其次，端压拐点可以是不明显的，如 264 和 62 号抗浮锚杆，这是受到扩大头形态影响，其扩大头上端可能更加趋于圆滑。

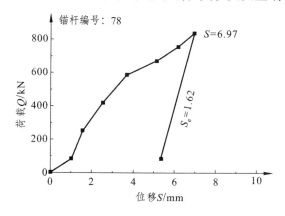

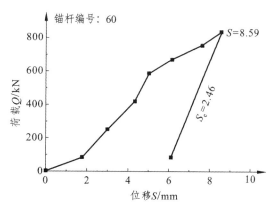

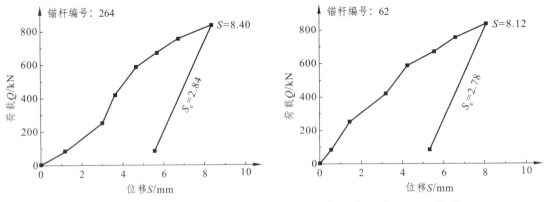

图 6-21 高强度预应力抗浮锚杆单循环加荷三阶段变形 Q-S 曲线图

二阶段模式（图 6-22）：相比三阶段模式，二阶段模式的初期压密是不存在的，或者其压密变形增量与预应力抵消阶段的变形增量是一致的，可能一定程度地反应抗浮锚杆施工阶段的注浆、灌注更加合理。该模式下的高强度预应力抗浮锚杆同样在 588 kN 荷载时达到"端压拐点"，之后进入扩大头端压阶段。

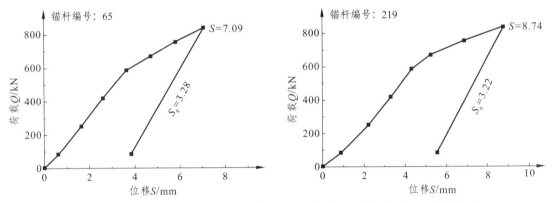

图 6-22 高强度预应力抗浮锚杆单循环加荷二阶段变形 Q-S 曲线图

一阶段模式（图 6-23）：此模式即在荷载-位移曲线上没有明显的斜率变化，在试验荷载范围内位移随荷载增加呈近似直线增加，不是正常高强度预应力抗浮锚杆的变形模式。该变形模式下的抗浮锚杆其扩大头的形态可能较小，变形模式趋于等直径抗浮锚杆。

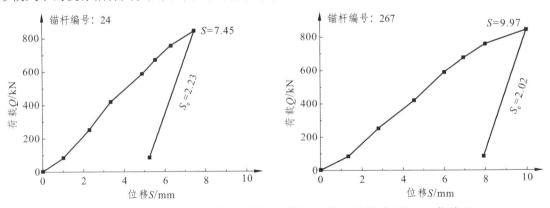

图 6-23 高强度预应力抗浮锚杆单循环加荷一阶段变形 Q-S 曲线图

虽然本次场地 2#地块抗浮工程施工的 610 根高强度预应力抗浮锚杆回弹率较低，但在最大试验荷载 840 kN 作用下最大位移均小于 10 mm（图 6-24），具有优越的力学特性。在高强度预应力抗浮锚杆三种应力-应变模式中，三阶段和二阶段模式是高强度预应力抗浮锚杆的理想应力-应变模式，一阶段模式下的 4 根高强度预应力抗浮锚杆可能受施工质量影响，未能形成正常的扩大头。

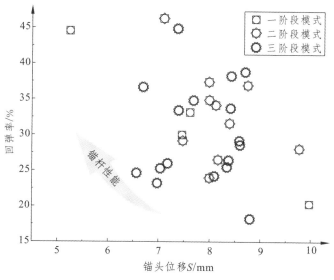

图 6-24 高强度预应力抗浮锚杆性能图解

6.3 某 71 亩住宅项目抗浮锚杆工程

6.3.1 工程概况

项目规划总用地面积约 47 788.91 m^2（约 71 亩），规划总建筑面积约 281 333.38 m^2，由 10 栋高层建筑（办公用房）、两栋多层建筑、裙楼及纯地下室等组成，设两层地下室。场地地貌单元为成都平原岷江水系一级阶地，地势较平坦，局部堆土，地势有一定起伏，周边线状道路从横交错，交通较方便。勘察范围内地面标高（以钻孔孔口标高为准）为 514.36 ~ 518.09 m，相对高差 3.73 m。

6.3.2 工程地质条件

1. 地层结构及其分布

根据地勘报告钻孔揭露深度范围内，场地地层从上至下依次为第四系全新统人工填土层（Q_4^{ml}）、第四系全新统冲积层（Q_4^{al}）（图 6-25）。地层特征分述如下：

（1）第四系全新统人工填土层（Q_4^{ml}）。

杂填土：色杂；主要由建筑垃圾、卵石、碎石混黏性土及生活垃圾等组成；欠固结，其硬杂质含量大于 30%；结构松散、湿；场地内分布连续、厚 0.6 ~ 7.6 m。

素填土：灰色；主要由黏性土混少量砖瓦块碎片等组成；其硬杂质含量大于 15%，可塑、湿；场地内大部分地段分布；厚 0.4 ~ 3.3 m。

（2）第四系全新统冲积层（Q_4^{al}）。

细砂：黄灰色；以石英、长石、云母及暗色矿物组成；分布于卵石层顶面；松、湿；场地内部分地段分布；厚 0.3 ~ 0.9 m。

中砂：黄灰色；以石英、长石、云母及暗色矿物组成；场地内局部地段以透镜体分布于卵石层中；湿 ~ 饱和、松散；厚 0.4 ~ 3.1 m。

卵石：灰黄、灰色；卵石成分系岩浆岩及变质岩类岩石组成；多呈圆形 ~ 亚圆形；一般粒径 2 ~ 10 cm，部分粒径大于 15 cm，混少量漂石。充填物主要为中砂和砾石，含量 20% ~ 45%，局部顶部混少量黏性土；卵石以弱风化为主；湿 ~ 饱和；卵石土顶板埋深 2.9 ~ 7.5 m。按卵石土层的密实程度、N_{120} 动探击数以及充填物含量等的差异，根据《成都地区建筑地基基础设计规范》可将其划分为以下 4 个亚层。

① 松散卵石：充填物含量约 45%；钻进较容易；N_{120} 平均击数为 3.3 击。

② 稍密卵石：充填物含量约 40%；钻进较容易；N_{120} 平均击数为 5.2 击。

③ 中密卵石：充填物含量约 30%；钻进较困难；N_{120} 平均击数为 8.7 击。

④ 密实卵石：充填物含量约 20%；钻进困难；N_{120} 平均击数为 13.1 击。

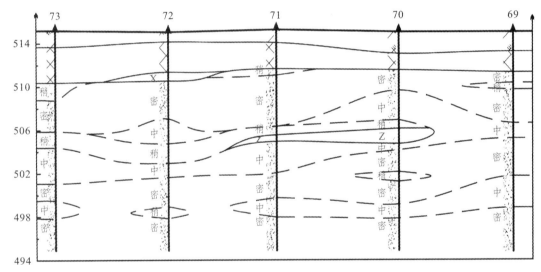

图 6-25　项目场地典型地质剖面图

2. 水文地质条件

项目场地勘察期间未见地表水体分布，地下水主要为埋藏于第四系砂卵石层中的孔隙潜水，大气降水及区域地下水为其主要补给源。砂、卵石层为主要含水层，具较强的渗透性，其渗透系数约为 25 m/d。

勘察实测孔隙潜水稳定水位埋深为 9.0 ~ 9.6 m，相应标高为 505.08 ~ 506.35 m。勘察期间为平水期末期，受区域建设工程施工降水影响，地下水水位埋藏偏大。场地丰水期正常水位埋深约 1.5 m 左右，相应标高约 514.00 m。结合周边地形和区域水文地质，本工程抗浮水位建议按 514.00 m 考虑。根据区域水文地质资料，成都地区孔隙潜水位年变化幅度为 2.0 m 左右。

场地地下水属 $HCO_3^- \text{-}Ca^{2+}$ 型水，pH 值为 7.31～7.34。根据《岩土工程勘察规范》（GB 50021—2001）（2009 年版）可知，场地地下水对混凝土结构具微腐蚀性，对钢筋混凝土结构中钢筋具微腐蚀性。

6.3.3 抗浮锚杆设计

1. 抗浮锚杆设计参数

项目基础抗浮设计采用扩大头抗浮锚杆解决，扩大头锚杆是一种埋入岩土层深处的受拉杆件，它一端与工程构筑物相连，另一端锚固在岩土层中，通过杆体与岩土间的黏结力抵抗地下水体对地下室的浮力，抗浮锚杆设计参数见表 6-14。

表 6-14 场地岩土体与锚固体黏结强度标准值

土层名称	天然重度 $\gamma/(kN/m^3)$	黏聚力 c/kPa	内摩擦角 $\phi/(°)$	土体与锚固体黏结强度标准值 f_{rbk}/kPa
中 砂	19.5	0	20	50
松散卵石	20.5	0	25	90
稍密卵石	21.0	0	30	140（260）
中密卵石	22.0	0	35	170（260）
密实卵石	23.0	260	36	200（260）

注：括号内为高压旋喷作用时的黏结强度标准值。

2. 锚杆抗拔承载力特征值计算

选取钻孔 20 进行计算锚杆抗拔承载力特征值，其中基底标高为 503.65 m，基底下地层为中密卵石，层厚 1.5 m；密实卵石，层厚 2.9 m；中密卵石，层厚 2.5 m；密实卵石，层厚 4.9 m。根据《高压喷射扩大头锚杆技术规程》（JGJ/T 282—2012）扩大头锚杆抗拔承载力极限值可按下式计算：

$$T_{uk} = \pi \left[D_1 L_d f_{mg1} + D_2 L_D f_{mg2} + \frac{(D_2^2 - D_1^2) P_D}{4} \right]$$

本项目中，D_1 取 0.18 m；D_2 取 0.50 m；L_d 取实际长度减去两倍扩大头直径，取 3.0 m；L_D 取 3.0 m；f_{mg1} 取 170 kPa；f_{mg2} 取 260 kPa；P_D 按下式计算：

$$P_D = \frac{(K_0 - \xi) K_P \gamma h + 2c\sqrt{K_P}}{1 - \xi K_P}$$

本项目中，γ 取 12.0 kN/m³，h 取 4.5 m，K_0 取 0.5，K_P 取 3，c 取 0，ξ 取 $\xi = 0.8 K_a = 0.26$。经计算 P_D 为 176.73 kPa，锚杆抗拔力极限值 T_{uk} 为 1 543.04 kN。

扩大头锚杆抗拔承载力特征值可按下式计算：

$$T_{ak} = \frac{T_{uk}}{K}$$

经计算，锚杆抗拔力特征值 T_{ak} 为 771.52 kN，考虑地区施工经验，T_{ak} 取 700 kN。

3. 扩大头长度验算

扩大头抗浮锚杆的扩大头长度应符合注浆体与杆体间的黏结强度安全要求，按下式计算：

$$L_D \geqslant \frac{K_s T_{ak}}{n\pi d \zeta f_{ms} \varphi}$$

本项目中，K_s 取 1.8；n 为 1；d 为 40 mm；本项目高强度预应力抗浮锚杆采用 1 根 PSB1080 钢筋，不存在黏结强度降低现象，取 1；f_{ms} 取 2.2 MPa；当扩大头长度为 3 m 时，φ 为 1.6。

经计算 $L_D > 2.85$ m，本工程高强度预应力抗浮锚杆的扩大头长度实际为 3.0 m，符合注浆体与杆体间的黏结强度安全要求。

4. 抗浮锚杆数量计算及布置

根据设计要求，项目 A 区抗浮力标准值为 46 kN/m²，抗浮面积 1 281.4 m²；B 区抗浮力标准值为 58 kN/m²，抗浮面积 5 744.27 m²；C 区抗浮力标准值为 64.5 kN/m²，抗浮面积 12 772.30 m²；D 区抗浮力标准值为 78 kN/m²，抗浮面积 6 178.53 m²。由于设计本项目高强度预应力抗浮锚杆抗拔承载力特征为 700 kN，首先基于地下室布置抗浮锚杆的整体抗拔力应满足整体抗浮力的要求，设计抗浮锚杆根数 n 应满足

$$n \geqslant \frac{F_w - W}{T_{ak}}$$

式中：F_w——作用于地下室整体的浮力；

W——地下室整体抵抗浮力的建筑物总重量；而 $F_w - W$ 为整体抗浮力，即 $F_w - W$=抗浮力标准值×抗浮面积。

计算可得高强度预应力抗浮锚杆理论根数为 2 429 根，计算锚杆间距为 2.99～3.90 m，实际布置抗浮锚杆根数为 2 490 根，实际锚杆间距为 2.75～3.90 m，分别为：A 区抗浮锚杆 85 根，间距 3.9 m；B 区 534 根，间距 3.0～3.6 m；C 区 1180 根，间距 3.25 m；D 区 691 根，间距 2.95 m（图 6-26）。实际布置抗浮锚杆根数大于计算抗浮锚杆根数，实际抗浮锚杆间距小于计算间距（表 6-15），满足抗浮锚杆数量要求。

5. 锚杆配筋

本项目高强度预应力抗浮锚杆属永久性锚杆，为了满足抗拔力特征值达到 700 kN，根据工程性质和施工工艺要求，抗浮锚杆杆体（钢筋）截面 A_s 应满足：

$$A_s \geqslant \frac{K_t T_{ak}}{f_y}$$

本项目中，K_t 取 1.6，f_y 取 900 MPa，经计算可得 A_s 为 1 244.44 mm²。因此，本项目抗浮锚杆拟采直径 40 mm，PSB1080 预应力螺纹钢筋作为锚杆配筋，单根 40 mm，PSB1080 预应力螺纹钢筋面积为 1 256 mm²。单根锚杆抗拔力特征值取 700 kN 时，配置 1 根直径 40 mm（图 6-27），PSB1080 预应力螺纹钢筋，即可满足配筋要求。钢筋深入抗水板长度不小于抗水板厚度的一半且不小于 300 mm。PSB1080 钢筋直径大、强度高，不宜弯折，须采用锚板锚固在抗水板混凝土内，锚板锚入抗水板混凝土内长度不小于 300 mm。

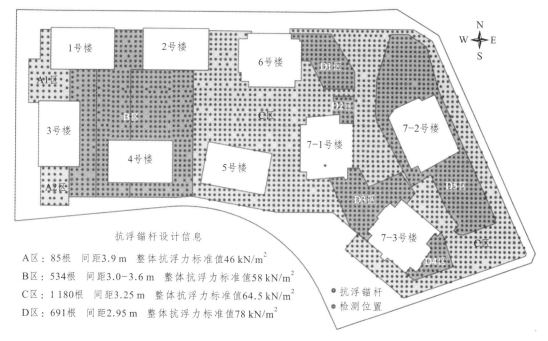

抗浮锚杆设计信息

A区：85根 间距3.9 m 整体抗浮力标准值46 kN/m²

B区：534根 间距3.0～3.6 m 整体抗浮力标准值58 kN/m²

C区：1 180根 间距3.25 m 整体抗浮力标准值64.5 kN/m²

D区：691根 间距2.95 m 整体抗浮力标准值78 kN/m²

● 抗浮锚杆
◎ 检测位置

图 6-26 项目高强度预应力抗浮锚杆布置图

表 6-15 项目高强度预应力抗浮锚杆数量分区域计算表

抗浮区域	面积/m²	整体抗浮力/kN	计算锚杆数量/根	计算锚杆间距/m	实际锚杆数量 n/根	实际锚杆间距 L/m
A 区	801.6	36 873.6	53	3.90	53	3.9
	479.8	22 070.8	32	3.90	32	3.9
B 区	5 744.27	333 167.66	476	3.47	534	3.0～3.6
C 区	12 772.3	823 813.35	1 177	3.29	1 180	3.25
	901.4	70 309.20	101	2.99	101	2.95
	217.13	16 936.14	25	2.99	25	2.95
D 区	1 259.98	98 278.44	141	2.99	141	2.95
	419.02	32 683.56	47	2.99	47	2.75
	3 381	263 718.00	377	2.99	377	2.95

图 6-27 高强度预应力抗浮锚杆配筋和锚板

本项目抗浮锚杆采用扩大头抗浮锚杆，扩大头有效长度3.0 m，普通锚固段有效长度3.0 m。抗浮锚杆普通锚固段计算长度，取实际长度减去两倍扩大头直径，因此抗浮锚杆非锚固段长度须增加1.0 m。同时根据施工经验抗浮锚杆应将上部不小于0.5 m长度作为构造段，因此，非锚固段长度还须增加不少于0.5 m，即本工程抗浮锚杆长度为7.5 m，其中普通段长度为4.5 m，扩大头段长度为3.0 m，锚杆总长为7.5 m（图6-28）。

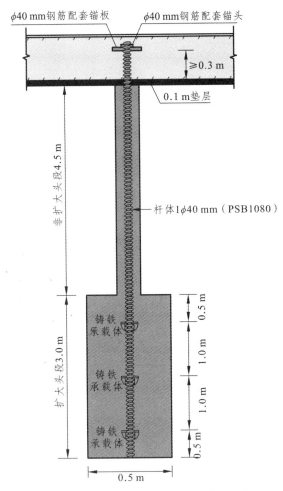

图 6-28　高强度预应力抗浮锚杆构造图

6.3.4　锚固体整体稳定性验算

当抗浮锚杆埋深较浅而抗拔力较高时，可能会导致抗浮锚杆和土体的整个体系发生抗拔稳定性破坏，因此抗浮锚杆完成设计后需对抗浮锚杆和土体的整个体系进行整体稳定性验算，地下室整体和任一局部锚固体应满足整体稳定性要求。抗浮锚杆锚固体整体稳定性验算可按下式计算：

$$K_F = \frac{W_k + W}{F_w}$$

根据设计计算文件，结构压重为44.2 kN/m²，故地下室整体抵抗浮力的建筑物总质量 W=

44.2 kN/m² × 抗浮面积。作用于地下室整体的浮力，F_w=（相应区域整体抗浮力标准值+44.2 kN/m²）× 抗浮面积。计算结果见表 6-16，$K_F > 1.05$，各区域均满足抗浮锚杆锚固体整体稳定性验收要求。

经计算可得到项目各区域抗浮稳定安全系数为 1.10~1.49（表 6-16），均大于安全等级为三级时抗浮稳定安全系数 1.05，若考虑破裂面摩阻力，则实际抗浮稳定安全系数更高。因此，本某项目各区域高强度预应力抗浮锚杆设计满足抗浮锚杆锚固体整体稳定性要求。

表 6-16　整体抗浮稳定性验算分区域计算统计表

抗浮区域	面积/m²	整体抗浮力标准值/（kN/m²）	F_w/kN	W/kN	W'/kN	K_F
A 区	801.6	46	72 304.3	35 430.7	72 144.0	1.49
	479.8	46	43 277.9	21 207.2	431 820	1.49
B 区	5 744.27	58	587 064.4	253 896.7	516 984.3	1.31
C 区	12 772.3	64.5	1 388 349.0	564 535.7	1 149 507.0	1.24
	901.4	78	110 151.1	39 841.9	81 126.0	1.10
	217.13	78	26 533.3	9 597.1	19 541.7	1.10
D 区	1 259.98	78	153 969.6	55 691.1	113 398.2	1.10
	419.02	78	51 204.2	18 520.7	37 711.8	1.10
	3 381	78	413 158.2	149 440.2	304 290.0	1.10

6.3.5　抗水板抗冲切验算

某项目 A 区高强度预应力抗浮锚杆采用锚板尺寸为 300 mm × 300 mm × 20 mm，B 区、C 区和 D 区锚板尺寸为 250 mm × 250 mm × 20 mm，钢筋和锚板锚入抗水板 0.30 m，因此需对抗水板在锚入混凝土中锚板作用下的受冲切须进行验算（图 6-29）。抗水板在锚入混凝土中锚板作用下受冲切承载力可根据柱下独立基础的受冲切承载力公式验算：

$$F_L \leqslant 0.7\beta_{hp}f_t a_m h_0$$

$$a_m = (a_t + a_b)/2$$

$$F_L = p_j A_L$$

由于冲切承载力截面高度影响系数，h 不大于 800 mm 时，β_{hp} 取 1.0。基础混凝土等级为 C30，f_t 取 1 430 kPa。h_0 取 0.30 m。a_t 即即各区域锚板边长，A 区取 0.30 m，其余区域取 0.25 m。根据图 6-29 所示，$a_b = 2h_0 \times \tan45° + a_t$，A 区为 0.90 m，其余区域为 0.85 m；a_m 则是 A 区为 0.60 m，其余区域为 0.55 m。

由于各区域抗浮锚杆采用等间距布置，因此 $L_1 = L_2 =$ 抗浮锚杆间距，抗浮锚杆在 4 个方向上受冲切计算面积 A_L 相等，即图 6-29 中 $ABCD$ 面积。经计算可得到 A 区高强度预应力抗浮锚杆 $0.7\beta_{hp}f_t a_m h_0$ 为 180.18 kN，其他区为 165.17 kN，各分区抗浮锚杆的 A_L 和 F_L 见表 6-17，均满足 $F_L \leqslant 0.7\beta_{hp}f_t a_m h_0$ 要求。因此，本项目高强度预应力抗浮锚杆采用锚板尺寸 250 mm × 250 mm 时，PSB 钢筋加锚板锚入抗水板 0.30 m 满足抗水板抗冲切承载力要求。

项目高强度预应力抗浮锚杆 A 区锚板采用锚板尺寸 300 mm×300 mm×20 mm，其余各抗浮区采用锚板尺寸 250 mm×250 mm×20 mm 时，采用 PSB 钢筋加锚板锚入抗水板 0.30 m 的方式满足抗水板抗冲切承载力要求（表 6-17）。

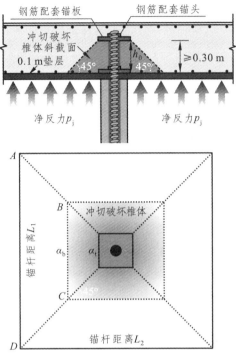

图 6-29　抗水板在锚板作用下的受冲切示意图

表 6-17　抗水板抗冲切验算统计表

区域	L/m	f_t/kPa	a_m/m	A_L/m²	p_j/kPa	F_L/kN	$0.7\beta_{hp}f_t a_m h_0$/kN	锚板尺寸/mm
A 区	3.9	1 430	0.60	3.60	46.0	165.60	180.18	300×300×20
B 区	平均 3.4	1 430	0.55	2.71	58.0	157.18	165.17	250×250×20
C 区	3.25	1 430	0.55	2.46	64.5	158.67	165.17	250×250×20
D 区	2.95	1 430	0.55	2.00	78.0	156.00	165.17	250×250×20

6.3.6　极限抗拔试验

为了验证项目抗浮锚杆的极限承载力及其工艺参数的合理性，按照《成都市建筑工程抗浮锚杆质量管理章程》和《岩土锚杆（索）技术规程》（CECS 22：2005）的相关规定，采用支座横梁反力装置和分级循环加荷法，对该工程的 JS1、JS2 和 JS3 共三根抗浮锚杆进行抗拔基本试验，根据表 6-18 的等级逐级加荷，实际加荷量（Q）为 178.5 kN、539.0 kN、710.5 kN、882.0 kN、1 051.8 kN、1 223.3 kN 和 1 412.3 kN，最大试验荷载为锚杆承载力特征值的 2 倍，每级荷载施加后达到《岩土锚杆（索）技术规程》（CECS 22：2005）规定的位移收敛标准后施加下一级荷载，直到试验满足规范规定的终止加载条件时卸荷载完成试验。

表 6-18　抗浮锚杆基本试验循环加荷等级与位移观测间隔时间

	试验循环	加载过程				卸载过程		
锚杆加荷量（%） $Q/(1.25 \times 2 \times T_{ak})$	初始荷载			10				
	第一循环	10			30			10
	第二循环	10	30		40		30	10
	第三循环	10	30	40	50	40	30	10
	第四循环	10	30	50	60	50	30	10
	第五循环	10	30	60	70	60	30	10
	第六循环	10	30	60	80	60	30	10
	观测时间/min	5	5	5	10	5	5	5

试验过程中实测各循环弹性位移（S_e）、塑性位移（S_p）、80%自由段长度理论弹性伸长量（S_1）和自由段长度与 1/2 锚固段长度之和的理论弹性伸长量（S_2）。基本试验结果显示（表6-19），本工程的 JS1、JS2 和 JS3 抗浮锚杆在最大试验荷载下累计拔出量为 15.05 mm、19.20 mm 和 18.16 mm，对应弹性位移分别为 8.28 mm、7.19 mm 和 7.85 mm，对应塑性位移分别为 6.77 mm、12.01 mm 和 10.31 mm。最大试验荷载下 80%自由段长度理论弹性伸长量和自由段长度与 1/2 锚固段长度之和的理论弹性伸长量分别为 5.89 mm 和 25.77 mm，三根抗浮锚杆均满足 $S_1 < S_e < S_2$。根据基本试验结果绘制抗浮锚杆荷载-位移（Q-S）曲线（图6-30）、荷载-弹性位移（Q-S_e）曲线和荷载-塑性位移（Q-S_p）曲线（图6-31），所测 3 根抗浮锚杆在加载至抗拔力特征值的 2 倍时锚头位移稳定，锚杆未出现破坏。因此，本项目设计高强度抗浮锚杆的极限承载力为最大试验荷载 1 412 kN。

表 6-19　高强度预应力抗浮锚杆抗拔基本试验检测结果

锚杆编号	残余锚头位移/mm	最大弹性位移/mm	锚头最大位移/mm	回弹率/%
JS1	6.77	8.28	15.05	55.02
JS2	12.01	7.19	19.20	37.45
JS3	10.31	7.85	18.16	43.23

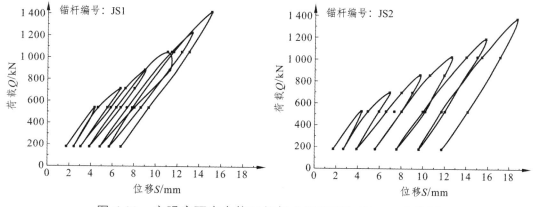

图 6-30　高强度预应力抗浮锚杆分级循环加荷 Q-S 曲线图

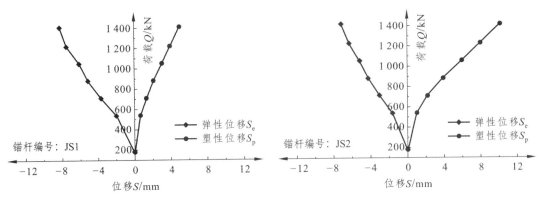

图 6-31　高强度预应力抗浮锚杆分级循环加荷 Q-S_e 和 Q-S_p 曲线图

6.3.7　应用效果

基于本次设计参数完成施工了 1 639 根抗浮锚杆（图 6-32），为了检测本次抗浮锚杆的设计和施工的效果，按施工顺序对项目 A 区、B 区、C 区和 D 区的 82 根抗浮锚杆分四批次进行抗拔验收试验。根据《高压喷射扩大头锚杆技术规程》（JGJ/T 282—2012）标准，使用单循环加荷法，采用空心千斤顶与油泵、油表、支座、横梁等组成的支座横梁反力装置（图 6-33），按 $0.50T_{ak}$、$0.75T_{ak}$、$1.00T_{ak}$、$1.20T_{ak}$、$1.35T_{ak}$ 和 $1.50T_{ak}$ 逐级加荷，最终荷载卸载至 $0.10T_{ak}$，实际施加荷载分别为 350 kN、539 kN、711.2 kN、842.8 kN、938.0 kN、1 051.4 kN 和 85.4 kN。每级荷载施加后达到《岩土锚杆（索）技术规程》（CECS 22：2005）规定的位移收敛标准后施加下一级荷载，直到试验满足规范规定的终止加载条件时卸荷载完成试验。

图 6-32　高强度预应力抗浮锚杆注浆施工及成品

图 6-33　高强度预应力抗浮锚杆抗拔承载力检测现场

现场实验采用 1 根直径为 40 mm 的 PSB1080 钢筋作为抗浮锚杆杆件，其弹性模量为 $2.0 \times 10^5 \, \text{N/mm}^2$，锚杆杆件截面积为 1 256.6 mm^2，锚杆自由段长度为 1.5 m，锚固段长度为 7.5 m，其中普通段 4.5 m，扩大头段 3.0 m。计算可得在最大试验荷载下 80%自由段长度理论弹性伸长量 S_1 为 4.61 mm，自由段长度与 1/2 锚固段长度之和的理论弹性伸长量 S_2 为 20.19 mm。

项目 A 区检测 26 根抗浮锚杆结果见表 6-20，最大试验荷载下累计拔出量为 9.63 ~ 19.59 mm，平均值为 12.97 mm；最大试验荷载下弹性位移介于 5.63 ~ 12.06 mm，平均值为 8.84 mm；最大试验荷载下塑性位移介于 1.29 ~ 7.61 mm，平均值为 4.14 mm。A 区抽检的抗浮锚杆均满足 $S_1 < S_e < S_2$。根据验收试验结果绘制 A 区抗浮锚杆荷载-位移（Q-S）曲线，随着试验荷载的增加，大部分抗浮锚杆在低试验荷载下位移增加缓慢，而在高试验荷载下位移增加显著（图 6-34），部分锚头位移呈近似线性稳定增加。当加载至最大试验荷载时锚杆未出现破坏，卸荷时锚头位移稳定收敛，表明抗浮锚杆抗拔承载力满足 700 kN 的设计要求。项目 A 区检测的 26 根抗浮锚杆在最大试验荷载下的弹性位移均大于塑性位移，展现了优良的锚杆性能。

表 6-20　项目 A 区高强度预应力抗浮锚杆验收试验数据

序号	铀杆编号	残余锚头位移/mm	最大弹性位移/mm	锚头最大位移/mm	回弹率/%
1	65	3.47	6.57	10.04	65.44
2	71	5.03	5.89	10.92	53.94
3	74	7.61	10.23	17.84	57.34
4	181	3.70	10.34	14.04	73.65
5	184	4.00	5.63	9.63	58.46
6	256	2.92	11.23	14.15	79.36
7	290	5.90	6.18	12.08	51.16
8	1812	7.53	12.06	19.59	61.56
9	1104	3.60	11.81	15.41	76.64
10	1827	4.90	11.72	16.62	70.52
11	1860	2.03	10.82	12.85	84.20
12	1749	7.56	9.26	16.82	55.05
13	1753	3.58	10.94	14.52	75.34
14	1727	1.29	10.00	11.29	88.57
15	1730	2.99	7.35	10.34	71.08
16	1734	3.89	6.04	9.93	60.83
17	1052	3.43	8.18	11.61	70.46
18	1107	5.00	8.86	13.86	63.92
19	1050	2.20	9.03	11.23	80.41
20	1658	5.19	8.77	13.96	62.82
21	1695	5.02	7.09	12.11	58.55
22	2469	3.51	7.57	11.08	68.32
23	2398	4.10	9.02	13.12	68.75
24	2400	2.87	9.35	12.22	76.51
25	2319	4.36	7.92	12.28	64.50
26	2396	1.92	7.86	9.78	80.37

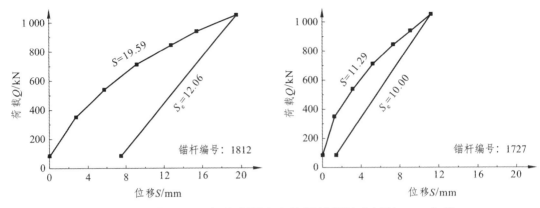

图 6-34　项目 A 区高强度预应力抗浮锚杆验收试验 Q-S 曲线

项目 D1 和 D2 区检测 16 根抗浮锚杆结果见表 6-21,最大试验荷载下累计拔出量为 9.46 ~ 18.08 mm,平均值为 14.03 mm;最大试验荷载下弹性位移介于 5.03 ~ 14.90 mm,平均值为 9.31 mm; 最大试验荷载下塑性位移介于 1.73 ~ 7.66 mm,平均值为 4.72 mm。D1 和 D2 区抽检的抗浮锚杆均满足 $S_1 < S_e < S_2$。根据验收试验结果绘制 D1 和 D2 区抗浮锚杆荷载-位移(Q-S)曲线, 随着试验荷载的增加,大部分抗浮锚杆在低试验荷载下位移增加缓慢,而在高试验荷载下位移增加显著(图 6-35),部分锚头位移呈近似线性稳定增加。当加载至最大试验荷载时锚杆未出现破坏,卸荷时锚头位移稳定收敛,表明抗浮锚杆抗拔承载力满足 700 kN 的设计要求。本项目 D1 和 D2 区检测的 16 根抗浮锚杆在最大试验荷载下的弹性位移均大于塑性位移,展现了优良的锚杆性能。

表 6-21　项目 D1 和 D2 区高强度预应力抗浮锚杆验收试验数据

序号	锚杆编号	残余锚头位移/mm	最大弹性位移/mm	锚头最大位移/mm	回弹率/%
1	902	7.66	9.25	16.91	54.70
2	904	5.97	10.56	16.53	63.88
3	951	3.17	10.17	13.34	76.24
4	895	7.14	8.89	16.03	55.46
5	908	3.81	12.68	16.49	76.90
6	933	6.33	11.75	18.08	64.99
7	930	1.73	14.90	16.63	89.60
8	980	3.80	9.13	12.93	70.61
9	2316	4.71	7.14	11.85	60.25
10	1005	2.17	11.05	13.22	83.59
11	1626	5.81	6.18	11.99	51.54
12	1198	4.91	7.23	12.14	59.56
13	1079	3.00	9.78	12.78	76.53
14	1911	5.94	6.13	12.07	50.79
15	2303	4.89	9.06	13.95	64.95
16	1645	4.43	5.03	9.46	53.17

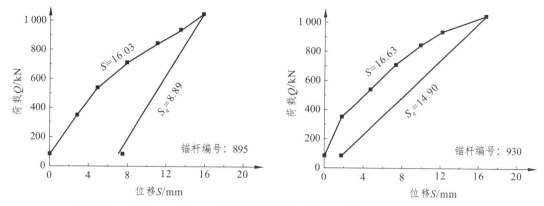

图 6-35　项目 D1 和 D2 区高强度预应力抗浮锚杆验收试验 Q-S 曲线

项目 D3 区检测 18 根抗浮锚杆结果见表 6-22，最大试验荷载下累计拔出量为 7.68 ~ 12.56 mm，平均值为 9.93 mm；最大试验荷载下弹性位移介于 5.25 ~ 9.41 mm，平均值为 6.61 mm；最大试验荷载下塑性位移介于 2.43 ~ 3.57 mm，平均值为 3.32 mm。D3 区抽检的抗浮锚杆均满足 $S_1 < S_e < S_2$。根据验收试验结果绘制 D3 区抗浮锚杆荷载-位移（Q-S）曲线，随着试验荷载的增加，抗浮锚杆在低试验荷载下位移增加缓慢，而在高试验荷载下位移增加显著（图 6-36）。当加载至最大试验荷载时锚杆未出现破坏，卸荷时锚头位移稳定收敛，表明抗浮锚杆抗拔承载力满足 700 kN 的设计要求。本项目 D3 区检测的 18 根抗浮锚杆在最大试验荷载下的弹性位移均大于塑性位移，展现了优良的锚杆性能。

表 6-22　项目 D3 区高强度预应力抗浮锚杆验收试验数据

序号	锚杆编号	残余锚头位移/mm	最大弹性位移/mm	锚头最大位移/mm	回弹率/%
1	630	3.51	6.75	10.26	65.79
2	647	3.49	6.67	10.16	65.65
3	652	3.25	6.33	9.58	66.08
4	656	3.35	6.68	10.03	66.60
5	659	3.47	6.5	9.97	65.20
6	667	2.43	5.25	7.68	68.36
7	751	3.35	6.13	9.48	64.66
8	773	3.47	6.56	10.03	65.40
9	1482	3.57	6.92	10.49	65.97
10	1963	3.19	5.58	8.77	63.63
11	1970	3.32	6.24	9.56	65.27
12	1989	3.13	6.71	9.84	68.19
13	2000	3.45	6.08	9.53	63.80
14	2017	3.42	7.04	10.46	67.30
15	2023	3.44	6.3	9.74	64.68
16	2028	3.33	7.15	10.48	68.23
17	2055	3.41	6.62	10.03	66.00
18	2279	3.15	9.41	12.56	74.92

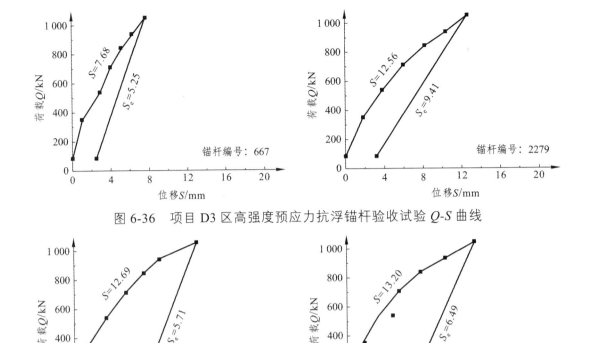

图 6-36　项目 D3 区高强度预应力抗浮锚杆验收试验 Q-S 曲线

图 6-37　项目 D4 区高强度预应力抗浮锚杆验收试验 Q-S 曲线

项目 D4 区检测 22 根抗浮锚杆结果见表 6-23，最大试验荷载下累计拔出量为 9.30 ~ 13.81 mm，平均值为 11.76 mm；最大试验荷载下弹性位移介于 5.12 ~ 10.04 mm，平均值为 6.62 mm；最大试验荷载下塑性位移介于 3.20 ~ 7.20 mm，平均值为 5.14 mm。D4 区抽检的抗浮锚杆均满足 $S_1 < S_e < S_2$。根据验收试验结果绘制 D4 区抗浮锚杆荷载-位移曲线，随着试验荷载的增加，抗浮锚杆在低试验荷载下位移增加缓慢，而在高试验荷载下位移增加显著（图 6-37）。当加载至最大试验荷载时锚杆未出现破坏，卸荷时锚头位移稳定收敛，表明抗浮锚杆抗拔承载力满足 700 kN 的设计要求。本项目 D4 区检测的 16 根抗浮锚杆在最大试验荷载下的弹性位移均大于塑性位移，展现了优良的锚杆性能。

表 6-23　项目 D4 区高强度预应力抗浮锚杆验收试验数据

序号	铀杆编号	残余锚头位移/mm	最大弹性位移/mm	锚头最大位移/mm	回弹率/%
1	2245	6.98	5.71	12.69	45.00
2	2273	4.04	7.57	11.61	65.20
3	1492	4.42	7.62	12.04	63.29
4	1471	5.92	5.58	11.5	48.52
5	2204	5.09	6.09	11.18	54.47
6	2173	5.09	5.37	10.46	51.34

序号	铀杆编号	残余锚头位移/mm	最大弹性位移/mm	锚头最大位移/mm	回弹率/%
7	1486	4.09	6.01	10.1	59.50
8	1424	5.4	5.63	11.03	51.04
9	2154	4.22	6.52	10.74	60.71
10	2104	4.36	5.7	10.06	56.66
11	2128	5.21	5.18	10.39	49.86
12	2138	4.18	5.12	9.3	55.05
13	1437	5.14	7.83	12.97	60.37
14	1316	3.2	10.04	13.24	75.83
15	1337	6.27	6.04	12.31	49.07
16	1362	4.22	6.61	10.83	61.03
17	1395	7.2	6.61	13.81	47.86
18	1328	6.71	6.49	13.2	49.17
19	1301	6.01	6.93	12.94	53.55
20	1259	6.15	6.92	13.07	52.95
21	2072	3.42	8.67	12.09	71.71
22	1277	5.86	7.35	13.21	55.64

6.4 某72亩住宅项目抗浮锚杆工程

6.4.1 工程概况

项目场地较为开阔，交通便利，地貌单元属岷江水系一级阶地，规划总用地面积约 48 336.14 m²（约 72 亩），规划总建筑面积约 183 507.45 m²，由 10 栋高层建筑（办公用房）、6 栋多层建筑、裙楼及纯地下室等组成，设一、二层地下室。现场测得各勘探孔口相对高程介于 555.64 ~ 561.20 m，高差 5.56 m，场地平均相对高程为 558.45 m。

6.4.2 工程地质条件

1. 地层结构及其分布

场地地层从上至下依次为第四系全新统人工堆填（Q_4^{ml}）杂填土、素填土、第四系全新统冲积（Q_4^{al}）的粉质黏土、细砂和第四系全新统冲洪积（Q_4^{al+pl}）中砂及卵石层（图 6-38），地层特征分述如下：

杂填土（Q_4^{ml}）：杂色，松散，湿，以回填的建筑垃圾为主，含混凝土（原拆 1 除建筑物范围内或存在未挖除基础）、植物根系等，为新近回填欠固结土。该层在场地内广泛分布，层厚 0.50 ~ 5.20 m。

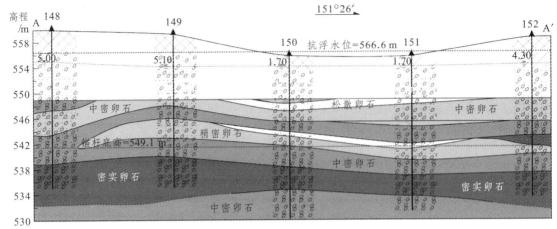

图 6-38　项目场地典型地质剖面图

素填土（Q_4^{ml}）：杂色，松散，湿，主要由粉质黏土、砂土组成，含少量卵石、植物根系等，为新近回填欠固结土。该层在场地内广泛分布，层厚 0.50 ~ 4.20 m。

粉质黏土（Q_4^{al}）：黄褐色 ~ 青灰色，稍湿，主要由黏粒和粉粒组成，含少量铁锰质结核及钙质结核，局部地段富集铁锰质结核；无摇震反应，稍有光泽，干强度中等，韧性中等。该层在场地内普遍分布，层厚 1.00 ~ 4.40 m。

细砂（Q_4^{al}）：灰黑色 ~ 灰黄色，松散，矿物成分以石英、长石为主，夹少量云母片，砂质均匀，砂质不纯，多夹粉土薄层，局部为互层状，分选性好，颗粒均匀。

中砂（Q_4^{al+pl}）：灰黑色、灰黄色，饱和，稍密，矿物成分以石英、长石为主，夹少量云母片。该层呈透镜体夹于卵石层中，层厚 0.60 ~ 1.40 m。

卵石（Q_4^{al+pl}）：灰色 ~ 青灰色，湿 ~ 饱和，松散 ~ 密实。卵石成分主要由岩浆岩等组成，呈亚圆形，局部磨圆度稍差，棱角较明显，一般粒径 20 ~ 80 mm，最大达 200 mm，强 ~ 中风化，个别微风化。卵石层充填物主要为中细砂与粉质黏土，含泥量较重（尤其卵石层与上部土层交界处含泥质较重）。部分地段卵石层中分布有中砂软弱夹层。本次勘察未揭穿该层。

根据 N_{120} 击数和卵石含量，卵石层按密实度分为 4 个亚层：

（1）松散卵石：主要分布于卵石层上部，卵石含量 50% ~ 55%，排列十分混乱，绝大部份不接触，N_{120} 锤击数 2 ~ 4 击，层厚 0.50 ~ 1.60 m。

（2）稍密卵石：主要分布于卵石层上部及中部，卵石含量 55% ~ 60%，N_{120} 锤击数 4 ~ 7击，层厚 0.80 ~ 4.20 m。

（3）中密卵石：主要分布于卵石层下部及中部，卵石含量 60% ~ 70%，N_{120} 锤击数 7 ~ 10击，层厚 0.60 ~ 3.20 m。

（4）密实卵石：主要分布卵石层下部，卵石含量大于 70%，N_{120} 锤击数大于 10 击，层厚0.80 ~ 3.70 m。

2. 水文地质条件

勘察期间场地范围及周围未见地表水体分布，地下水主要为赋存于第四系冲洪积卵石层中的孔隙潜水及少量填土中的上层滞水，受大气降水及地下径流补给，并通过地下径流、蒸发等方式排泄。砂、卵石层为主要含水层，具较强的渗透性，其渗透系数约为 20 m/d。

场地丰、枯水期地下水水位年变化幅度为 1.00～2.50 m，勘察期间正值平水期，测得场地静止水位在 1.50～5.70 m，相应高程 553.5～555.5 m。根据本区域临近场地未受降水影响的水位标高，场地丰水期最高水位可按 556.5 m 考虑；根据地区经验并结合《成都市建筑工程抗浮锚杆质量管理规程》相关规定，场地地下水抗浮水位建议按 556.60 m 采用。其次，地下水对混凝土结构、混凝土结构中的钢筋具微腐蚀性。

6.4.3 抗浮锚杆设计

1. 抗浮锚杆设计参数

场地±0.000 m 相当于绝对标高 557.90 m，根据地勘报告设计抗浮水位 556.60 m，抗水板厚 400 mm。由于两层地下室部分纯地下室区域基础埋深较大（抗水板底标高为-8.80 m），根据结构设计单位计算，抗水板满足局部抗裂要求，地下室抗浮按整体抗浮考虑，抗浮锚杆设置在抗水板区域，二层地下室抗浮力标准值为 45 kN/m²，抗浮面积 7 654 m²。

项目基础抗浮设计采用高强度预应力抗浮锚杆解决，扩大头锚杆是一种埋入岩土层深处的受拉杆件，它一端与工程构筑物相连，另一端锚固在岩土层中，通过杆体与岩土间的黏结力抵抗地下水体对地下室的浮力，抗浮锚杆设计参数见表 6-24。

表 6-24　岩土体与锚固体黏结强度标准值

土层名称	天然重度 γ/（kN/m³）	黏聚力 c/kPa	内摩擦角 ϕ/（°）	土体与锚固体黏结强度标准值 f_{rbk}/kPa
中　砂	19.5	0	20	55
松散卵石	20.5	0	28	110（240）
稍密卵石	21	0	32	150（240）
中密卵石	22	0	38	190（240）
密实卵石	23	0	42	230（240）

注：括号内为高压旋喷作用时的黏结强度标准值。

2. 锚杆抗拔承载力特征值计算

选取钻孔 171 进行计算锚杆抗拔承载力特征值，其中基底标高为 549.10 m，基底下地层为稍密卵石，层厚 1.8 m；中密卵石，层厚 1.6 m；稍密卵石，层厚 4.1 m。根据《高压喷射扩大头锚杆技术规程》（JGJ/T 282—2012）扩大头锚杆抗拔承载力极限值可按下式计算：

$$T_{uk} = \pi \left[D_1 L_d f_{mg1} + D_2 L_D f_{mg2} + \frac{(D_2^2 - D_1^2) P_D}{4} \right]$$

本项目中，D_1 取 0.18 m；D_2 取 0.50 m；L_d 取实际长度减去两倍扩大头直径和扰动长度，为 0.5 m；L_D 取 3.0 m；f_{mg1} 取不同类型卵石层的平均值 170 kPa；扩大头采用高压旋喷注浆作用时，f_{mg2} 取 240 kPa；P_D 按下式计算：

$$P_D = \frac{(K_0 - \xi)K_P \gamma h + 2c\sqrt{K_P}}{1 - \xi K_P}$$

本项目中，γ 取 12.0 kN/m³，h 取 4.5 m，K_0 取 0.5，K_P 取 3，c 取 0，ξ 取 $\xi = 0.8K_a = 0.26$。经计算 P_D 为 176.73 kPa，锚杆抗拔力极限值 T_{uk} 为 1 543.04 kN。

扩大头锚杆抗拔承载力特征值可按下式计算：

$$T_{ak} = \frac{T_{uk}}{K}$$

经计算，锚杆抗拔力特征值 T_{ak} 为 771.52 kN，考虑地区施工经验，T_{ak} 取 700 kN。

3. 扩大头长度验算

扩大头抗浮锚杆的扩大头长度应符合注浆体与杆体间的黏结强度安全要求，按下式计算：

$$L_D \geqslant \frac{K_s T_{ak}}{n \pi d \zeta f_{ms} \varphi}$$

本项目中，K_s 取 1.8；n 为 1；d 为 40 mm；本项目高强度预应力抗浮锚杆采用 1 根 PSB1080 钢筋，不存在黏结强度降低现象，取 1；f_{ms} 取 2.2 MPa；当扩大头长度为 3 m 时，φ 为 1.6。

经计算 $L_D \geqslant 2.85$ m，本工程高强度预应力抗浮锚杆的扩大头长度实际为 3.0 m，符合注浆体与杆体间的黏结强度安全要求。

4. 抗浮锚杆数量计算及布置

根据设计要求，本项目二层地下室抗浮力标准值为 45 kN/m²，抗浮面积 7 654 m²，需要整体抗浮力为 344 430 kN。由于设计高强度预应力抗浮锚杆抗拔承载力特征为 700 kN，基于地下室布置抗浮锚杆的整体抗拔力应满足整体抗浮力的要求，设计抗浮锚杆根数 n 应满足：

$$n \geqslant \frac{F_w - W}{T_{ak}}$$

式中：F_w——作用于地下室整体的浮力；

W——地下室整体抵抗浮力的建筑物总重量；而 $F_w - W$ 为整体抗浮力，即 $F_w - W =$ 抗浮力标准值×抗浮面积。计算可得高强度预应力抗浮锚杆理论根数为 493 根，计算锚杆间距为 3.94 m，实际布置抗浮锚杆根数为 500 根（图 6-39），实际锚杆间距为 3.8 m，实际布置抗浮锚杆根数大于计算抗浮锚杆根数，实际抗浮锚杆间距小于计算间距，满足抗浮锚杆数量要求。

5. 锚杆配筋

本项目高强度预应力抗浮锚杆属永久性锚杆，为了满足抗拔力特征值达到 700 kN，根据工程性质和施工工艺要求，抗浮锚杆杆体（钢筋）截面 A_s 应满足：

$$A_s \geqslant \frac{K_t T_{ak}}{f_y}$$

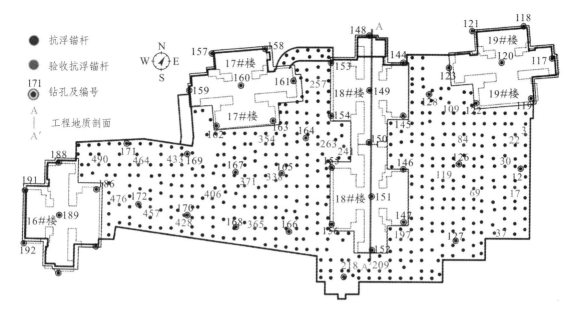

图 6-39　高强度预应力抗浮锚杆布置图

本项目中，K_t 取 1.6，f_y 取 900 MPa，经计算可得 A_s 为 1 244.44 mm²。因此，本项目抗浮锚杆拟采直径 40 mm，PSB1080 预应力螺纹钢筋作为锚杆配筋。单根 40 mm，PSB1080 预应力螺纹钢筋面积为 1 256 mm²。单根锚杆抗拔力特征值取 700 kN 时，配置 1 根直径 40 mm，PSB1080 预应力螺纹钢筋，即可满足配筋要求。钢筋深入抗水板长度不小于抗水板厚度的一半且不小于 300 mm。PSB1080 钢筋直径大、强度高，不宜弯折，须采用锚板锚固在抗水板基础混凝土内，锚板锚入基础混凝土内长度不小于 300 mm，锚板尺寸 300 mm × 300 mm，锚板在抗水板中的抗冲切须主体设计单位进行复核。

项目抗浮锚杆采用扩大头抗浮锚杆，扩大头有效长度 3.0 m，普通锚固段有效长度 3.0 m。抗浮锚杆普通锚固段计算长度，取实际长度减去两倍扩大头直径，因此抗浮锚杆非锚固段长度须增加 1.0 m。同时根据施工经验抗浮锚杆应将上部不小于 0.5 m 长度作为构造段，因此，非锚固段长度还须增加不少于 0.5 m，即本工程抗浮锚杆长度为 7.5 m，其中普通段长度为 4.5 m，扩大头段长度为 3.0 m，锚杆总长为 7.5 m（图 6-40）。

6.4.4　锚固体整体稳定性验算

当抗浮锚杆埋深较浅而抗拔力较高时，可能会导致抗浮锚杆和土体的整个体系发生抗拔稳定性破坏，因此抗浮锚杆完成设计后需对抗浮锚杆和土体的整个体系进行整体稳定性验算，地下室整体和任一局部锚固体应满足整体稳定性要求。抗浮锚杆锚固体整体稳定性验算可按下式计算：

$$K_F = \frac{W_k + W}{F_w}$$

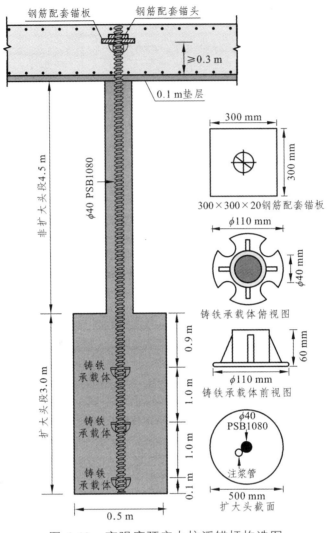

图 6-40　高强度预应力抗浮锚杆构造图

本场地为卵石地层，土体有效重度为 12 kN/m³，锚杆长度为 7.5 m，抗浮面积为 7 654 m²，即 W_k=12 kN/m³ × 7.5 m × 7 654 m²=688 860 kN。地下室整体抵抗浮力的建筑物总重量 W=结构压重×抗浮面积，根据设计计算文件可知结构压重为 49.2 kN/m²，即 W=49.2 kN/m² × 7 654 m²=376 576.8 kN。作用于地下室整体的水浮力 F_w=水的密度×重力常数×水位高差×抗浮面积，即 F_w=1 000 kg/m³ × 10 N/kg ×（556.60 m-549.10 m）× 7 654 m²=574 050 kN。经计算可知抗浮稳定安全系数 K_F=（688 860 kN+376 576.8 kN）/574 050 kN=1.86≥1.05。因此，本项目抗浮锚杆设计满足抗浮锚杆锚固体整体稳定性要求。

6.4.5　抗水板抗冲切验算

本项目高强度预应力抗浮锚杆采用锚板尺寸为 300 mm × 300 mm × 20 mm，钢筋和锚板锚入抗水板 0.30 m，因此需对抗水板在锚入混凝土中锚板作用下的受冲切须进行验算（图 6-41）。抗水板在锚入混凝土中锚板作用下受冲切承载力可根据柱下独立基础的受冲切承载力公式验算：

$$F_L \leqslant 0.7\beta_{hp}f_t a_m h_0$$

$$a_m = (a_t + a_b)/2$$

$$F_L = p_j A_L$$

由于冲切承载力截面高度影响系数，h 不大于 800 mm 时，β_{hp} 取 1.0。基础混凝土等级为 C30，f_t 取 1 430 kPa。由于存在钢筋保护层约 0.04 m，故 h_0=0.45-0.04=0.26 m。a_t 即锚板边长为 0.30 m。根据图 6-41 所示，a_b=2h_0×tan45°+a_t=2×0.26×tan45°+0.30=0.82 m，a_m=（0.30+0.82）/2=0.56 m。p_j 取地下室抗浮力标准值 45 kN/m²；A_L 取图 6-41 中 $ABCD$ 面积为 3.05 m²。

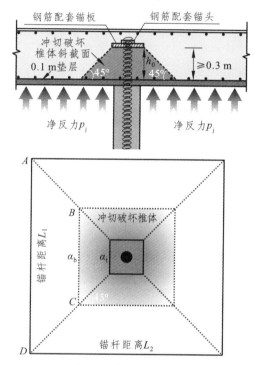

图 6-41　抗水板在锚板作用下的受冲切示意图

经计算可得 $0.7\beta_{hp}f_t a_m h_0$=0.7×1×1 430×0.56×0.26=145.75 kN，F_L=$p_j A_L$=45×3.05=137.25 kN；满足 $F_L \leqslant 0.7\beta_{hp}f_t a_m h_0$ 要求。因此，本项目抗浮锚杆采用锚板尺寸 300 mm×300 mm 时，PSB 钢筋加锚板锚入抗水板 0.30 m 满足抗水板抗冲切承载力要求。

6.4.6　极限抗拔试验

为了验证本项目抗浮锚杆的极限承载力及其工艺参数的合理性，按照《成都市建筑工程抗浮锚杆质量管理章程》和《岩土锚杆（索）技术规程》（CECS 22：2005）的相关规定，使用多循环加卸载法,对该工程的 3 根抗浮锚杆进行抗拔基本试验。现场试验采用 1ϕ40PSB1080 钢筋作为抗浮锚杆杆件，锚杆杆件截面积为 1 256.6 mm²，锚杆自由段长度为 1.4 m，锚固段长度为 7.5 m，其中普通段 4.5 m，扩大头段 3.0 m，单根锚杆轴向拉力设计特征值为 700 kN。最大试验荷载（Q_{max}）为单根锚杆抗拔承载力特征值（T_{ak}）的 2 倍，实际最大试验荷载为 1 407.8 kN，初始荷载（Q_0）为最大试验荷载的 10%，每级加荷等级观测时间内测读锚头位移不少于三次，锚头位移增量不大于 0.1 mm 时施加下一级荷载，否则延长观测时间直至锚头位移增量在 2 h 内小于 2.0 mm 时再施加下一级荷载。

极限抗拔试验中三根抗浮锚杆在最大试验荷载下累计拔出量为 10.63 mm、11.83 mm 和 9.59 mm，对应弹性位移分别为 6.79 mm、7.62 mm 和 6.15 mm，对应塑性位移分别为 4.38 mm、4.21 mm 和 3.44 mm。根据基本试验结果（表 6-25）绘制抗浮锚杆荷载-位移（Q-S）曲线（图 6-42）、荷载-弹性位移（Q-S_e）曲线和荷载-塑性位移（Q-S_p）曲线（图 6-43），本工程的 3 根抗浮锚杆加载至抗拔力特征值的 2 倍时锚头位移稳定，最后一级荷载作用下锚头位移稳定收敛，锚杆未出现破坏。因此，本项目设计抗浮锚杆的极限承载力为最大试验荷载 1 407.8 kN。

表 6-25 高强度预应力抗浮锚杆基本试验检测结果

锚杆编号	残余锚头位移/mm	最大弹性位移/mm	锚头最大位移/mm	回弹率/%
1#	4.38	6.79	10.63	63.88
2#	4.21	7.62	11.83	64.41
3#	3.44	6.15	9.59	64.13

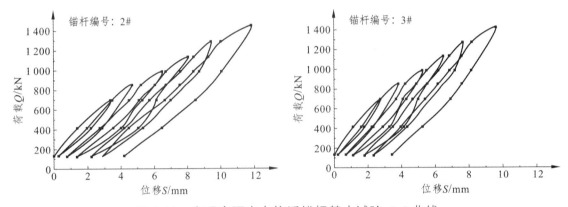

图 6-42 高强度预应力抗浮锚杆基本试验 Q-S 曲线

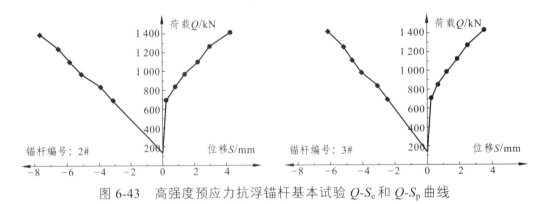

图 6-43 高强度预应力抗浮锚杆基本试验 Q-S_e 和 Q-S_p 曲线

6.4.7 施工要求与建议

该项目施工应委托具相关资质的专业施工单位进行实施，并应结合相关规范要求，制定明确、详细的施工组织纲要以指导施工，确保施工质量和施工安全。

（1）本设计方案锚杆长度 7.5 m，其中普通锚固段长度 4.5 m，锚固体直径 180 mm；扩大头段长度 3.0 m，扩大头锚固体直径 500 mm。钢筋锚入混凝土长度不小于 300 mm，钢筋与锚板连接，由于抗水板存在一定高差，施工过程中须严格控制锚板位置。

（2）锚杆杆体钢筋为 PSB1080 钢筋，严禁在杆体上进行任何电焊工作，只能进行机械切割及机械连接。

（3）由于拟建场地为卵石地层，成孔过程易垮塌，因此须采用套管护壁。锚杆垂直、水平方向孔距误差不应大于 100 mm，钻孔角度偏差不应大于 2°。

（4）扩大头锚固段采用高压旋喷注浆工艺，喷射压力不小于 25 MPa，提升速度可取 10 ~ 25 cm/min，喷嘴钻速 5 ~ 15 r/min，旋喷注浆时至少上下往返喷射两遍，水灰比可取 0.40 ~ 0.60。水泥采用 P·O 42.5R 普通硅酸盐水泥，锚固体注浆体强度不应小于 30 MPa。

（5）在高压喷射过程中出现压力骤然下降或上升时，应查明原因并应及时采取措施，恢复正常后方可继续施工。

（6）施工成孔过程中做好记录，若遇厚度超过 0.5 m 砂层时应及时反应，设计单位及时验算并调整锚杆长度。

（7）抗浮锚杆与基础连接处的防水处理措施由主体土建施工单位结合地下室土建工程完成。

6.4.8　应用效果

基于本次设计参数完成施工了 510 根抗浮锚杆（图 6-44），为了检测本次抗浮锚杆的设计和施工的效果，对项目的 26 根抗浮锚杆进行抗拔验收试验（图 6-45）。

图 6-44　高强度预应力抗浮锚杆成品

图 6-45　高强度预应力抗浮锚杆抗拔承载力检测

根据标准《锚杆检测与监测技术规程》（JGJ/T 401—2017）、《高压喷射扩大头锚杆技术规程》（JGJ/T 282—2012）和《成都市建筑工程抗浮锚杆质量管理规程》，使用多循环加卸载法，采用设备包括液压千斤顶、油泵、油表和百分表，最大试验荷载（Q_{max}）为单根锚杆轴向拉力特征值（T_{ak}）的1.5倍，初始荷载（Q_0）为最大试验荷载的0.3倍，采用六循环试验加荷等级依次为0.3Q_{max}、0.5Q_{max}、0.6Q_{max}、0.7Q_{max}、0.8Q_{max}、0.9Q_{max}和1.0Q_{max}，实际加荷量分别为318.7 kN、526.7 kN、624.6 kN、734.7 kN、844.9 kN、942.8 kN和1 065.1 kN，并最终卸荷至初始荷载318.7 kN。每循环非最大荷载作用下，荷载施加和卸载完成后维持1 min测定锚头位移。每循环最大荷载作用下，荷载施加完成后每间隔5 min测定一次锚头位移（表6-26），当后一次测量的位移增量小于前一次测量的位移增量时即锚头位移达到相对收敛标准，随后开始卸荷。

表6-26　抗浮锚杆验收试验加荷等级与位移观测间隔时间

循环次数	试验何载值与最大试验荷载值的比例/%									
	初始荷载	加载过程						卸载过程		
第一循环	30					50				30
第二循环	30	50				60				30
第三循环	30	50			60	70			50	30
第四循环	30	50		60	70	80			50	30
第五循环	30	50	60	70	80	90		70	50	30
第六循环	30	50	60	70	80	90	100	70	50	30
观测时间/min	1	1	1	1	1	1	≥10	1	1	1

现场实验采用1根直径为40 mm的PSB1080钢筋作为抗浮锚杆杆件，其弹性模量为 2.0×10^5 N/mm²，锚杆杆件截面积为1256.6 mm²，锚杆自由段长度为1.4 m，锚固段长度为9.4 m，其中普通段5.4 m，扩大头段4.0 m。计算可得在539.9 kN、650.5 kN、761.0 kN、859.3 kN、969.9 kN和1 092.7 kN试验荷载下，抗浮锚杆80%自由段长度理论弹性伸长量 S_1 分别为为0.66 mm、0.97 mm、1.32 mm、1.67 mm、1.99 mm和2.38 mm，抗浮锚杆自由段长度与1/2锚固段长度之和的理论弹性伸长量 S_2 分别为5.30 mm、7.79 mm、10.59 mm、13.40 mm、15.89 mm和19.01 mm，自由段实际计算长度为1.0 m。

本项目抗浮锚杆验收试验中抽检的26根抗浮锚杆在最大试验荷载下锚头位移稳定并达到收敛标准，锚杆未出现破坏，验收试验中抗浮锚杆的最大位移、最大试验荷载下的弹性位移和塑性位移见表6-27，并根据试验结果绘制抗浮锚杆多循环加卸载法荷载-位移（Q-S）曲线（图6-46）、荷载-弹性位移（Q-S_e）曲线和荷载-塑性位移（Q-S_p）曲线（图6-47）。随着每循环最大试验荷载的增加，塑性位移常在前3个循环内缓慢增加而在后3个循环呈快速增加的趋势，弹性位移则在整个6个循环内呈线性增加，部分抗浮锚杆的塑性位移在6个循环内也呈线性增加。在第一循环最大试验荷载作用下，抗浮锚杆塑性位移常大于弹性位移，表现为以塑性变形为主。在最后一循环最大试验荷载下，本次验收试验中抽检的26根抗浮锚杆累计拔出量为8.23～15.32 mm，平均值为10.98 mm；抗浮锚杆弹性位移介于4.56～9.12 mm，平均值为 6.28 mm；塑性位移介于 3.08~6.96 mm，平均值为 4.70 mm，其中 21 根抗浮锚杆的弹性位移大于塑性位移，如 4#、371#和 263#等，而 76#、197#、84#、30#和 3#抗浮锚杆塑性位移略大于弹性位移，总体呈现出以弹性变形为主。本次所有抽检抗浮锚杆在每循环最大试验荷载下均满足 $S_1 < S_e < S_2$，表明抗浮锚杆抗拔承载力满足 700 kN 的设计要求。

表 6-27　高强度预应力抗浮锚杆验收试验数据

序号	铟杆编号	残余锚头位移/mm	最大弹性位移/mm	锚头最大位移/mm	回弹率/%
1	490#	4.75	5.8	10.55	54.98
2	476#	5.53	5.19	10.72	48.41
3	464#	4.47	6.48	10.95	59.18
4	457#	6.96	8.36	15.32	54.57
5	433#	5.05	7.19	12.24	58.74
6	428#	3.43	6.08	9.51	63.93
7	406#	3.33	4.9	8.23	59.54
8	371#	4.53	9.12	13.65	66.81
9	365#	6.73	7.85	14.58	53.84
10	338#	5.56	7.89	13.45	58.66
11	354#	3.2	8.25	11.45	72.05
12	263#	3.08	6.32	9.40	67.23
13	257#	5.62	6.52	12.14	53.71
14	241#	3.69	6.45	10.14	63.61
15	218#	4.97	5.78	10.75	53.77
16	209#	3.71	5.37	9.08	59.14
17	197#	4.71	4.56	9.27	49.19
18	119#	3.71	6.52	10.23	63.73
19	109#	5.55	5.87	11.42	51.40
20	84#	4.9	4.77	9.67	49.33
21	69#	4.42	4.76	9.18	51.85
22	37#	3.93	6.91	10.84	63.75
23	30#	5.1	4.85	9.95	48.74
24	22#	5.25	6.13	11.38	53.87
25	17#	4.18	5.96	10.14	58.78
26	3#	5.72	5.41	11.13	48.61

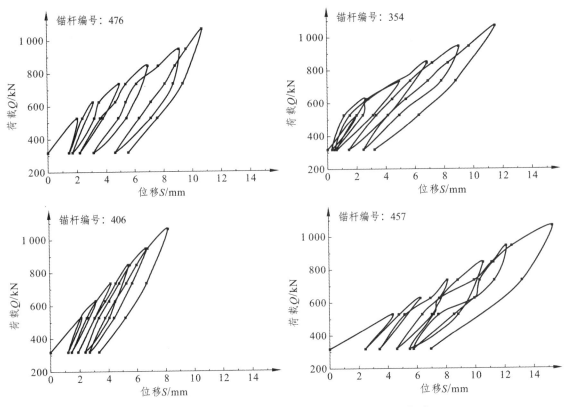

图 6-46　高强度预应力抗浮锚杆验收试验 Q-S 曲线图

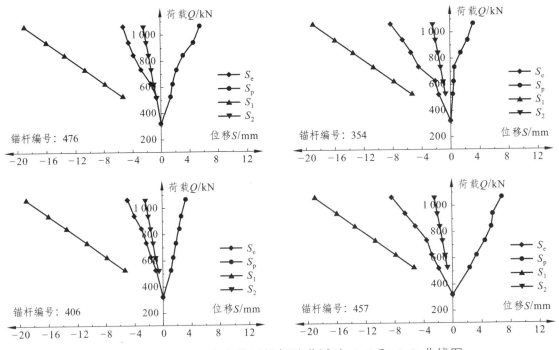

图 6-47　高强度预应力抗浮锚杆验收试验 Q-S_e 和 Q-S_p 曲线图

6.5 某 100 亩住宅项目抗浮锚杆工程

6.5.1 工程概况

项目地貌单元属岷江水系一级阶地，实测相对高程介于 555.63 ~ 560.09 m，高差 4.46 m，平均相对高程为 557.41 m，地面整平标高为 557.00 ~ 558.00 m。本项目主要由 27 栋 9 ~ 20 层的高层住宅组成，设 1 ~ 2 层地下室。

6.5.2 工程地质条件

1. 地层结构及其分布

根据地勘报告钻孔揭露深度范围内，场地地层从上至下依次为第四系全新统人工堆填（Q_4^{ml}）杂填土、素填土、第四系全新统冲积（Q_4^{al}）的粉质黏土、细砂和第四系全新统冲洪积（Q_4^{al+pl}）中砂及卵石层（图 6-48），地层特征分述如下：

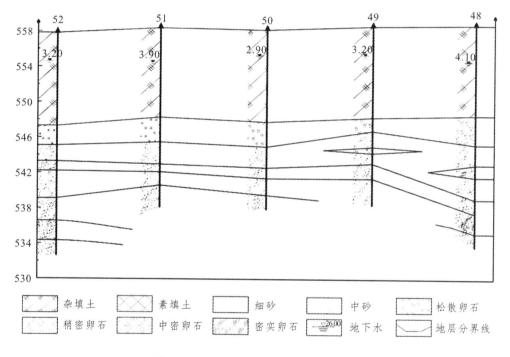

图 6-48　项目场地典型地质剖面图

杂填土（Q_4^{ml}）：杂色，松散，湿，以回填的黏性土为主，局部有建筑垃圾，含混凝土（原拆除建筑物范围内或存在未挖除基础）、植物根系等，为新近回填欠固结土。该层在场地内广泛分布，层厚 0.50 ~ 9.80 m。

粉质黏土（Q_4^{al}）：黄褐色 ~ 青灰色，稍湿，主要由黏粒和粉粒组成，含少量铁锰质结核及钙质结核，局部地段富集铁锰质结核；无摇震反应，稍有光泽，干强度中等，韧性中等。该层在场地内普遍分布，层厚 1.00 ~ 4.50 m。

细砂（Q_4^{al}）：灰黑色～灰黄色，松散，矿物成分以石英、长石为主，夹少量云母片。砂质均匀，多夹粉土薄层，局部为互层状，分选性好，颗粒均匀；层厚 0.50～0.90 m。

中砂（Q_4^{al+pl}）：灰黑色、灰黄色，饱和，稍密，矿物成分以石英、长石为主，夹少量云母片。该层呈透镜体夹于卵石层中，层厚 0.60～1.40 m。

卵石（Q_4^{al+pl}）：灰色～青灰色，湿～饱和，松散～密实。卵石成分主要由岩浆岩等组成，呈亚圆形，局部磨圆度稍差，棱角较明显，一般粒径 20～80 mm，最大达 200 mm，强～中风化，个别微风化。卵石层充填物主要为中细砂与粉质黏土，含泥量较重（尤其卵石层与上部土层交界处含泥质较重）。部分地段卵石层中分布有中砂软弱夹层。

根据 N_{120} 击数和卵石含量，卵石层按密实度分为 4 个亚层：

（1）松散卵石：主要分布于卵石层上部，卵石含量 50%～55%，排列十分混乱，绝大部份不接触，N_{120} 锤击数 2～4 击，层厚 0.50～1.60 m。

（2）稍密卵石：主要分布于卵石层上部及中部，卵石含量 55%～60%，N_{120} 锤击数 4～7 击，层厚 0.80～4.20 m。

（3）中密卵石：主要分布于卵石层下部及中部，卵石含量 60%～70%，N_{120} 锤击数 7～10 击，层厚 0.60～3.20 m。

（4）密实卵石：主要分布卵石层下部，卵石含量大于 70%，N_{120} 锤击数大于 10 击，层厚 0.80～3.70 m。

2. 水文地质条件

项目场地在勘察期间场地范围及周围未见地表水体分布，地下水主要为赋存于第四系冲洪积卵石层中的孔隙潜水及少量填土中的上层滞水，受大气降水及地下径流补给，并通过地下径流、蒸发等方式排泄。砂、卵石层为主要含水层，具较强的渗透性，其渗透系数约为 20 m/d。

场地丰、枯水期地下水水位年变化幅度为 1.00～2.50 m，勘察期间正值丰水期，测得场地静止水位在 0.50～4.80 m，相应高程 554.5～556.0 m。根据本区域临近场地未受降水影响的水位标高，场地丰水期最高水位可按 556.0 m 考虑。根据《成都市建筑工程抗浮锚杆质量管理规程》相关规定并结合该项目工程特点、周边水文情况及地区经验，场地地下水抗浮水位按 555.80 m 采用。其次，地下水对混凝土结构、混凝土结构中的钢筋具微腐蚀性。

6.5.3 抗浮锚杆设计

1. 抗浮锚杆设计参数

项目 ±0.000 m 相当于绝对标高 557.15 m，根据地勘报告设计抗浮水位 555.80 m，抗水板厚 400 mm。由于两层地下室部分纯地下室区域基础埋深较大（抗水板底标高为 548.20 m），根据结构设计单位计算，抗水板满足局部抗裂要求，地下室抗浮按整体抗浮考虑，抗浮锚杆设置在抗水板区域，二层地下室抗浮力标准值为 45 kN/m²，抗浮面积 8 854 m²。本项目基础抗浮设计采用扩大头抗浮锚杆解决，扩大头锚杆是一种埋入岩土层深处的受拉杆件，它一端与工程构筑物相连，另一端锚固在岩土层中，通过杆体与岩土间的黏结力抵抗地下水体对地下室的浮力。项目抗浮锚杆设计参数见表 6-28。

表 6-28　场地岩土体与锚固体黏结强度标准值

土层名称	天然重度 γ/（kN/m³）	黏聚力 c/kPa	内摩擦角 ϕ/（°）	土体与锚固体黏结强度标准值 f_{rbk}/kPa
中　　砂	19.5	0	20	55
松散卵石	20.5	0	28	110
稍密卵石	21.0	0	32	150
中密卵石	22.0	0	38	190
密实卵石	23.0	0	42	230

注：括号内为高压旋喷作用时的黏结强度标准值。

2. 锚杆抗拔承载力特征值计算

选取钻孔 291 进行计算锚杆抗拔承载力特征值，其中基底标高为 548.20 m，基底下地层为稍密卵石，层厚 1.9 m；中密卵石，层厚 2.2 m；松散卵石，层厚 0.7 m；稍密卵石，层厚 1.70 m；密实卵石，层厚 1.0 m。根据《高压喷射扩大头锚杆技术规程》（JGJ/T 282—2012）扩大头锚杆抗拔承载力极限值可按下式计算：

$$T_{uk} = \pi \left[D_1 L_d f_{mg1} + D_2 L_D f_{mg2} + \frac{(D_2^2 - D_1^2) P_D}{4} \right]$$

本项目中，D_1 取 0.15 m；D_2 取 0.50 m；L_d 取实际长度减去两倍扩大头直径，为 3.0 m；L_D 取 3.0 m；f_{mg1} 取 170 kPa；考虑扩大头高压旋喷注浆作用，f_{mg2} 取 200 kPa；P_D 按下式计算：

$$P_D = \frac{(K_0 - \xi) K_P \gamma h + 2c \sqrt{K_P}}{1 - \xi K_P}$$

本项目中，γ 取 12.0 kN/m³，h 取 4.5 m，K_0 取 0.5，K_P 取 3，c 取 0，ξ 取 $\xi = 0.8 K_a = 0.26$。经计算 P_D 为 176.73 kPa，锚杆抗拔力极限值 T_{uk} 为 1 214.38 kN。

扩大头锚杆抗拔承载力特征值可按下式计算：

$$T_{ak} = \frac{T_{uk}}{K}$$

经计算，锚杆抗拔力特征值 T_{ak} 为 607.19 kN，考虑地区施工经验，T_{ak} 取 540 kN。

3. 扩大头长度验算

扩大头抗浮锚杆的扩大头长度应符合注浆体与杆体间的黏结强度安全要求，按下式计算：

$$L_D \geqslant \frac{K_s T_{ak}}{n \pi d \zeta f_{ms} \varphi}$$

本项目中，K_s 取 1.8；n 为 1；d 为 40 mm；本项目高强度预应力抗浮锚杆采用 1 根 PSB930 钢筋，不存在黏结强度降低现象，取 1；f_{ms} 取 1.8 MPa；当扩大头长度为 3 m 时，φ 为 1.6。

经计算 $L_D > 2.69$ m，本工程高强度预应力抗浮锚杆的扩大头长度实际为 3.0 m，符合注浆体与杆体间的黏结强度安全要求。

4. 抗浮锚杆数量计算及布置

根据设计要求，项目二层地下室抗浮力标准值为 45 kN/m²，抗浮面积 8 854 m²。由于设计高强度预应力抗浮锚杆抗拔承载力特征为 540 kN，基于地下室布置抗浮锚杆的整体抗拔力应满足整体抗浮力的要求，设计抗浮锚杆根数 n 应满足

$$n \geqslant \frac{F_w - W}{T_{ak}}$$

式中：F_w——作用于地下室整体的浮力；

W——地下室整体抵抗浮力的建筑物总重量；而 $F_w - W$ 为整体抗浮力，即 $F_w - W$=抗浮力标准值 × 抗浮面积=45 kN/m² × 8 854 m²=398 430 kN。

计算可得项目高强度预应力抗浮锚杆理论根数为 738 根，计算锚杆间距为 3.46 m，实际布置抗浮锚杆根数为 778 根（图 6-49），实际锚杆间距为 3.40 m，实际布置抗浮锚杆根数大于计算抗浮锚杆根数，实际抗浮锚杆间距小于计算间距，满足抗浮锚杆数量要求。

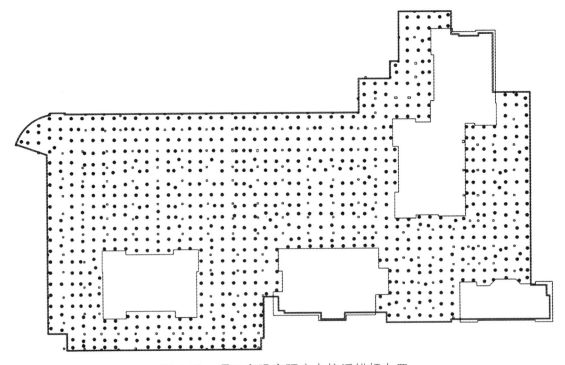

图 6-49　项目高强度预应力抗浮锚杆布置

5. 锚杆配筋

本项目设计高强度预应力抗浮锚杆属永久性锚杆，为了满足抗拔力特征值达到 540 kN，根据工程性质和施工工艺要求，抗浮锚杆杆体（钢筋）截面 A_s 应满足：

$$A_s \geqslant \frac{K_t T_{ak}}{f_y}$$

本项目中，K_t 取 1.6，f_y 取 700 MPa，经计算可得 A_s 为 1 234.29 mm²。因此，项目抗浮锚杆拟采直径 40 mm，PSB930 预应力螺纹钢筋作为锚杆配筋，单根 40 mm，PSB930 预应力螺

纹钢筋面积为 1 256 mm²。单根锚杆抗拔力特征值取 540 kN 时，配置 1 根直径 40 mm，PSB930 预应力螺纹钢筋，即可满足配筋要求。钢筋深入抗水板长度不小于抗水板厚度的一半且不小于 300 mm。PSB930 钢筋直径大、强度高，不宜弯折，须采用锚板锚固在抗水板基础混凝土内，锚板锚入基础混凝土内长度不小于 300 mm，锚板尺寸 300 mm × 300 mm，锚板在抗水板中的抗冲切须主体设计单位进行复核。

项目抗浮锚杆采用扩大头抗浮锚杆，扩大头有效长度 3.0 m，普通锚固段有效长度 3.0 m。抗浮锚杆普通锚固段计算长度，取实际长度减去两倍扩大头直径，因此抗浮锚杆非锚固段长度须增加 1.0 m。同时根据施工经验抗浮锚杆应将上部不小于 0.5 m 长度作为构造段，因此，非锚固段长度还须增加不少于 0.5 m，即本工程抗浮锚杆长度为 7.5 m，其中普通段长度为 4.5 m，扩大头段长度为 3.0 m，锚杆总长为 7.5 m（图 6-50）。

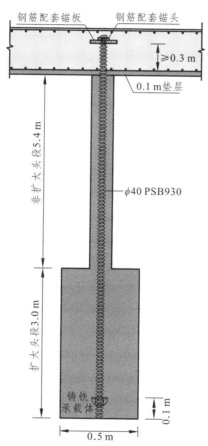

图 6-50　高强度预应力抗浮锚杆构造

6.5.4　锚固体整体稳定性验算

当抗浮锚杆埋深较浅而抗拔力较高时，可能会导致抗浮锚杆和土体的整个体系发生抗拔稳定性破坏，因此抗浮锚杆完成设计后需对抗浮锚杆和土体的整个体系进行整体稳定性验算，地下室整体和任一局部锚固体应满足整体稳定性要求。抗浮锚杆锚固体整体稳定性验算应按下式进行单锚稳定性验算：

$$K_F = \frac{W_k + W}{F_w}$$

本项目场地为卵石地层，土体有效重度为 12 kN/m³，锚杆长度为 7.5 m，抗浮面积为 8 854 m²，即 W_k=12 kN/m³ × 7.5 m × 8 854 m²=796 860 kN。地下室整体抵抗浮力的建筑物总重量 W=结构压重×抗浮面积，本项目结构压重为 31.0 kN/m²，即 W=31.0 kN/m² × 8 854 m²=274 474.0 kN。作用于地下室整体的水浮力 F_w=水的密度×重力常数×水位高差×抗浮面积，计算可得 F_w=1 000 kg/m³ × 10 N/kg ×（555.8 m-548.2 m）× 8 854 m²=672 904 kN。本项目抗浮稳定安全系数 K_F=（796 860 kN+274 474.0 kN）/672 904 kN=1.59≥1.05。因此，抗浮锚杆设计满足抗浮锚杆锚固体整体稳定性要求。

6.5.5 抗水板抗冲切验算

本项目高强度预应力抗浮锚杆采用锚板尺寸为 300 mm × 300 mm × 20 mm，钢筋和锚板锚入抗水板 0.30 m，因此需对抗水板在锚入混凝土中锚板作用下的受冲切须进行验算（图 6-51）。抗水板在锚入混凝土中锚板作用下受冲切承载力可根据柱下独立基础的受冲切承载力公式验算：

$$F_L \leqslant 0.7\beta_{hp}f_t a_m h_0$$

$$a_m = (a_t + a_b)/2$$

$$F_L = p_j A_L$$

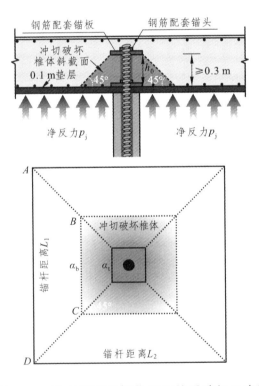

图 6-51 抗水板在锚板作用下的受冲切示意图

由于冲切承载力截面高度影响系数，h 不大于 800 mm 时，β_{hp} 取 1.0。基础混凝土等级为 C30，f_t 取 1 430 kPa。由于存在钢筋保护层约 0.04 m，故 h_0=0.30-0.04=0.26 m。a_t 即锚板边长为 0.30 m。根据图 6-51 所示，a_b=2h_0×tan45°+a_t=2×0.26×tan45°+0.30=0.82 m，a_m=（0.30+0.82）/2=0.56 m。A_L 取图 6-51 中 $ABCD$ 梯形面积 A_L=1/2×（L_1+a_b）×（L_2-a_b)/2=2.72 m²，则 F_L=45×2.72=122.4 kN。

由于项目抗浮锚杆采用等间距布置，因此 L_1=L_2 为抗浮锚杆间距 3.4 m，抗浮锚杆在 4 个方向上受冲切计算面积 A_L 相等。经计算可得到本项目高强度预应力抗浮锚杆 $0.7\beta_{hp}f_t a_m h_0$=0.7×1×1 430×0.56×0.26=145.74 kN，满足 $F_L \leqslant 0.7\beta_{hp}f_t a_m h_0$ 要求。因此，本项目抗浮锚杆采用锚板尺寸 300 mm×300 mm×20 mm 时，PSB 钢筋加锚板锚入抗水板 0.30 m 满足抗水板抗冲切承载力要求。

6.5.6　极限抗拔试验

为了验证项目抗浮锚杆的极限承载力及其工艺参数的合理性，按照《岩土锚杆（索）技术规程》（CECS 22：2005）的相关规定，使用多循环加卸载法，对该工程的 3 根抗浮锚杆进行抗拔基本试验。现场试验采用 1ϕ40PSB1080 钢筋作为抗浮锚杆杆件，锚杆杆件截面积为 1 256.6 mm²，锚杆自由段长度为 1.4 m，锚固段长度为 7.5 m，其中普通段 4.5 m，扩大头段 3.0 m，单根锚杆轴向拉力设计特征值为 540 kN。最大试验荷载（Q_{max}）为单根锚杆抗拔承载力特征值（T_{ak}）的 2 倍，实际最大试验荷载为 1 092.7 kN，初始荷载（Q_0）为预估破坏荷载的 10%，每级加荷等级观测时间内测读锚头位移不少于三次，锚头位移增量不大于 0.1 mm 时施加下一级荷载，否则延长观测时间直至锚头位移增量在 2 h 内小于 2.0 mm 时再施加下一级荷载。

本项目抗浮锚杆极限抗拔试验中三根抗浮锚杆在最大试验荷载下累计拔出量为 13.75 mm、11.25 mm 和 12.76 mm，对应弹性位移分别为 3.77 mm、2.79 mm 和 2.78 mm，对应塑性位移分别为 9.98 mm、8.46 mm 和 9.98 mm。根据基本试验结果（表 6-29）绘制抗浮锚杆荷载-位移（Q-S）曲线（图 6-52）、荷载-弹性位移（Q-S_e）曲线和荷载-塑性位移（Q-S_p）曲线（图 6-53），随着最大试验荷载的增加，抗浮锚杆塑性位移呈线性快速增加。虽然本工程的 3 根抗浮锚杆加载至最大试验荷载 1 092.7 kN 时均表现为塑性位移大于弹性位移，但锚头位移稳定收敛，锚杆未出现破坏。因此，本项目设计抗浮锚杆的极限承载力为最大试验荷载 1 092.7 kN。

表 6-29　高强度预应力抗浮锚杆极限抗拔试验检测结果

铀杆编号	残余锚头位移/mm	最大弹性位移/mm	锚头最大位移/mm	回弹率/%
1	9.98	3.77	13.75	27.42
2	8.46	2.79	11.25	24.80
3	9.98	2.78	12.76	21.79

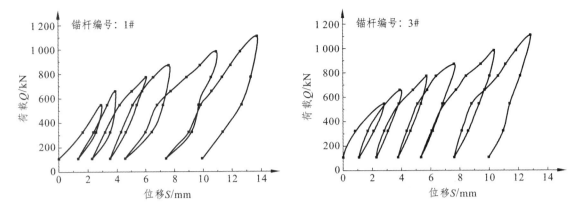

图 6-52 高强度预应力抗浮锚杆基本试验 $Q\text{-}S$ 曲线

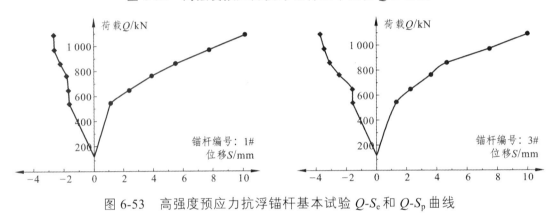

图 6-53 高强度预应力抗浮锚杆基本试验 $Q\text{-}S_e$ 和 $Q\text{-}S_p$ 曲线

6.5.7 施工要求与建议

该项目施工应委托具相关资质的专业施工单位进行实施，并应结合相关规范要求，制定明确、详细的施工组织纲要以指导施工，确保施工质量和施工安全。

（1）本设计方案锚杆长度 7.5 m，其中普通锚固段长度 4.5 m，锚固体直径 150 mm；扩大头段长度 3.0 m，扩大头锚固体直径 500 mm。钢筋锚入混凝土长度不小于 300 mm，钢筋与锚板连接，由于抗水板存在一定高差，施工过程中须严格控制锚板位置。

（2）锚杆杆体钢筋为 PSB930 钢筋，严禁在杆体上进行任何电焊工作，只能进行机械切割及机械连接。

（3）由于拟建场地为卵石地层，成孔过程易垮塌，因此须采用套管护壁。锚杆垂直、水平方向孔距误差不应大于 100 mm，钻孔角度偏差不应大于 2°。

（4）扩大头锚固段采用高压旋喷注浆工艺，喷射压力不小于 25.0 MPa，提升速度可取 10 ~ 25 cm/min，喷嘴钻速 5 ~ 15 r/min，旋喷注浆时至少上下往返喷射两遍，水灰比可取 0.40 ~ 0.60。水泥采用 P·O 42.5R 普通硅酸盐水泥，锚固体注浆体强度不应小于 30 MPa。

（5）在高压喷射过程中出现压力骤然下降或上升时，应查明原因并应及时采取措施，恢复正常后方可继续施工。

（6）施工成孔过程中做好记录，若遇厚度超过 0.5 m 砂层时应及时反应，设计单位及时验算并调整锚杆长度。

（7）抗浮锚杆与基础连接处采用卷材或非固化橡胶沥青涂料进行防水处理，抗浮锚杆与基础连接处的防腐及防水处理措施由主体土建施工单位结合地下室土建工程完成。

6.5.8 应用效果

基于本次设计参数完成施工了 778 根抗浮锚杆，为了检测本次抗浮锚杆的设计和施工的效果，对项目的 39 根抗浮锚杆进行抗拔验收试验。根据标准《锚杆检测与监测技术规程》（JGJ/T 401—2017）和《成都市建筑工程抗浮锚杆质量管理规程》，使用多循环加卸载法，采用设备包括液压千斤顶、油泵、油表和百分表，最大试验荷载（Q_{max}）为单根锚杆轴向拉力特征值（T_{ak}）的 2 倍，初始荷载（Q_0）为最大试验荷载的 0.3 倍，采用六循环试验加荷等级依次为 $0.3Q_{max}$、$0.5Q_{max}$、$0.6Q_{max}$、$0.7Q_{max}$、$0.8Q_{max}$、$0.9Q_{max}$ 和 $1.0Q_{max}$，实际加荷量分别为 318.8 kN、539.9 kN、650.5 kN、761.0 kN、859.3 kN、969.9 kN 和 1 092.7 kN，并最终卸荷至初始荷载 318.8 kN。每循环非最大荷载作用下，荷载施加和卸载完成后维持 1 min 测定锚头位移。每循环最大荷载作用下，荷载施加完成后每间隔 5 min 测定一次锚头位移（表 6-30），当后一次测量的位移增量小于前一次测量的位移增量时即锚头位移达到相对收敛标准，随后开始卸荷。

表 6-30　抗浮锚杆验收试验加荷等级与位移观测间隔时间

循环次数	试验荷载值与最大试验荷载值的比例/%									
	初始荷载	加载过程						卸载过程		
第一循环	30						50			30
第二循环	30	50					60			30
第三循环	30	50				60	70		50	30
第四循环	30	50			60	70	80		50	30
第五循环	30	50		60	70	80	90	70	50	30
第六循环	30	50	60	70	80	90	100	70	50	30
观测时间/min	1	1	1	1	1	1	≥10	1	1	1

现场试验采用 1 根直径为 40 mm 的 PSB930 钢筋作为抗浮锚杆杆件，其弹性模量为 2.0×10^5 N/mm²，锚杆杆件截面积为 1256.6 mm²，锚杆自由段长度为 1.4 m，锚固段长度为 7.5 m，其中普通段 4.5 m，扩大头段 3.0 m。计算可得在 539.9 kN、650.5 kN、761.0 kN、859.3 kN、969.9 kN 和 1 092.7 kN 试验荷载下，抗浮锚杆 80% 自由段长度理论弹性伸长量 S_1 分别为为 0.70 mm、1.06 mm、1.41 mm、1.72 mm、2.07 mm 和 2.46 mm，抗浮锚杆自由段长度与 1/2 锚固段长度之和的理论弹性伸长量 S_2 分别为 4.18 mm、6.27 mm、8.36 mm、10.22 mm、12.31 mm 和 14.63 mm，自由段实际计算长度为 1.0 m。

抗浮锚杆验收试验中抽检的 39 根抗浮锚杆在最大试验荷载下锚头位移稳定并达到收敛标准，锚杆未出现破坏，验收试验中抗浮锚杆的最大位移、最大试验荷载下的弹性位移和塑性位移见表 6-31，并根据试验结果绘制抗浮锚杆多循环加卸载法荷载-位移（Q-S）曲线（图 6-54）、荷载-弹性位移（Q-S_e）曲线和荷载-塑性位移（Q-S_p）曲线（图 6-55）。随着每循环最大试验荷载的增加，塑性位移常在前 3 个循环内缓慢增加而在后 3 个循环呈快速增加的趋势，弹性位移则在整个 6 个循环内呈线性增加，部分抗浮锚杆的塑性位移在 6 个循环内也呈线性增加。

在第一循环最大试验荷载作用下，抗浮锚杆塑性位移常大于弹性位移，表现为以塑性变形为主。在最后一循环最大试验荷载下，本次验收试验中抽检的 39 根抗浮锚杆累计拔出量为 5.25 ~ 11.16 mm，平均值为 8.14 mm；抗浮锚杆弹性位移介于 1.59 ~ 7.57 mm，平均值为 4.32 mm；塑性位移介于 1.41 ~ 5.76 mm，平均值为 3.82 mm，其中 19 根抗浮锚杆的弹性位移大于塑性位移，除了 98 号抗浮锚杆弹性位移小于抗浮锚杆 80%自由段长度理论弹性伸长量，其他抗浮锚杆均满足 $S_1 < S_e < S_2$，表明抗浮锚杆抗拔承载力满足 540 kN 的设计要求。

表 6-31　高强度预应力抗浮锚杆验收试验数据

序号	铀杆编号	残余锚头位移/mm	最大弹性位移/mm	锚头最大位移/mm	回弹率/%
1	124	5.4	3.76	9.16	41.05
2	98	4.66	1.59	6.25	25.44
3	61	2.42	5.18	7.60	68.16
4	43	2.55	3.65	6.20	58.87
5	46	4.48	2.88	7.36	39.13
6	154	4.43	2.78	7.21	38.56
7	145	4.86	4.63	9.49	48.79
8	263	3.15	6.59	9.74	67.66
9	311	4.77	4.23	9.00	47.00
10	307	5.33	4.43	9.76	45.39
11	277	3.29	2.76	6.05	45.62
12	216	4.14	2.98	7.12	41.85
13	177	2.85	2.82	5.67	49.74
14	192	4.31	6.25	10.56	59.19
15	752	2.72	7.47	10.19	73.31
16	737	3.67	6.14	9.81	62.59
17	728	3.02	3.05	6.07	50.25
18	702	4.94	5.75	10.69	53.79
19	690	3.1	4.38	7.48	58.56
20	686	3.5	3.23	6.73	47.99
21	624	4.31	3.24	7.55	42.91
22	610	1.41	3.94	5.35	73.64
23	503	3.83	6.75	10.58	63.80
24	512	2.29	7.57	9.86	76.77
25	574	4.92	5.26	10.18	51.67
26	459	5.54	5.12	10.66	48.03
27	499	5.76	5.4	11.16	48.39
28	484	2.85	5.69	8.54	66.63
29	481	3.72	3.3	7.02	47.01
30	441	2.74	4.93	7.67	64.28

序号	铀杆编号	残余锚头位移/mm	最大弹性位移/mm	锚头最大位移/mm	回弹率/%
31	416	2.91	3.21	6.12	52.45
32	362	4.83	3.16	7.99	39.55
33	340	2.06	5.08	7.14	71.15
34	377	1.82	3.43	5.25	65.33
35	427	3.05	3.96	7.01	56.49
36	438	4.5	4.33	8.83	49.04
37	483	5.44	2.82	8.26	34.14
38	337	4.58	3.45	8.03	42.96
39	313	4.85	3.19	8.04	39.68

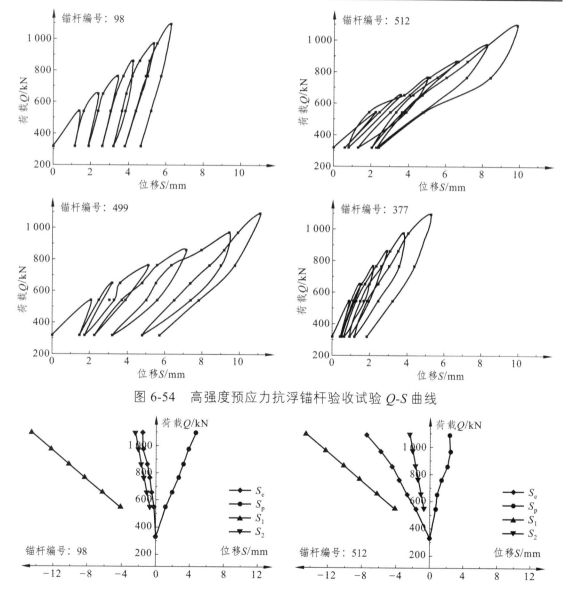

图 6-54　高强度预应力抗浮锚杆验收试验 Q-S 曲线

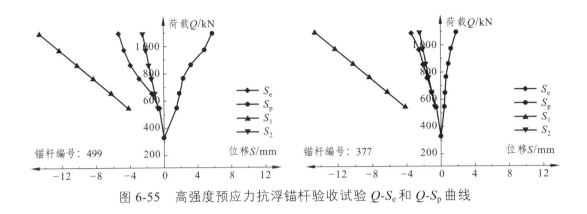

图 6-55　高强度预应力抗浮锚杆验收试验 $Q\text{-}S_e$ 和 $Q\text{-}S_p$ 曲线

6.6　某污水处理厂项目抗浮锚杆工程

6.6.1　工程概况

某污水处理厂工程场地地貌单元属成都平原岷江水系Ⅰ级阶地，地形较为平坦，工程 ±0.000 m 相当于绝对标高 451.70 m，由地埋式污水处理厂主体、综合楼及附属设施构成。污水处理厂主体为全地下式污水处理厂，局部地下一层，大部分为地下二层，基础相对于 ±0.000 m 埋深 11.30 ~ 18.80 m，采用框架-剪力墙结构，筏板基础。

6.6.2　工程地质条件

1. 地层结构及其分布

在场地勘探深度范围内，根据钻探所揭露的岩土层的物理力学性质、沉积时代、成因类型并结合室内试验、野外鉴定，场地岩土层为：第四系全新统人工填土（Q_4^{ml}）；第四系全新统冲洪积层粉土、砂土及砂卵石层（Q_4^{al+pl}）；下伏白垩系上统灌口组（K_2g）厚层砂质泥岩（图 6-56），各岩土层特征分述如下：

（1）人工填土层（Q_4^{ml}）。

素填土：褐色、褐黑色，结构松散，湿，主要由耕植土组成，含少量砾石及植物根须。近期堆积，场地内均有分布，层厚 0.50 ~ 2.10 m。

（2）第四系全新统冲洪积层（Q_4^{al+pl}）。

粉土：灰、灰黑色，湿，中密 ~ 密实，底部夹薄层粉砂，摇振反应中等，无光泽反应，干强度低，韧性低。在场地内大部分地段有分布，层厚 0.50 ~ 3.50 m。

中砂：青灰色，饱和，松散，成份以长石、石英为主，含少量卵砾石。在场地内分布于粉土与卵石层交界面，层厚 0.40 ~ 2.50 m。

卵石：灰、灰黄色，饱和，卵石成份以石英岩、花岗岩、石英砂岩为主，次为安山岩、闪长岩、辉长岩等。石英岩、石英砂岩以中 ~ 微风化为主，个别花岗强风化。卵石呈亚圆 – 圆形，大小混杂无分选。一般粒径 30 ~ 70 mm，大者 100 ~ 120 mm，最大大于 200 mm，充填物为砾石和砂土，含 5% ~ 15% 的漂石。场地内均有分布，层厚 0.50 ~ 4.10 m。根据卵石的含量和密实度可分 4 个亚层：

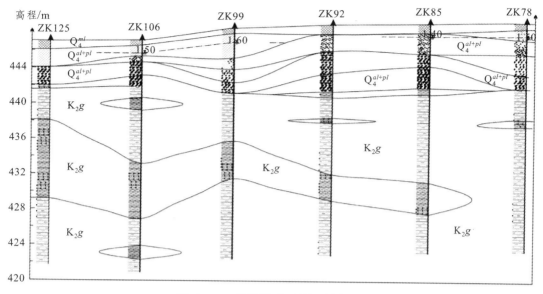

图 6-56　厂场地典型地质剖面图

① 松散卵石：卵石排列混乱，部分接触，卵石含量约 50%～55%，N_{120} 击数＜4 击；

② 稍密卵石：卵石排列混乱，大部分不接触，卵石含量 55%～60%，N_{120} 击数为 4～7 击；

③ 中密卵石：卵石交错排列，大部分接触，卵石含量 60%～70%，N_{120} 击数为 7～10 击；

④ 密实卵石：卵石交错排列，绝大部分接触，卵石含量＞70%，N_{120} 击数＞10 击。

（3）白垩系上统灌口组（K_2g）基岩。

砂质泥岩：紫红色～褐色，泥砂质结构，中厚层状构造，偶见溶蚀孔隙，裂隙发育，裂隙充填铁锰质、泥质。遇水后易软化，风干后易开裂。泥岩产状水平，含砂质较重，砂、泥岩互层。场地内砂质泥岩顶板起伏不大，泥岩顶板埋深 5.90～7.00 m，顶面相对高程为 44.3.11～442.08 m。根据风化程度，划分为强风化、中风化 2 个亚层：

① 强风化砂质泥岩：岩质软，岩芯主要为碎块状，顶部见薄层残积土，风化裂隙发育，岩体破碎，结构大部分被破坏，砂粒含量较重，夹泥质团块。岩芯多呈碎块状、短柱状，手可折断，泥岩、砂岩互层。层顶标高为 423.88～443.11 m，层厚 0.50～9.70 m。

② 中风化砂质泥岩：岩质较软，裂隙较发育，结构部分被破坏，微显水平层理，动探难以钻进，岩芯主要呈柱状，裂隙充填铁锰质、泥质、砂质或无充填。岩芯呈柱状，较易折断，失水易开裂。泥岩、砂岩互层。层顶标高为 422.28～443.14 m。该层分布稳定，厚度大。钻孔最大揭露深度 20.10 m，尚未揭穿该层。

2. 水文地质条件

场地主要存在三种地下水类型：上层滞水、砂卵石孔隙潜水及基岩裂隙水。

（1）上层滞水：主要赋存于填土层中，受大气降水、地表水、积水等渗透补给。水量小，以浸水为主，无统一的地下水位。预计至丰水期时，上层滞水受大气降水影响较为明显，水量也会有所增加。但总体上看，上层滞水水量不大，基坑施工时采取明排措施即可。

（2）砂卵石孔隙水：场地内靠锦江的河谷阶地含水层主要为第四系砂卵石层（Q_4^{al+pl}），构成统一含水层，松散砂卵石具强渗透性，含水层厚度约为 4.0～6.5 m，地下水埋深在 1.0～

1.9 m，砂卵石层综合渗透系数 k 可按 28 m/d 计算。

（3）基岩风化带裂隙水：场地内的基岩为白垩系灌口组砂质泥岩，根据区域水文地质资料及附近已有的勘查成果显示，基岩裂隙水在地下 50 m 左右范围内。地下水的流动，将石膏溶蚀，并顺溶蚀孔或裂隙形成网络状的风化带溶蚀孔和溶隙，为地下水的补给、储集、径流创造了通道和空间，同时也造成该类地下水水位的不稳定、水量不均。基岩裂隙水位与砂卵石层孔隙潜水地下水连通，地下水位一致。

6.6.3 抗浮锚杆设计

1. 抗浮锚杆设计参数

根据地勘报告设计抗浮水位 449.00 m，基础底板厚 900～1 500 mm。污水处理厂基础埋深较大，须进行抗浮处理。结合主体结构设计文件对整个场地进行抗浮参数统计，见表 6-32。根据本项目结构设计单位提供地下室基础平面图，布置高强度预应力扩大头抗浮锚杆，抗浮锚杆设计参数见表 6-33。

表 6-32　某污水处理厂场地分区域抗浮参数统计

分区	面积 A/m²	基底标高 /m	水头高度 ΔH/m	水浮力标准值 $N_{w,k}$/（kN/m²）	结构及覆土自重 G_k/kN	抗浮力标准值/（kN/m²）
A1	2 698	440.4	8.6	86	50.5	35.5
A1 下沉底板	542	435.2	13.8	138	58	80
A2	3 890	440.4	8.6	86	50.5	35.5
B1	1 376	432.9	16.1	161	58	103
B2	1 485	432.9	16.1	161	58	103
B2 下沉区域	168	430.4	18.6	186	58	128
C1	2 789	432.9	16.1	161	58	103
C2	3 348	432.9	16.1	161	58	103
D1	1 578	435.2	13.8	138	58	80
D2	1 560	435.2	13.8	138	58	80
E1	1 395	440.4	8.6	86	50.5	35.5
E2	1 918	432.9	16.1	161	58	103

注：覆土厚度按 1.0 m 考虑，重度 18 kN/m³；一层地下室顶板厚 400 mm，基础厚按 900 mm 考虑；二层地下室顶板厚 400 mm，中间板厚度 300 mm，基础厚按 900 mm 考虑。钢筋混凝土重度按 25 kN/m³ 考虑。

表 6-33　某污水处理厂岩土体与锚固体黏结强度标准值

土层名称	天然重度 γ/（kN/m³）	黏聚力 c/kPa	内摩擦角 ϕ/（°）	土体与锚固体黏结强度标准值 f_{rbk}/kPa
松散卵石	20.0	0	25	100
稍密卵石	21.0	0	30	120

土层名称	天然重度 γ（kN/m^3）	黏聚力 c/kPa	内摩擦角 $\phi/(°)$	土体与锚固体黏结强度标准值 f_{rbk}/kPa
中密卵石	22.0	0	35	180
密实卵石	23.0	0	40	220
强风化泥岩	22.0（24.0）	60	20	100
中等风化泥岩	22.0（24.0）	200	30	200

注：括号内数值为饱和重度。

2. 锚杆抗拔承载力特征值计算

选取钻孔 99 进行计算锚杆抗拔承载力特征值，基底下地层为强风化砂质泥岩，层厚 1.0 m；中风化砂质泥岩，层厚 9.1 m。根据《高压喷射扩大头锚杆技术规程》（JGJ/T 282—2012）扩大头锚杆抗拔承载力极限值可按下式计算：

$$T_{uk} = \pi\left[D_1 L_d f_{mg1} + D_2 L_D f_{mg2} + \frac{(D_2^2 - D_1^2)P_D}{4}\right]$$

本项目中，D_1 取 0.20 m；D_2 取 0.40 m；普通段为纯受拉段，采用包裹防腐波纹管措施，保护钢筋不被腐蚀使钢筋和锚固段隔开，故不考虑率普通段长度，L_d 取 0；L_D 取 4.0 m；f_{mg1} 取 100 kPa；f_{mg} 取 200 kPa；P_D 按下式计算：

$$P_D = \frac{(K_0 - \xi)K_P \gamma h + 2c\sqrt{K_P}}{1 - \xi K_P}$$

本项目中，砂质泥岩为黏土岩，饱和重度取 24.0 kN/m³，有效重度按 14.0 kN/m³考虑；h 取 4.2 m；K_0 取 0.5；K_P 取 3；考虑强风化夹层进行适当折减，c 取 160 kPa；ξ 取 $\xi=0.8K_a=0.26$。经计算 P_D 为 2 711.78 kPa，锚杆抗拔力极限值 T_{uk} 为 1 260.88 kN。

扩大头锚杆抗拔承载力特征值可按下式计算：

$$T_{ak} = \frac{T_{uk}}{K}$$

经计算，锚杆抗拔力特征值 T_{ak} 为 630.44 kN，考虑地区施工经验，T_{ak} 取 560 kN。

3. 扩大头长度验算

扩大头抗浮锚杆的扩大头长度应符合注浆体与杆体间的黏结强度安全要求，按下式计算：

$$L_D \geqslant \frac{K_s T_{ak}}{n\pi d\zeta f_{ms}\varphi}$$

本项目中，K_s 取 1.8；n 为 1；d 为 40 mm；本项目高强度预应力抗浮锚杆采用 1 根 PSB1080 钢筋，不存在黏结强度降低现象，取 1；f_{ms} 取 1.6 MPa；当扩大头长度为 4 m 时，φ 为 1.5。

经计算 $L_D > 3.35$ m，本工程高强度预应力抗浮锚杆的扩大头长度实际为 4.0 m，符合注浆体与杆体间的黏结强度安全要求。

4. 抗浮锚杆数量计算及布置

由于设计高强度预应力抗浮锚杆抗拔承载力特征为 560 kN，首先基于地下室布置抗浮锚杆的整体抗拔力应满足整体抗浮力的要求，设计抗浮锚杆根数 n 应满足

$$n \geqslant \frac{F_w - W}{T_{ak}}$$

式中：F_w——作用于地下室整体的浮力（kN）；

W——地下室整体抵抗浮力的建筑物总重量（kN）；

T_{ak}——锚杆抗拔力特征值（kN）。

计算可得高强度预应力抗浮锚杆理论根数为 3 084 根，计算锚杆间距为 2.09~3.97 m，实际布置抗浮锚杆根数为 3 204 根，实际锚杆间距为 2.0~3.9 m，分别为 A 区抗浮锚杆 511 根；B 区 600 根；C 区 1 169 根；D 区 472 根；E 区 452 根（图 6-57）。实际布置抗浮锚杆根数大于计算抗浮锚杆根数，实际抗浮锚杆间距小于计算间距（表 6-34），满足抗浮锚杆数量要求。

5. 锚杆配筋

本项目设计抗浮锚杆属永久性锚杆，锚杆抗拔力特征值取 560 kN。根据工程性质和施工工艺要求，抗浮锚杆杆体（钢筋）截面 A_s 应满足：

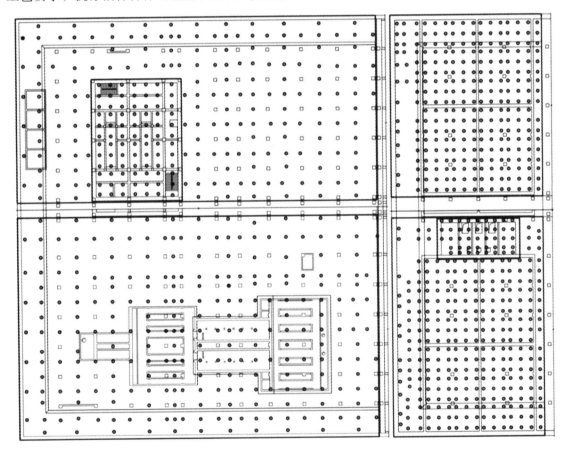

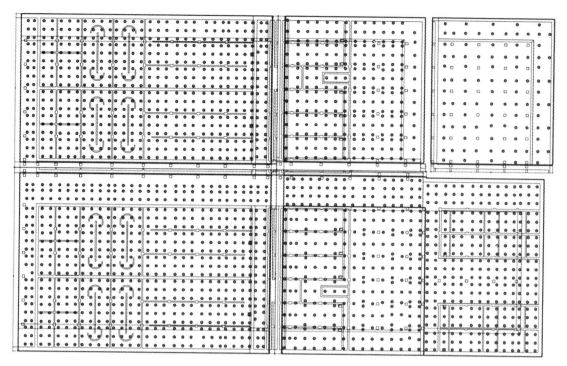

图 6-57 某污水处理厂高强度预应力抗浮锚杆布置

表 6-34 某污水处理厂各区域高强度预应力抗浮锚杆数量统计

分区	整体抗浮力 F_w/kN	计算锚杆数量 /根	计算锚杆间距 /m	实际锚杆数量 n/根	实际锚杆间距 L/m
A1	95 779	172	3.97	177	3.90
A1 下沉	43 360	78	2.65	84	2.60
A2	138 095	247	3.97	250	3.90
B1	141 728	254	2.33	267	2.30
B2	152 955	274	2.33	290	2.30
B2 下沉	21 504	39	2.09	43	2.00
C1	287 267	513	2.33	540	2.30
C2	344 844	616	2.33	629	2.30
D1	126 240	226	2.65	241	2.60
D2	124 800	223	2.65	231	2.60
E1	49 522.5	89	3.97	95	3.90
E2	197 554	353	2.33	357	2.30

$$A_s \geq \frac{K_t T_{ak}}{f_y}$$

本项目中，K_t 取 2.0，f_y 取 900 MPa，经计算可得 A_s 为 1 244.44 mm²。因此，本项目抗浮锚杆拟采直径 40 mm，PSB1080 预应力螺纹钢筋作为锚杆配筋，单根 40 mm，PSB1080 预应力螺纹钢筋面积为 1 256 mm²，因此单根锚杆抗拔力特征值取 560 kN 时配置 1 根直径 40 mm，PSB1080 预应力螺纹钢筋，可满足配筋要求。钢筋深入基础长度不小于基础厚度的一半且不小于 300 mm。PSB1080 钢筋直径大、强度高，不宜弯折，须采用锚板锚固在筏板基础混凝土内，锚板锚入基础混凝土内长度不小于 700 mm。

　　根据上述计算，本污水处理厂抗浮锚杆采用扩大头抗浮锚杆，扩大头有效长度 4.0 m，普通锚固段有效长度 4.2 m。即本工程抗浮锚杆长度为 8.2 m，其中普通段长度为 4.2 m，扩大头段长度为 4.0 m，锚杆有效长度为 8.2 m。根据设计文件要求，高强度预应力扩大头抗浮锚杆结构结构为图 6-58 所示，该结构利用扩大头工艺，对地层进行扩孔，在锚杆末端形成一个长度 4.0 m，直径 400 mm 的扩大头，充分利用扩大头端锚固体与地层的摩擦力和上部土层对扩大头产生的抗力；利用精压螺纹钢（PSB 钢筋）代替传统钢筋，提高了抗浮锚杆的承载力。通过非扩大头段设置波纹管及防腐油脂，待锚固体或混凝土垫层达到设计强度要求后施加预应力，控制裂缝，提高抗浮锚杆耐久性。

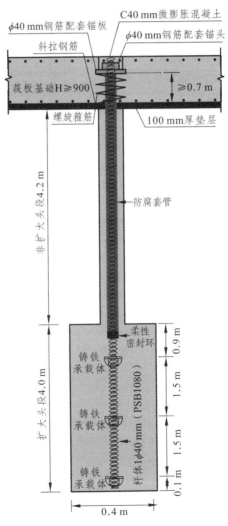

图 6-58　某污水处理厂高强度预应力抗浮锚杆结构

6. 抗浮锚杆预加应力计算

（1）预应力筋的抗拉控制应力计算。

根据《预应力混凝土结构设计规范》（JGJ 369—2016）4.1.9 可知，预应力螺纹钢筋的张拉控制应力应符合

$$\sigma_{con} \leqslant 0.85 f_{pyk}$$

式中：σ_{con}——预应力筋的张拉控制应力；

f_{pyk}——预应力螺纹钢筋屈服强度标准值取 1 080 MPa。

经计算：$\sigma_{con} \leqslant 0.85 \times 1\,080 = 918$（MPa）。

（2）预应力损失值计算。

预应力螺纹钢筋在张拉过程中存在预应力损失，预应力损失包括张拉端锚具变形和预应力筋内缩（σ_{L1}），预应力筋与孔道壁之间的摩擦（σ_{L2}），预应力筋的应力松弛（σ_{L4}），混凝土的收缩和徐变（σ_{L5}），混凝土弹性压缩（σ_{L7}），根据规范规定，对预应力损失分别计算如下：

① 预应力损失包括张拉端锚具变形和预应力筋内缩（σ_{L1}）。

张拉端锚具变形和预应力筋内缩造成的预应力损失（σ_{L1}）可按下列公式进行计算：

$$\sigma_{L1} = \frac{a}{L} E_p$$

式中：a——张拉端锚具变形和预应力筋内缩值，取 1 mm；

L——张拉端至锚固段之间的距离，取 5 100 mm；

E_P——钢筋弹性模量，取 200 000 MPa。

经计算：$\sigma_{L1} = \dfrac{1}{5\,100} \times 200\,000 = 39.22$（MPa）。

② 预应力筋与孔道壁之间的摩擦（σ_{L2}）。

预应力筋与孔道壁之间的摩擦造成的预应力损失（σ_{L2}）可按下列公式进行计算：

$$\sigma_{L2} = \sigma_{con}\left(1 - \frac{1}{e^{kx+\mu\theta}}\right)$$

式中：θ——张拉端至计算截面曲线孔道部分切线的夹角（rad），垂直张拉取 0；

μ——预应力筋与孔道壁之间的摩擦系数（1/rad），预埋塑料波纹管，取 0；

k——考虑孔道每米长度局部偏差的摩擦系数（1/m）可按预埋塑料波纹管取 0.001 5；

x——张拉端至计算截面的距离，取 5.1 m。

经计算：$\sigma_{L2} = 918 \times \left(1 - \dfrac{1}{2.72^{0.001\,5 \times 5.1}}\right) = 7$（MPa）。

③ 预应力筋的应力松弛（σ_{L4}）。

预应力筋的应力松弛造成的预应力损失（σ_{L4}）可按下列公式进行计算：

$$\sigma_{L4} = 0.03\sigma_{con}$$

经计算：$\sigma_{L4} = 0.03 \times 918 = 27.54$（MPa）。

④ 混凝土的收缩和徐变（σ_{L5}）。

混凝土的收缩和徐变造成的预应力损失（σ_{L5}）可按下列公式进行计算：

$$\sigma_{L5} = \frac{55 + 300\dfrac{\sigma'_{pc}}{f'_{cu}}}{1 + 15\rho'}$$

式中：σ'_{pc}——受压区预应力筋合力点处的混凝土法向压应力（MPa），取锚板处混凝土受到法向压应力 8.96 MPa；

f'_{cu}——施加预应力时混凝土立方体抗压强度，取筏板混凝土（C35）抗压强度标准值的 75%，即 26.25 MPa；

ρ'——受压区预应力筋配筋率，取 0.02。

经计算：$\sigma_{L5} = \dfrac{55 + 300\dfrac{8.96}{26.25}}{1 + 15 \times 0.02} = 121.08$（MPa）。

⑤ 混凝土弹性压缩（σ_{L7}）。

由于本设计预应力属于一次张拉完成的后张法构件，因此 $\sigma_{L7} = 0$。

根据《预应力混凝土结构设计规范》（JGJ 369—2016），各阶段预应力损失值采用后张法时为：$\sigma_{L1} + \sigma_{L2} + \sigma_{L4} + \sigma_{L5} + \sigma_{L7}$，故采用本设计预应力张拉时预应力损失值为 39.22+7+27.54+121.08+0=194.84（MP）。因此预应力损失造成的后期施加预应力后锁定在锚头上的压力的损失为 194.84×1256=244.72（kN）。保证抗浮锚杆不开裂的最小压力为 307.72 kN，因此，预应力抗浮锚杆最终锁定值不小于 244.72+307.72=552.44（kN），故本项目预应力锚杆张拉锁定值按 560 kN 进行时可满足抗浮锚杆不产生裂缝的要求。

张拉锁定预应力时混凝土立方体抗压强度不应小于基础筏板设计要求混凝土强度的 75%。锚杆张拉须等筏板基础混凝土强度达到要求后才能张拉，因此锚杆施工点位应避开柱、墙、地下预埋管件区域。

7. 抗浮锚杆设计结论

（1）锚杆承载力：单根锚杆抗拔力承载力特征值 560 kN。

（2）扩孔方式：机械扩孔方式。

（3）锚固体直径：普通段 d=200 mm，扩大头段 D=400 mm。

（4）锚杆杆体钢筋：$1\phi40$ mmPSB1080 钢筋。

（5）注浆材料：水泥采用 P·O 42.5R 普通硅酸盐水泥，水灰比 0.45～0.50，填充粒径不大于 20 mm 砾石，锚固体立方体抗压强度不小于 30 MPa。

（6）锚杆杆体配筋长度：锚杆长度 8.2 m～11.2 m，锚板锚入抗水板（或基础）不少于 0.70 m。

（7）杆体防腐要求：构造采用 II 级防腐构造，采用防腐油膏+波纹管防腐。

（8）张拉锁定要求：抗浮锚杆杆体张拉锁定值为 560 kN。

6.6.4　锚固体整体稳定性验算

当抗浮锚杆埋深较浅而抗拔力较高时，可能会导致抗浮锚杆和土体的整个体系发生抗拔稳定性破坏，因此抗浮锚杆完成设计后需对抗浮锚杆和土体的整个体系进行整体稳定性验算，地下室整体和任一局部锚固体应满足整体稳定性要求。本项目抗浮锚杆布置较密，应进行群锚稳定性验算，群锚稳定性验算又可进一步简化为单锚稳定性验算模式，当不考虑破裂面摩阻力时，抗浮锚杆锚固体整体稳定性验算可按下式计算：

$$K_F = \frac{W_k + W}{F_w}$$

其中

$$W_k = W_{k1} + W_{k2} + W_{k3}$$

$$F_w = N_{w,k} \times L^2$$

一般认为抗浮锚杆稳定破坏时岩土体破裂面呈圆锥体形状，单锚抗浮力验算模型可按上半部分长方体、下半部分圆锥体的假定破裂体形状如图 6-59 所示。由于锚杆长度 H 为 8.6 m，横向和纵向等间距布置，破裂角按 30° 计算，则受破裂角影响锥形土体高度 $h_1 = (L-D_2)/2 \times \cot 30°$，未受破裂角影响土体高度 $h_2 = H - h_1$，因此 $W_{k1} = \pi (L/2)^2 \times h_1/3 \times \gamma_k$，$W_{k2} = h_2 \times L^2 \times \gamma_k$。本项目场地为卵石地层，土体平均浮重度标准值 $\gamma_k = 14$ kN/m³。单根锚杆作用范围内地下室建筑物抵抗浮力的总重量 $W =$ 结构压重 × 单根锚杆作用面积 $= G_k \times L^2$；单根锚杆作用范围内受到的浮力 $F_w =$ 水浮力标准值 × 单根锚杆作用面积 $= N_{w,k} \times L^2$。

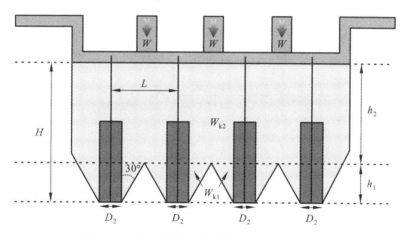

图 6-59　抗浮锚杆群锚效应稳定破坏示意

经计算锚杆有效长度采用 8.2 m 时，单根锚杆作用范围内整体抗浮稳定性验算除 B1、B2、B2 区下沉区域、C1、C2、E2 外，其余均满足整体稳定性要求，B2 区下沉区域锚杆加长至 11.2 m 时，B1、B2、C1、C2、E2 锚杆长度加长至 9.2 m 时，单根锚杆作用范围内整体抗浮稳定性亦满足要求，各区域抗浮稳定安全系数为 1.06～1.57（表 6-35），均大于安全等级为三级时抗浮稳定安全系数 1.05，若考虑破裂面摩阻力，则实际抗浮稳定安全系数更高。因此，本污水处理厂高强度预应力抗浮锚杆设计满足抗浮锚杆锚固体整体稳定性要求。

表 6-35　某污水处理厂单根锚杆作用范围内整体抗浮稳定性验算

分区	h_1/m	h_2/m	W_{k1}/kN	W_{k2}/kN	W_k/kN	F_w/kN	W/kN	H/m	K_F
A1	3.03	5.17	187.99	1 100.67	1 288.66	1 308.06	768.11	8.2	1.57
A1 下沉	1.91	6.29	55.56	595.73	651.29	932.88	392.08	8.2	1.12
A2	3.03	5.17	187.99	1 100.67	1 288.66	1 308.06	768.11	8.2	1.57
B1	1.65	7.55	38.40	559.49	597.89	851.69	306.82	9.2	1.06

分区	h_1/m	h_2/m	W_{k1}/kN	W_{k2}/kN	W_k/kN	F_w/kN	W/kN	H/m	K_F
B2	1.65	7.55	38.40	559.49	597.89	851.69	306.82	9.2	1.06
B2 下沉	1.39	9.81	25.18	549.60	574.78	744.00	232.00	11.2	1.08
C1	1.65	7.55	38.40	559.49	597.89	851.69	306.82	9.2	1.06
C2	1.65	7.55	38.40	559.49	597.89	851.69	306.82	9.2	1.06
D1	1.91	6.29	55.56	595.73	651.29	932.88	392.08	8.60	1.12
D2	1.91	6.29	55.56	595.73	651.29	932.88	392.08	8.60	1.12
E1	3.03	5.17	187.99	1 100.67	1 288.66	1 308.06	768.11	8.2	1.57
E2	1.65	7.55	38.40	559.49	597.89	851.69	306.82	9.2	1.06

注：本工程按相邻锚杆 30°破裂角计算破裂高度。

经过表 6-36 各区域抗浮锚杆整体抗浮稳定性验算结果可以看出，调整锚杆长度后，各区域抗浮锚杆整体抗浮稳定性验算结果均满足要求。

表 6-36　某污水处理厂各区域抗浮锚杆整体抗浮稳定性验算

分区	面积 /m²	锚杆数量 /根	整体有效土重 /kN	整体水浮力 /kN	建筑物总重 /kN	整体抗浮安全系数
A1	2 698.00	177	228 092.25	232 028.00	136 249	1.57
A1 下沉	542.00	84	54 708.54	74 796.00	31 436	1.15
A2	3 890.00	250	322 164.19	334 540.00	196 445	1.55
B1	1 376.00	267	159 635.92	221 536.00	79 808	1.08
B2	1 485.00	290	173 387.33	239 085.00	86 130	1.09
B2 下沉	168.00	43	24 715.60	31 248.00	9 744	1.10
C1	2 789.00	540	322 859.17	449 029.00	161 762	1.08
C2	3 348.00	629	376 071.14	539 028.00	194 184	1.06
D1	1 578.00	241	156 961.40	217 764.00	91 524	1.14
D2	1 560.00	231	150 448.47	215 280.00	90 480	1.12
E1	1 395.00	95	122 422.39	119 970.00	70 448	1.61
E2	1 918.00	357	213 445.78	308 798.00	111 244	1.05

6.6.5　筏板基础抗冲切验算

本污水处理厂抗浮锚杆采用锚板尺寸为 250 mm × 250 mm，钢筋和锚板锚入抗水板 0.30 m，因此需对抗水板在锚入混凝土中锚板作用下的受冲切须进行验算（图 6-60）。抗水板在锚入混凝土中锚板作用下受冲切承载力可根据柱下独立基础的受冲切承载力公式验算：

$$F_L \leqslant 0.7\beta_{hp} f_t a_m h_0$$

$$a_m = (a_t + a_b)/2$$

$$F_L = p_j A_L$$

由于冲切承载力截面高度影响系数，h 不大于 800 mm 时，β_{hp} 取 1.0。基础混凝土等级为 C35，f_t 取 1 570kPa。由于存在钢筋保护层约 0.04 m，故 h_0=0.70-0.04=0.66 m。a_t 即锚板边长为 0.25 m。根据图 6-60 所示，a_b=2h_0×tan45°+a_t=2×0.66×tan45°+0.25=1.57 m，a_m=（0.25+1.57）/2=0.91 m。p_j 取相应区域整体抗浮力标准值，见表 6-37。

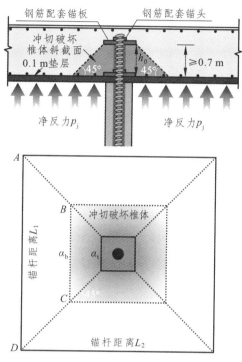

图 6-60　某污水处理厂抗水板在锚板作用下的受冲切示意

表 6-37　某污水处理厂抗水板抗冲切验算统计

分区	间距/m	f_t/kPa	β_{hp}	h_0/m	a_m/m	A_L/m²	p_j/kPa	F_L/kN	$0.7\beta_{hp}f_t a_m h_0$/kN
A1	3.9	1 570	1	0.66	0.91	3.19	35.50	113.11	660.06
A1 下沉	2.6	1 570	1	0.66	0.91	1.07	80.00	85.90	660.06
A2	3.9	1 570	1	0.66	0.91	3.19	35.50	113.11	660.06
B1	2.3	1 570	1	0.66	0.91	0.71	103.00	72.75	660.06
B2	2.3	1 570	1	0.66	0.91	0.71	103.00	72.75	660.06
B2 下沉	2	1 570	1	0.66	0.91	0.38	128.00	49.12	660.06
C1	2.3	1 570	1	0.66	0.91	0.71	103.00	72.75	660.06
C2	2.3	1 570	1	0.66	0.91	0.71	103.00	72.75	660.06
D1	2.6	1 570	1	0.66	0.91	1.07	80.00	85.90	660.06
D2	2.6	1 570	1	0.66	0.91	1.07	80.00	85.90	660.06
E1	3.9	1 570	1	0.66	0.91	3.19	35.50	113.11	660.06
E2	2.3	1 570	1	0.66	0.91	0.71	103.00	72.75	660.06

由于各区域抗浮锚杆采用等间距布置，因此 $L_1=L_2=$抗浮锚杆间距，抗浮锚杆在四个方向上受冲切计算面积 A_L 相等，即图 6-60 中 $ABCD$ 面积。经计算可得到高强度预应力抗浮锚杆 $0.7\beta_{hp}f_ta_mh_0=0.7\times1\times1\,570\times0.91\times0.66=660.06$ kN，各分区抗浮锚杆的 F_L 值见表 10-38，其中 A_1、A_2 和 E_1 区值最大，最大值为 113.11 kN，均满足 $F_L\leqslant0.7\beta_{hp}f_ta_mh_0$ 要求。因此，本项目抗浮锚杆采用锚板尺寸 250 mm × 250 mm 时，PSB 钢筋加锚板锚入抗水板 0.70 m 满足抗水板抗冲切承载力要求。

6.6.6 锚杆裂缝控制验算

1. 扩大头抗浮锚杆裂缝控制验算理论

由于拟建项目为污水处理厂项目，对扩大头抗浮锚杆裂缝控制要求高，因此针对该项目的特殊性，要求该项目抗浮锚杆裂缝宽度不大于 0.3 mm 或不出现裂缝。扩大头抗浮锚杆在拉力作用下，锚杆裂缝控制验算按《混凝土结构设计规范》（GB 50010—2010）进行计算。根据规范要求，钢筋混凝土和预应力混凝土构件应按下列规定进行受拉边缘应力或正截面裂缝宽度验算：

一级裂缝控制等级构件，在荷载标准组合下，受拉边缘应力应符合：$\sigma_{ck}-\sigma_{pc}\leqslant0$。

二级裂缝控制等级构件，在荷载标准组合下，受拉边缘应力应符合：$\sigma_{ck}-\sigma_{pc}\leqslant f_{tk}$。

三级裂缝控制等级时，钢筋混凝土构件的最大裂缝宽度可按荷载准永久组合并考虑长期作用影响的效应计算，预应力混凝土构件的最大裂缝宽度可按荷载标准组合并考虑长期作用影响的效应计算。最大裂缝宽度应符合：$\omega_{max}\leqslant\omega_{lim}$。

其中 σ_{ck}、σ_{cq} 分别为荷载标准组合、准永久组合下抗裂验算边缘的混凝土法向应力；σ_{pc} 为抗裂验算边缘混凝土的预压应力；f_{tk} 为混凝土轴心抗拉强度标准值（按 2.01 MPa 考虑）；ω_{max} 为计算出的最大裂缝宽度；ω_{lim} 为最大裂缝宽度限制（不大于 0.3 mm）。

2. 扩大头抗浮锚杆普通段裂缝控制验算

普通段为纯受拉段，按三级裂缝控制等级进行计算。最大裂缝宽度，可按下列公式进行计算：

$$\omega_{max}=\alpha_{cr}\varphi\frac{\sigma_s}{E_s}\left(1.9c_s+0.08\frac{d_{eq}}{\rho_{te}}\right)$$

$$\varphi=1.1-0.65\frac{f_{tk}}{\rho_{te}\sigma_s}$$

$$d_{eq}=\frac{\sum n_id_i^2}{\sum n_iV_id_i}$$

$$A_s=\frac{A_s+A_p}{A_{te}}$$

式中：α_{cr}——构件受力特征系数，取 2.7；

φ ——裂缝间纵向受拉钢筋应变不均匀系数，计算得 1；

σ_s——按荷载准永久组合计算的钢筋混凝土构件纵向受拉钢筋应力，计算得 445.86 N/mm²；

E_s——钢筋弹性模量，取 200 000 MPa；

c_s——最外层纵向受拉钢筋外边缘至受拉区底边的距离，取 65 mm；

ρ_{te}——按有效受拉混凝土截面面积计算的纵向钢筋配筋率，计算得 0.04；

A_{te}——有效受拉混凝土截面面积，计算得 31 400 mm^2；

A_s——受拉区纵向普通钢筋截面面积，计算得 1 256 mm^2；

A_p——受拉区纵向预应力筋截面面积，取 0 mm^2；

d_{eq}——受拉区纵向钢筋的有效直径，取 40 mm^2；

d_i——受拉区第 i 种纵向钢筋的公称直径，取 40 mm^2；

n_i——受拉区第 i 种纵向钢筋的根数，取 1；

v_i——受拉区第 i 种纵向钢筋的相对黏结特性系数，取 1。

经计算：$\omega_{max} = 2.7 \times 1 \times \dfrac{445.86}{200\,000} \times \left(1.9 \times 65 + 0.08 \times \dfrac{40}{0.04}\right) = 1.22$（mm），故 $\omega_{max} > \omega_{lim}$，不满足要求。

通过计算可以看出，采用控制裂缝宽度 0.3 mm 进行计算无法满足裂缝控制要求，因此须采用增加预应力方式使抗浮锚杆不出现裂缝。具体措施为普通段杆体钢筋采用防腐波纹管包裹，波纹管与杆体钢筋间设置防腐油脂。通过在筏板基础上施加预应力，使抗浮锚杆处于受压状态，不产生预应力。

3. 扩大头抗浮锚杆所需预应力计算

若抗浮锚杆不产生裂缝，施加预应力后按二级裂缝控制等级，根据公式计算可得：

$$\sigma_{ck} = \frac{N_{ak}}{A} = \frac{560 \times 1\,000}{3.14 \times 200 \times 200} = 4.46\,(\text{MPa})$$

$$\sigma_{ck} - \sigma_{pc} < f_{tk} = 2.01\,(\text{MPa})$$

$$\sigma_{pc} > \sigma_{ck} - f_{tk} = 4.46 - 2.01 = 2.45\,(\text{MPa})$$

$$P = \sigma_{pc} \times A > 2.45 \times 3.14 \times 200 \times 200 = 307.72\,(\text{kN})$$

根据计算结果可知，若扩大头锚固体受到的抗拉强度须满足二级裂缝控制要求，须施加不少于 2.45 MPa 预加应力，即须提供至少 307.72 kN 的压力。

6.6.7 抗浮锚杆施工

1. 基础垫层浇筑、施工准备

由于基坑开挖深度大，基岩裂隙水较为丰富，基岩和卵石交界处地下水不断渗出，抗浮锚杆大面施工前先进行基底土方清底、验槽和浇筑垫层，并组织有效的截排水措施，确保锚杆施工质量，同时减少锚杆施工后捡底的困难。

2. 测量放孔

对工作面进行清理和控制点（轴线、抗水地板顶标高等）的交接，测量人员根据控制点及抗浮锚杆平面布置图进行测放。测放过程中作好记录，检查无误。在抗浮设计范围外应设置固定点，并用红油漆标注清晰，供测放、恢复、检查桩位用，以保证在施工过程中能够经常进行复测，确保孔位的准确，如图 6-61。

图 6-61　扩大头成孔直径开挖测量和直径孔底测量

3. 锚杆成孔、机械扩孔

在确定锚杆孔位后，用液压锚杆钻机钻孔，开孔直径为 200 mm 以上，钻至扩大头段高度位置采用专用扩孔器，扩孔直径不小于 400 mm。成孔过程中利用空压机产生的高压空气进行排渣。达到设计深度后，不得立即停钻，稳钻 1 ~ 2 min。成孔时孔位准确，钻孔垂直，孔深符合技术要求并做好成孔深度记录。

4. 清孔提钻

终孔后利用高压空气清除孔内余渣，直到孔口返出之风，手感无尘屑为止，避免孔内沉渣存在，同时现场工程师及质检员进行孔深检测，锚孔偏斜度（不宜大于 5%），符合要求后进行下道工序施工。

5. 锚杆杆体制作

锚杆杆体制作严格按照设计方案进行，杆体钢筋为 PSB 精轧螺纹钢筋，不得有任何焊接、弯折操作，以免破坏杆体的力学性能，杆体钢筋连接须采用套筒连接（图 6-62）。扩大头段承载体设置间距严格按照设计方案设置。抗浮锚杆普通段杆体长度范围内钢筋采用外包防腐套管（材质：PE 波纹管，SDR17，DN50 mm），防腐套管与钢筋杆体间充填防腐油脂，防腐油脂在成孔完毕下放钢筋前需及时填充并及时密封，密封需采用柔性密封环密封，防止杆体张拉时密封处油脂溢出。

图 6-62　杆体顶部和底部钢筋

6. 下放杆体、填入砾石

在钻孔完成且清洗后,将制作好的锚杆用垂直放置入孔中,采用水准仪对杆体上端标高进行控制,确保钢筋锚入基础混凝土内有效长度不小于 700 mm 的设计要求。杆体下放时钢筋严禁和侧壁碰撞,杆体钢筋放入钻孔并对中后须及时填充粒径不大于 20 mm 砾石。

7. 压力注浆

注浆采用纯水泥浆,水泥采用为普通硅酸盐水泥 P·O 42.5R,水灰比 0.45~0.5,灌浆压力≥1.0 MPa。注浆前,检查制浆设备、注浆泵是否正常,检查送浆管路是否畅通无阻,确保注浆过程顺利,避免因中断情况影响压浆质量。注浆结束标准为孔口返出的的浆液浓度与注入的浆液浓度相同,且不含气泡时为止。注浆完成后 45 min 内须补浆,直至孔口浆体饱满无空洞。

8. 抗拔验收试验

抗浮锚杆的检测由建设单位指定的检测单位进行了抗浮锚杆的检测,检测点位由勘察、设计、监理、施工、检测、建设单位共同商定,试验严格按照规范及地区规定执行,对场地地质条件变化较大,对施工质量有疑问的区域应选取具有代表性的,最不利的点位进行检测。验收试验数量为锚杆总数的 5%,且不得少于 6 根抽检,本工程总锚杆数量为 3 204 根,故抽取检测数量不应少于 161 根,在施工完成 14 d 后进行。抗浮锚杆验收试验荷载取锚杆抗拔承载力特征值(560 kN)的 2 倍。

本项目抗浮锚杆验收试验加载最大荷载为 1 135 kN,根据检测报告试验 Q-S 曲线见图 6-63。

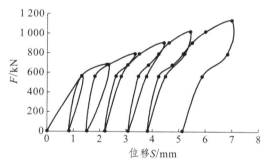

图 6-63　B103#锚杆验收试验荷载-位移曲线

抽检锚杆变形量条件结果见表 6-38。

表 6-38　某污水处理厂锚杆检测变形量统计

变形量	频数	范围值	平均值	标准差	变异系数	统计修正系数	标准值
累计拔出量	161	6.69~7.64	7.20	0.195	0.027	0.996	7.17
残余变形	161	4.71~5.91	5.32	0.228	0.043	0.994	5.29
弹性变形	161	1.57~2.19	1.88	0.128	0.068	0.991	1.86

检测报告显示,该工程所测 161 根抗浮锚杆在最大试验荷载下,锚头位移稳定,均未发生破坏,抗拔承载力满足设计要求。

9. 张拉预应力、锁定

待垫层强度达到设计强度的 75% 后即可进行预应力张拉，张拉时锚杆承载构件的承压面应平整，并与锚杆轴线方向垂直，锚杆正式张拉前，应取 10%~20% 的抗拔力特征值对预应力锚杆顶张拉 1~2 次，每次均应松开锚头，调平杆体后拧紧锚头，使杆体完全平直，各部位接触紧密。杆体张拉锁定值为 560 kN，锚杆张拉时应先张拉至 1.1 倍锚杆抗拔承载力特征值，维持 15 min，然后卸载至锁定值（图 6-64）。

图 6-64　高强度预应力抗浮锚杆张拉锁定

10. 基础施工（防水、钢筋绑扎）

预应力施加完成后，由总包单位进行防水施工，钢筋绑扎，如图 6-65。

图 6-65　高强度预应力抗浮锚杆防水施工和钢筋绑扎

6.6.8　应用效果

目前该污水处理项目主体结构施工已完成且经历了成都市 2020 年 8 月大暴雨的考验，该项目均未出现任何抗浮上的问题，通过高强度预应力扩大头抗浮锚杆在该项目上的实际应用，相对于普通锚杆，具有如下显著优点：

（1）高强度预应力扩大头抗浮锚杆在本污水处理厂项目的成功应用，解决了泥岩地区基岩裂隙水丰富情况下采用普通锚杆容易失效问题。

成都泥岩属于极软岩，具有微膨胀性，遇水易软化。本项目基坑开挖深度大，普通锚杆成孔直径小，锚杆成孔后锚孔内存在大量地下水，若注浆不及时，在地下水作用下会造成钻孔孔壁泥岩软化，导致锚杆承载力降低或失效。本项目采用泥岩扩孔设备，在锚杆末端进行扩孔，扩孔直径 400 mm，扩孔长度不小于 4.0 m。增大锚杆直径，增大锚杆锚固体与基岩接触面积，减小了因注浆不及时孔壁泥岩软化造成的承载力降低的影响，同时充分利用泥岩对扩大头段上部产生的抗力作用，确保锚杆施工质量。

（2）采用 PSB 精轧螺纹钢筋节约了钢筋用量，提高了单根锚杆承载力。

PSB 精轧螺纹钢筋是在整根钢筋上均轧有不连续的外螺纹的大直径、高强度、高尺寸精度的钢筋。该钢筋在任意截面处都可拧上带有内螺纹的连接器进行连接或拧上带螺纹的螺帽进行锚固。本项目采用 1 根直径 40 mm，屈服强度为 1 080 MPa 的 PSB 精轧螺纹钢钢筋，该钢筋是同等面积 HRB400 普通钢筋强度的 2.5 倍。PSB 精轧螺纹钢筋和扩大头工艺结合，提高了单根锚杆承载力。

（3）利用预应力施工技术控制锚杆裂缝，解决了锚杆耐久性问题。

随着《建筑工程抗浮技术标准》（JGJ 476—2019）于 2020 年 3 月 1 日实施，对抗浮锚杆耐久性的要求越来越严格，本项目非扩大头段采用防腐油脂和防腐套管包裹杆体钢筋，待锚固体浆体达到设计要求强度后施加预应力工艺来控制抗浮锚杆产生裂缝，提高抗浮锚杆耐久性。

本项目抗浮水位高，地下水丰富，对锚杆质量要求高。锚杆施工工期短。采用高强度预应力扩大头抗浮锚杆利用扩大头工艺并结合 PSB 精轧螺纹钢筋，提高了抗浮锚杆承载力；对抗浮锚杆施加预应力，控制裂缝，提高了抗浮锚杆耐久性。该项目为成都泥岩地区首例采用高强度预应力扩大头抗浮锚杆施工工艺。该项目成功应用为西南地区泥岩地质条件下抗浮锚杆施工提供了参考，具有良好的经济和社会效益。

（4）利用扩大头抗浮锚杆节约了工期及成本。

根据测算，若采用普通锚杆，该项目施工工期约 100 天，造价约 1 200 万元，工期和造价均达不到业主进度和成本要求，且普通锚杆锚固长度范围内均为泥岩层，锚杆存在失效的风险。采用高强度预应力扩大头抗浮锚杆，提高了锚杆承载力节约了工期近 45 天，节约成本约 200 万元，同时满足了抗浮锚杆耐久性的要求。

6.7 某三层地下室科技楼项目抗浮锚杆工程

6.7.1 工程概况

项目规划建设用地面积约 3 935.64 m²，建筑面积 15 646.99 m²，项目包含一栋单体建筑，主要功能为文化中心及其配套设施用房、地下室、设备用房，层数为地下 3 层，地上 6 层，建筑最大高度为 28.22 m。项目采用筏板+下柱墩基础，主体结构采用钢框架-支撑结构，楼板采用钢筋桁架楼承板。本项目 ±0.00=498.20 m，地下室底板顶标高 -12.75 m，基底高程 484.75 m/482.6 m，属岷江水系三级阶地，原始地形有一定的起伏，孔口标高介于 497.81 ~ 502.86 m。项目平面图如图 6-66 所示。

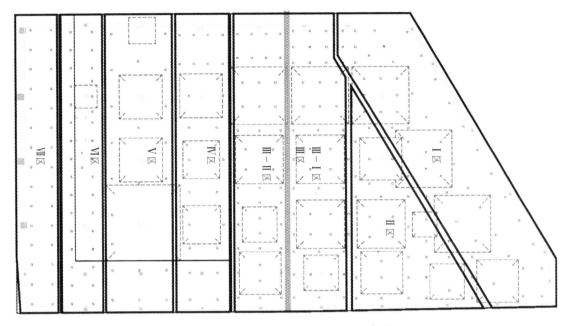

图 6-66 室科技楼项目平面图和锚杆布置

6.7.2 工程地质条件

1. 地层结构及其分布

拟建场地的地层有第四系全新统填土层（Q_4^{ml}）和第四系中、下更新统冰水堆积层（Q_{1+2}^{fgl}）及白垩系上统灌口组基岩（K_2g）。地层特征分述如下：

杂填土：杂色，以混凝土块，建筑垃圾和黏性土为主，含少量有机质，结构松散，未固结，具湿陷性；回填时间 1～5 年；层厚 0.7～5.0 m。

黏土：褐黄色～灰褐色，稍湿，可塑，含铁锰氧化物及其结核。切面光滑，刀刃黏腻感较强，手捻摸滑腻感较强，干强度较高，韧性较高，无摇振反应；网状裂隙发育，隙面充填少量高岭土，为弱膨胀土；层厚 4.0～12.1 m。

含黏土卵石：灰黄色，稍湿，松散为主，少量稍密；充填物主要为黏土，卵石成分以岩浆岩、变质岩类岩石为主；磨圆度较好，以亚圆形为主，少量圆形，分选性差，强风化，少量呈中风化；卵石含量一般为 50%～55%，粒径以 2～8 cm 为主；层厚 1.9～8.6 m。

强风化泥岩：紫红色、棕红色，偶夹灰绿色条带，斑块；泥质结构，块状构造；可见灰白色矿物（石膏）斑点、团块及其条带；岩体比较破碎，少数呈短柱状，岩芯采取率约 80%，岩体遇水易软化、崩解，为极软岩，岩层近于水平状，产状 ∠230°、2.5°，岩体基本质量等级为 V 级。

中风化泥岩：紫红色、棕红色，偶夹灰绿色条带，斑块；泥质结构，块状构造；可见灰白色矿物（石膏）斑点、团块及其条带；岩体组织结构部分破坏，呈短柱状，岩体被切割成 20～50 cm，偶加强风化夹层。岩芯采取率约 85%，RQD 值 60%～80%，岩体遇水易软化、崩解，为极软岩，岩层近于水平状，产状 ∠230°、2.5°产状 ∠230°、2.5°岩体基本质量等级为 V 级。该层未揭穿。

2. 水文地质条件

场地勘察期间，钻孔内未发现地下水。根据区域水文地质资料及地下水的赋存条件，场地地下水类型主要为赋存于填土、黏土层的上层滞水和基岩裂隙水。上层滞水呈透镜体分布于地表，水量变化大，且不稳定，主要靠大气降水及附近居民生活用水补给。基岩裂隙水赋存于基岩裂隙中，含水量一般，但在岩层较破碎的情况下，常形成局部富水段。白垩系风化带裂隙水的排泄受地质构造、地层岩性、水动力特征等条件的控制。主要排泄方式为地下水的开采，当具有水流通道的条件下，也可产生直接向地势低洼或沿基岩裂隙排泄。

6.7.3　抗浮锚杆设计

1. 锚杆抗拔承载力特征值计算

根据地勘报告，基底下地层为强风化粉砂质泥岩下伏中风化粉砂质泥岩，因此本工程按锚固段为强风化粉砂质泥岩进行计算。根据《四川省精轧螺纹钢筋预应力抗浮锚杆技术标准》（DBJ51/T 210—2022）扩大头锚杆抗拔承载力极限值可按下式计算：

$$T_{uk} = \pi \left[D_2 L_D f_{mg} + \frac{(D_2^2 - D_1^2) P_D}{4} \right]$$

式中：f_{mg}——锚固体与锚孔孔壁岩土的极限黏结强度标准值（kPa）。

本项目中，D_1 取 0.20 m；D_2 取 0.45 m；L_D 取 5.5 m；强风化 f_{mg} 取 120 kPa；P_D 按下式计算：

$$P_D = \frac{(K_0 - \xi) K_p \gamma h + 2c\sqrt{K_p}}{1 - \xi K_p}$$

本项目中，强风化粉砂质泥岩饱和重度取 21.5 kN/m³，有效重度按 11.5 kN/m³考虑；h 取 5.5 m；K_0 取 0.58；K_P 取 2.464；c 取 50 kPa；ξ 取 $\xi=0.9K_a=0.365$。经计算 P_D 为 1 892.67 kPa，锚杆抗拔力极限值 T_{uk} 为 1 174.61 kN。

扩大头锚杆抗拔承载力特征值可按下式计算：

$$T_{ak} = \frac{T_{uk}}{K}$$

经计算，锚杆抗拔力特征值 T_{ak} 为 587.305 kN，考虑地区施工经验，T_{ak} 取 560 kN。

2. 扩大头长度验算

扩大头抗浮锚杆的扩大头长度应符合注浆体与杆体间的黏结强度安全要求，按下式计算：

$$L_D \geqslant \frac{T_{uk}}{\pi d f_{ms} \varphi}$$

本项目中，d 为 40 mm；f_{ms} 取 1.8 MPa；当扩大头长度为 5.5 m 时，φ 为 1.3。

经计算 $L_D \geqslant 3.81$ m，本工程高强度预应力抗浮锚杆的扩大头长度实际为 5.5 m，符合注浆体与杆体间的黏结强度安全要求。

3. 锚杆配筋

本项目设计抗浮锚杆属永久性锚杆，锚杆抗拔力特征值取 560 kN。根据工程性质和施工工艺要求，钢筋截面积分别按下式计算，并取其中较大值：

$$A_s \geqslant \frac{r_0 N_d}{f_{py}}$$

$$A_s \geqslant \frac{2T_{ak}}{0.9 f_{pyk}}$$

式中：A_s ——钢筋截面积（mm^2）；

r_0 ——重要性系数，取 1.1；

N_d ——锚杆轴向拉力设计值（N）；

f_{py} ——精轧螺纹钢筋的抗拉强度设计值（MPa），PSB1080 取 900 MPa；

f_{pyk} ——精轧螺纹钢筋的屈服强度标准值（MPa），PSB1080 取 1080 MPa。

$$N_d = \gamma_G N_{ak}$$

式中：γ_G ——分项系数，取 1.3；

N_{ak} ——锚杆轴向拉力标准值（N），取 560 000 N。

经计算：$N_d = 728$ kN；$A_s \geqslant 1\,152.26$ mm。单根 PSB1080 精轧螺纹钢筋 d 取 40 mm 时，$A_s = 1\,256.64$ mm^2，满足要求。

4. 冲切承载力验算

$$T_d - P_{sk} A_{bt} \leqslant 0.7 \beta_h f_t u_m h_0$$

式中：T_d ——作用于板的集中力设计值（kN），取 1.1N_d =800.8 kN；

P_{sk} ——单位面积的水浮力标准值（kPa），取 70 kPa；

A_{bt} ——冲切破坏锥体底面线围成的底面面积（m^2），取$(a+2h_0)^2$；

β_h ——截面高度影响系数，取 1.0；

f_t ——混凝土轴心抗拉强度设计值（kPa），取 1 570 kPa；

a ——方形锚板边长（m），取 0.3 m；

u_m ——计算截面周长（m），方形板 $u_m = 4(0.3 + h_0)$；

对于 C35 混凝土 $h_0 \geqslant 0.289$ m，因此锚入 C35 筏板 0.4 m 满足要求。

5. 设计结论

根据设计文件，地下室筏板下设置精轧螺纹钢筋预应力抗浮锚杆 283 根。钢筋全长 12 m。锚杆配筋 1ϕ40PSB1080，锚杆非扩孔段的直径为 200 mm，扩孔段直径为 450 mm，扩孔段长度为 5.5 m，锚杆成孔深度应大于设计深度 0.3 m。

本设计采用 II 级防腐构造：抗浮锚杆普通段杆体钢筋采用外包高强 PE 套管，外径 63 mm，t=4.7 mm，套管与钢筋杆体间充填缓黏结剂，缓黏结剂在成孔完毕下放钢筋前须及时充填并及时密封，密封须采用柔性密封环，防止杆体张拉时密封处缓黏结剂溢出。套管与扩大头段注浆体的搭接长度不应小于 300 mm。

根据抗浮力标准值将锚杆分为七个区域，Ⅰ区抗浮力标准值每平米 34.5 kN，锚杆间距 3.8 m×3.8 m；Ⅱ区抗浮力标准值每平米 55.0 kN，锚杆间距 2.8 m×3.5 m；Ⅲ区抗浮力标准值每平米 45.0 kN，锚杆间距 3.3 m×3.0 m、3.3 m×3.5 m；Ⅳ区抗浮力标准值每平米 30.0 kN，锚杆间距 3.9 m×4.0 m；Ⅴ区抗浮力标准值每平米 20.0 kN，锚杆间距 3.8 m×5.0 m；Ⅵ区抗浮力标准值每平米 70.0 kN，锚杆间距 2.5 m×3.0 m；Ⅶ区抗浮力标准值每平米 65.0 kN，锚杆间距 2.7 m×2.9 m。抗浮锚杆的布置详见图 6-66。

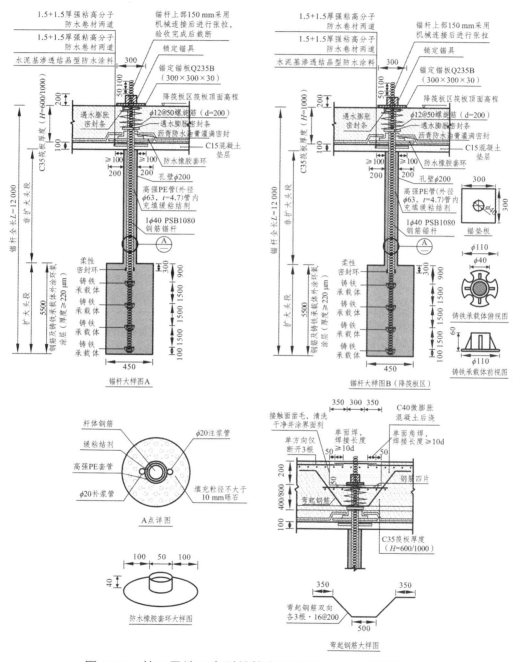

图 6-67　某三层地下室科技楼高强度预应力抗浮锚杆构造

6.7.4 抗浮锚杆施工

本项目预应力抗浮锚杆施工工艺流程为：施工准备→测量放线→钻机就位→成孔→扩孔→清孔→锚杆安放→砾石填充→锚固段注浆→垫层及筏板施工→龄期预应力张拉→检测与验收。

1. 材料及设备

本项目预应力抗浮锚杆主要材料包括钢筋、注浆管、水泥等主材，主要材料配置见表6-39。

表6-39　主要材料配置计划

序号	材料名称	规格或型号	单位	数量	进场时间	使用部位
1	钢材	ϕ40PSB1080	t	38.22	工程开工时	锚杆
2	锁定锚板	250 m×250 m×30 m	个	283	工程开工时	锚杆
3	锚具	40	个	283	工程开工时	锚杆
4	铸铁承载体	见图纸	个	1 132	工程开工时	锚杆
5	螺旋筋	ϕ12@50（d=200）	个	283	工程开工时	锚杆
6	柔性密封环	内径40 mm、外径63 mm	个	283	工程开工时	锚杆
7	高强PE管	外径63，t=4.7	m	1 867.8	工程开工时	锚杆
8	防水橡胶套环	见图纸	个	283	工程开工时	锚杆
9	注浆管	直径20 mm	m	3537.5	工程开工时	锚杆
10	补浆管	直径20 mm	m	3 537.5	工程开工时	锚杆
11	密封条	见图纸	个	566	工程开工时	锚杆

根据本工程特点为保证抗浮锚杆工程质量，配制主要设备如下：锚杆钻机、空气压缩机、注浆泵等，其他机械根据施工机具需要量情况及现场施工进度要求分批组织进场，主要机械设备配备见表6-40。

表6-40　拟投入本工程主要施工设备仪器

设备名称	规格	数量
锚杆钻机	90钻机	4台
空气压缩机（电动）	22立方米	1台
注浆泵	SUB8.0C	1台
电焊机	500 A	1台
滚丝机	20 kW	1台
气割设备	—	1套
水准仪	S6	1套
全站仪	拓普康 TKS-202	1套
钢卷尺	50.0 m	2把
水泥浆试块模	70.7 mm×70.7 mm×70.7 mm	8组
试件养护箱	YB-40B	1台

2. 测量放线

根据建设单位提供的测量控制点及设计图纸，测量标定各个抗浮中心点，打入钢筋头（或竹签）给予确定，并用白灰做上标志。自检复验无误后，报甲方监理等有关单位人员复核验线，待签字认可后方可开始下一步施工。要求测量人员高度负责地记录各个抗浮锚杆坐标以及水平标高，确保孔位准确和锚杆顶标高符合要求。

3. 钻机就位

锚杆钻机开始就位，成孔施工前，施工人员应仔细检查点位及钻具垂直度，确认满足要求后，再进行成孔施工。

4. 成孔

钻机定位和调整角度后，便进行钻进成孔，采用机械成孔，由于钻进所涉及的均为岩层，不易垮孔，所以不需用跟管钻进。成孔孔径为 200 mm，扩大头直径为 450 mm，扩大头段长度为 5.5 m，扩孔采用机械扩孔，成孔深度应大于设计深度 0.3 m。施工过程中应观察地层土质情况，复核其与地勘报告的差异，钻进过程中发现异常或卡钻应停止钻进，查明原因并处理后再继续进行钻进成孔。对地质条件复杂区域，可在钻进过程中使用钢套管，以防止孔壁塌陷。

5. 清孔

钻孔成孔后应及时清孔，由于地下水较少，钻机钻进入设计深度后（锚孔偏斜度不大于5%），使用高压空气（风压 0.2 ~ 0.4 MPa）将孔内土及水体全部清除出孔外，以免降低水泥浆与孔壁岩土体的黏结强度。吹孔时应观察孔口变形情况或吹孔四周是否有气冒出，若存在对锚孔安全不利情况，应停止吹孔。若遇到特殊地下水聚集情况，应用高压水将锚杆孔清洗干净，直到钻孔深度超过锚杆设计长度 0.3 m 后停止清孔，放入锚杆。

6. 锚杆的制作与插放

（1）锚杆的制作。

① 严格按设计尺寸下料杆体长度允许误差为 50 mm。

② 组装前应清除钢筋表面的油污和膜锈。

③ 钢筋加工好应对抗水板底以下不小于 2 m 范围内涂刷防腐涂层。防腐涂层应采用专用锚杆防腐涂料涂刷，并符合《工业建筑防腐设计规范》（GB 50046—2018）要求。

④ 锚杆主筋采用 1 根全长为 12 m 的 ϕ40PSB1080 钢筋。抗浮锚杆普通段杆体钢筋采用外包防腐套管（高强 PE 套管，外径 63 mm，壁厚 4.7 mm），套管与钢筋杆体间充填缓黏结剂，缓黏结剂在成孔完毕下放钢筋前须及时充填及时密封，密封须采用柔性密封环密封，防止杆体张拉时密封处缓溢出。防腐套管与扩大头段注浆体的搭接长度不小于 300 mm。

⑤ 钢筋长度：钢筋长度应按照设计要求下料，全长 12 m。

（2）注浆管安装。

注浆管和补浆管采用直径 20PVC 管，长度超出锚筋顶部 0.5 m 左右，注浆管端头到孔底的距离宜为 100 mm。

（3）锚杆插放。

① 现场临时用 25 t 汽车吊进行转移锚杆和下方锚杆。

② 插放锚筋时，应防止锚筋扭压、弯曲、杆体放入角度与钻孔角度保持一致。

③ 注浆管与锚筋绑扎在一起放入钻孔，注浆管端头到孔底的距离宜为 100 mm。

④ 锚筋插入孔内深度不应小于锚杆长度的 95%，亦不得超深，以免外露长度不足。

7. 注浆

浆液应搅拌均匀并过筛，随拌随用，浆液应在初凝前用完。下放钢筋后须填充粒径不大于 10 mm 的砾石，砾石填充完成后及时灌注纯水泥浆，水泥采用普通硅酸盐水泥（P·O 42.5R），水灰比 0.5~0.55，灌浆压力≥1.0 MPa，锚固体强度不小于 C40。锚杆注浆采用注浆机注浆，确保浆液自下而上将锚孔注满，且注浆应连续，不得将注浆管口拔离水泥浆面，以防止出现断层。灌浆待孔口溢浆即可停止灌浆，浆体硬化后不能充满锚固体时，应进行补浆。若注浆过程中遇到地下水时，应用高压水将锚杆孔清洗干净，直到钻孔深度超过锚杆设计长度 0.3 m 后停止清孔，放入锚杆。

注浆过程中应按照《四川省建筑地下结构抗浮锚杆技术标准》规定留置试件，即：每 300 根留置一组标养试件，不足 300 根按 300 根留置，每组试件应留取 3 个，按同样标准留置同养试件。同养、标养试件应按规范要求养护。

8. 垫层及筏板施工

锚杆注浆完成后进行垫层和筏板的施工。垫层上需要铺设强黏高分子防水卷材，钢筋与垫层接触部分需要用防水橡胶套环和遇水膨胀密封条进行密封，以起到防水的作用。

9. 龄期张拉

待注浆完成后锚固体及锚座达到设计强度的 80%后进行预应力张拉，锚杆张拉至 1.2 倍锚杆抗拔承载力特征值后，持续荷载 10 min 后卸荷至锁定荷载进行锁定；锚杆锁定值为 450 kN，锚杆锁定后不得碰撞锚头及杆体。

锚杆张拉时，当张拉长度不足时，锚杆上部 150 mm 采用机械连接后进行张拉，验收完成后进行截断。

10. 锚杆检测

根据设计要求，锚杆正式施工前，首先进行锚杆基本试验。抗浮锚杆基本试验的地层条件、锚杆杆体和参数、施工工艺应与工程锚杆相同，且每种规格锚杆试验数量应不少于 3 根。基本试验最大试验荷载 T_p 应加载至破坏或预估抗拔极限承载力标准值，预加的初始荷载应取最大试验荷载的 0.1 倍。

抗浮锚杆施工后应进行抗拔验收试验检测抗拔承载力，最大试验荷载为 1 120 kN，检测数量为每个单位工程（子单位工程）不应少于同类型锚杆总数的 5%，且不应少于 5 根。

6.8 某 35 亩住宅项目抗浮锚杆工程

6.8.1 工程概况

项目场地地貌单元属岷江 I 级阶地,地势较开阔,交通便利,由 2 栋 25 层、3 栋 17 层的高层建筑组成(1、6 号楼 25 层,2、3、5 号楼 17 层),整体设 1 层地下室,局部设 2 层地下室。高层拟建物拟采用框架-剪力墙结构、筏板基础,地下室拟采用框架结构、独立或条形基础,纯地下室部分拟采用框架结构、独立基础。

6.8.2 工程地质条件

1. 地层结构及其分布

经勘察查明,在本次钻探揭露深度范围内,场地岩土主要由第四系全新统人工填土(Q_4^{ml})、第四系全新统冲洪积层(Q_4^{al+pl})及白垩系灌口组(K_2g)泥岩组成(图 6-68),各岩土层的构成和特征分述如下:

(1)第四系人工填土层(Q_4^{ml})。

杂填土:杂色,松散,干,主要以塑料袋等生活垃圾为主,局部含少量砖块、混凝土块建筑垃圾,局部表层有少量植物根茎,回填年限小于 3 年。钻探揭露层厚 0.50 ~ 4.50 m。

素填土:灰色,灰黑色。松散 ~ 稍密,稍湿。以黏性土主,含少量植物根茎、虫穴,夹杂有角砾、卵石,为新近填土。该层在场地内均有分布。钻探揭露层厚 0.50 ~ 2.00 m。

(2)第四系全新统冲洪积层(Q_4^{al+pl})。

粉土:黄褐色,稍密,稍湿,含云母片及氧化铁,无摇震反应,无光泽反应。场地内局部地段分布,仅在部分钻孔揭示,钻探揭露层厚 0.50 ~ 3.30 m。

细砂:灰色,稍湿,松散,以长石、石英颗粒为主,含云母碎片,以透镜体状分布于卵石顶板,局部夹有少量的圆砾。钻探揭露层厚 0.40 ~ 1.80 m。

中砂:灰色,稍湿,松散,以长石、石英颗粒为主,含云母碎片,以透镜体状分布于卵石顶板,局部夹有少量的圆砾。钻探揭露层厚 0.40 ~ 2.50 m。

卵石:灰褐、褐黄等色,湿 ~ 饱和,松散 ~ 中密,卵石成分主要为花岗岩、石英岩,卵石粒径多为 2 ~ 6 cm,个别卵石粒径可达 20 cm 以上,卵石磨圆度中等,多呈亚圆形,呈中等风化 ~ 微风化状。卵石骨架间被细砂、少量粉土充填,含圆砾、角砾,其含量为 10% ~ 50%。卵石骨架间的砂为黄褐、青灰等色。根据卵石层密实程度的差异,可划分为松散卵石、稍密卵石、中密卵石 3 个亚层(在工程地质剖面图中分别以⑤-1、⑤-2、⑤-3 予以标注)。

① 松散卵石:灰色 ~ 灰褐色,松散,卵石粒径一般 2 ~ 5 cm,含量 50% ~ 55%。呈层状分布。N_{120} 超重型动力触探修正后击数为 2 ~ 4 击,平均击数为 2.9 击。钻探揭露层厚 1.00 ~ 6.70 m。

② 稍密卵石:灰色 ~ 灰褐色,稍密,卵石粒径一般 2 ~ 6 cm,卵石含量 55% ~ 60%。呈层状、透镜体状分布。N_{120} 超重型动力触探修正后击数一般为 4 ~ 7 击,平均击数为 5.2 击。钻探揭露层厚 0.80 ~ 4.60 m。

③ 中密卵石:灰色 ~ 灰褐色,中密,卵石粒径一般 3 ~ 8 cm,个别大于 20 cm,以层状、透镜体状分布。卵石含量 60% ~ 75%。N_{120} 超重型动力触探修正后平均击数为 9.3 击。钻探揭

露层厚 1.00 ～ 3.40 m。

（3）白垩系灌口组（K_2g）。

泥岩：棕红～紫红色，泥状结构，薄层～巨厚层构造，其矿物成分主要为黏土矿物，遇水易软化，局部夹乳白色或青灰色碳酸盐类矿物细纹，局部夹泥质粉砂岩，岩芯表面偶见溶蚀孔洞，直径为 2～5 cm，无填充，表面可见黑褐色铁染。在勘察深度内，根据其风化程度，将其划分为 2 个亚层。

强风化泥岩：风化裂隙很发育，岩体较破碎，钻孔岩芯呈碎块状或短柱状，用手不易捏碎，但用手指甲可在上面刻画图案，岩石结构清晰可辨，敲击声闷，钻探揭露层厚 1.00～4.40 m。

中等风化泥岩：风化裂隙较发育，岩体较完整，岩芯多呈长柱状或短柱状，局部破碎成块状，层间夹有少量的强风化泥岩。指甲可刻痕，但用手不能折断。敲击声脆，岩芯采取率大于 90%，RQD 值约 80%，岩体较完整。

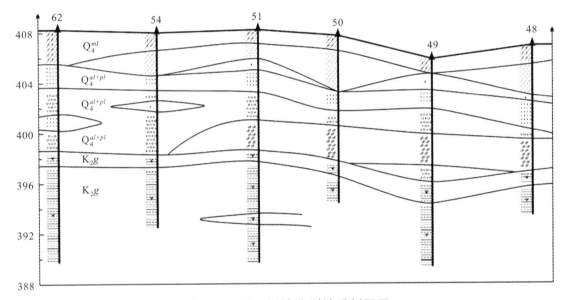

图 6-68　项目场地典型地质剖面图

2. 水文地质条件

场地内地表水匮乏，仅在局部地势低洼地段汇集有较小规模地表水。水量极小，对工程建设无影响。建筑场地在地貌单元上系岷江水系Ⅰ级阶地，场地地下水类型主要为赋存于卵石中的孔隙型潜水，次为上部填土层中的上层滞水和赋存于基岩中的基岩裂隙水。

上层滞水主要赋存于场地上部的人工填土层底部。靠大气降水补给，埋藏较浅，以蒸发方式排泄，无统一自由水面，季节性变化大，在个别钻孔内揭露水位埋深 0.30～1.20 m，水量小，对工程建设影响甚微。基岩裂隙水主要赋存于泥岩层内。主要受邻区地下水侧向补给，无统一的自由水面。水量主要受裂隙发育程度、连通性及裂隙面充填特征等因素的控制，水量较小。钻孔范围内未揭露。

卵石为场地地下水的主要含水层，为孔隙型潜水具有微承压性。在枯水期，主要补给源是地下水的侧向径流及大气降水，以蒸发方式及向河流径流方式排泄；在丰水期，主要补给源为地下水侧向径流、大气降水及河流补给，以地下径流和河流下游排泄为主。勘察期间为丰水期，本次勘察在钻孔内测得地下水位 3.40～6.50 m，相应标高为 402.75～403.77 m。地下水位年变幅一般在 3.00～5.00 m。据该地区工程经验，该场地卵石的渗透系数 k 值建议取 30 m/d。

6.8.3 抗浮锚杆设计

1. 抗浮锚杆设计参数

本项目±0.000 m 相当于绝对标高 410.30 m，根据地勘报告设计抗浮水位 407.50 m，抗水板厚 400 mm，独立基础厚 600～700 mm。由于设置两层纯地下室区域基础埋深较大（抗水板顶标高为-9.15 m），根据结构设计单位计算，抗水板满足局部抗裂要求，地下室抗浮按整体抗浮考虑，抗浮锚杆设置在地下室独立基础范围内，抗拔力为 30 kN/m^2，抗浮面积为 4 521 m^2。本项目抗浮锚杆设计参数见表 6-41。

表 6-41　场地岩土体与锚固体黏结强度标准值

土层名称	天然重度 γ（kN/m^3）	黏聚力 c/kPa	内摩擦角 ϕ/（°）	土体与锚固体黏结强度标准值 f_{rbk}/kPa
中　　砂	19.5	0	20	60
松散卵石	20.5	0	25	120
稍密卵石	21.0	0	30	140
中密卵石	22.0	0	35	180
强风化泥岩	20.0	45	25	160
中等风化泥岩	23.0	260	36	280

2. 锚杆抗拔承载力特征值计算

选取钻孔 53 进行计算锚杆抗拔承载力特征值，其中基底标高为 400.85 m，基底下地层为中密卵石，层厚 2.1 m；强风化泥岩，层厚 1.1 m；中风化泥岩，勘察揭露厚度 5.0 m。根据《高压喷射扩大头锚杆技术规程》（JGJ/T 282—2012）扩大头锚杆抗拔承载力极限值可按下式计算：

$$T_{uk} = \pi \left[D_1 L_d f_{mg1} + D_2 L_D f_{mg2} + \frac{(D_2^2 - D_1^2)P_D}{4} \right]$$

本项目中，D_1 取 0.18 m；D_2 取 0.40 m；L_d 取实际长度减去两倍扩大头直径，为 2.7 m；L_D 取 3.0 m；f_{mg1} 取 180 kPa；f_{mg2} 取 280 kPa；P_D 按下式计算：

$$P_D = \frac{(K_0 - \xi)K_P \gamma h + 2c\sqrt{K_P}}{1 - \xi K_P}$$

本项目中，γ 取 12.0 kN/m^3，h 取 4.0 m，K_0 取 0.5，K_P 取 3，c 取 0，ξ 取 $\xi=0.8K_a=0.26$。经计算 P_D 为 157.09 kPa，锚杆抗拔力极限值 T_{uk} 为 1 345.46 kN。

扩大头锚杆抗拔承载力特征值可按下式计算：

$$T_{ak} = \frac{T_{uk}}{K}$$

经计算，锚杆抗拔力特征值 T_{ak} 为 673 kN，考虑地区施工经验，T_{ak} 取 600 kN。

3. 扩大头长度验算

扩大头抗浮锚杆的扩大头长度应符合注浆体与杆体间的黏结强度安全要求，按下式计算：

$$L_D \geqslant \frac{K_s T_{ak}}{n \pi d \zeta f_{ms} \varphi}$$

本项目中，K_s 取 1.8；n 为 1；d 为 40 mm；本项目高强度预应力抗浮锚杆采用 1 根 PSB930 钢筋，不存在黏结强度降低现象，取 1；f_{ms} 取 2.0 MPa；当扩大头长度为 3 m 时，φ 为 1.6。

经计算 $L_D > 2.68$ m，本工程高强度预应力抗浮锚杆的扩大头长度实际为 3.0 m，符合注浆体与杆体间的黏结强度安全要求。

4. 抗浮锚杆数量计算及布置

由于本项目设计高强度预应力抗浮锚杆抗拔承载力特征为 600 kN，基于地下室布置抗浮锚杆的整体抗拔力应满足整体抗浮力的要求，设计抗浮锚杆根数 n 应满足：

$$n \geqslant \frac{(F_w - W) \times 1.1}{T_{ak}}$$

式中，F_w 为作用于地下室整体的浮力。由于项目 ±0.000 m 相当于绝对标高 410.30 m，设计抗浮水位为 407.50 m，抗水板顶标高为 -9.15 m，抗水板厚 400 mm，所以本项目抗浮水头高度为 $\Delta H = 407.5 - (410.3 - 9.15 - 0.4 - 0.1) = 6.65$（m），则水浮力标准值 $N_{w,k}$ 为 66.5 kN/m²，作用于地下室整体的浮力 F_w＝水浮力标准值 × 抗浮面积 ＝66.5 × 4 521 ＝300 646.5（kN）；W 为地下室整体抵抗浮力的建筑物总重量，由于设计文件要求抗浮区域抗拔力不小于 30 kN/m²，抗浮面积为 4 521 m²，则地下室整体抵抗浮力的建筑物总重量 W＝（66.5-30.0）× 4 521 ＝165 016.5（kN）。高强度预应力抗浮锚杆的抗拔力特征值 T_{ak} 为 600 kN。

经计算该项目高强度预应力抗浮锚杆数量 $n \geqslant 248.66$，本次在独立基础范围内实际布置高强度预应力抗浮锚杆为 250 根（图 6-69），满足抗浮锚杆数量要求。

5. 锚杆配筋

本项目高强度预应力抗浮锚杆属永久性锚杆，为了满足抗拔力特征值达到 600 kN，根据工程性质和施工工艺要求，抗浮锚杆杆体（钢筋）截面 A_s 应满足：

$$A_s \geqslant \frac{K_t T_{ak}}{f_y}$$

本项目中，K_t 取 1.6，f_y 取 770 MPa，经计算可得 A_s 为 1 246.75 mm²。因此，本项目抗浮锚杆拟采直径 40 mm，PSB930 预应力螺纹钢筋作为锚杆配筋，如图 6-70。单根 40 mm，PSB930 预应力螺纹钢筋面积为 1 256 mm²，因此单根锚杆抗拔力特征值取 600 kN 时，配置 1 根直径 40 mm，PSB930 预应力螺纹钢筋，即可满足配筋要求。钢筋深入基础长度不小于基础厚度的一半且不小于 300 mm。PSB930 钢筋直径大、强度高，不宜弯折，须采用锚板锚固在独立基础混凝土内，锚板锚入基础混凝土内长度不小于 450 mm。

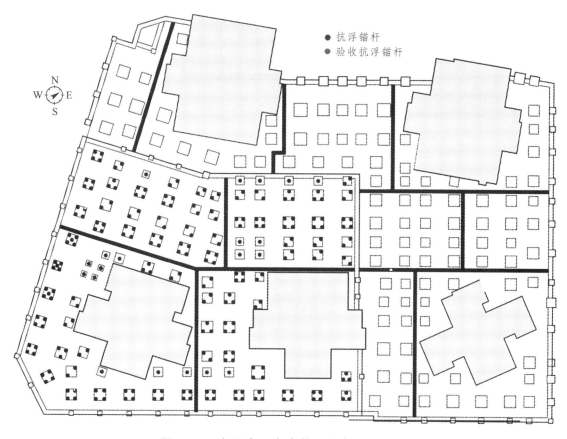

图 6-69　高强度预应力抗浮锚杆平面布置

图 6-70　高强度预应力抗浮锚杆配筋和锚板

　　根据上述计算，本工程抗浮锚杆采用扩大头抗浮锚杆，扩大头有效长度 3.0 m，普通锚固段有效长度 2.7 m。抗浮锚杆普通锚固段计算长度，取实际长度减去两倍扩大头直径，因此抗浮锚杆非锚固段长度须增加 0.8 m。同时根据施工经验抗浮锚杆应将上部不小于 0.5 m 长度作为构造段，因此，非锚固段长度还须增加 0.5 m，即本工程抗浮锚杆长度为 7.0 m，其中普通段长度为 4.0 m，扩大头段长度为 3.0 m，锚杆总长为 7.0 m（图 6-71）。

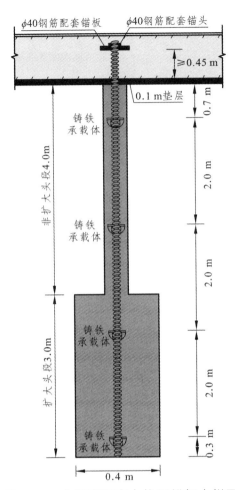

图 6-71 高强度预应力抗浮锚杆大样图

6.8.4 锚固体整体稳定性验算

当抗浮锚杆埋深较浅而抗拔力较高时，可能会导致抗浮锚杆和土体的整个体系发生抗拔稳定性破坏，因此抗浮锚杆完成设计后需对抗浮锚杆和土体的整个体系进行整体稳定性验算，地下室整体和任一局部锚固体应满足整体稳定性要求。抗浮锚杆锚固体整体稳定性验算可按下式计算：

$$K_F = \frac{W' + W}{F_w}$$

由于地下室总水头 ΔH=407.50-400.85=6.65（m），而设计要求抗浮区域抗拔力为 30 kN/m^2，故取 W=（66.5-30.0）×4 521=165 016.5（kN）。作用于地下室整体的浮力，为 300 646.5 kN。经计算本项目高强度预应力抗浮锚杆抗浮稳定安全系数 K_F 为 1.81，大于规范要求 1.05，因此满足抗浮锚杆锚固体整体稳定性验收要求。

6.8.5 独立基础抗冲切验算

本次高强度预应力抗浮锚杆采用锚板尺寸为 150 mm×150 mm×20 mm，钢筋和锚板锚入抗水板 0.45 m，因此需对抗水板在锚入混凝土中锚板作用下的受冲切须进行验算（图 6-72）。抗水板在锚入混凝土中锚板作用下受冲切承载力可根据柱下独立基础的受冲切承载力公式验算：

$$F_L \leqslant 0.7\beta_{hp}f_t a_m h_0$$

$$a_m = (a_t + a_b)/2$$

$$F_L = p_j A_L$$

由于冲切承载力截面高度影响系数，h 不大于 800 mm 时，β_{hp} 取 1.0。基础混凝土等级为 C30，f_t 取 1 430 kPa。由于存在钢筋保护层约 0.04 m，故 h_0=0.45-0.04=0.41（m）。a_t 即锚板边长为 0.15 m。根据图 6-72 所示，a_b=2h_0×tan45°+a_t=2×0.41×tan45°+0.15=0.97（m），a_m=（0.15+0.97）/2=0.56（m）。p_j 按设计文件要求值为 30 kN/m²，A_L 取图 6-72 中 *ABCD* 面积为 4.26 m²，则 F_L=30×4.26=127.8（kN）。

经计算可得到高强度预应力抗浮锚杆 0.7$\beta_{hp}f_t a_m h_0$=0.7×1×1430×0.56×0.41=229.83（kN），满足 $F_L \leqslant 0.7\beta_{hp}f_t a_m h_0$ 要求。因此，本项目高强度预应力抗浮锚杆采用锚板尺寸 150 mm×150 mm×20 mm 时，PSB 钢筋加锚板锚入抗水板 0.45 m 满足抗水板抗冲切承载力要求。

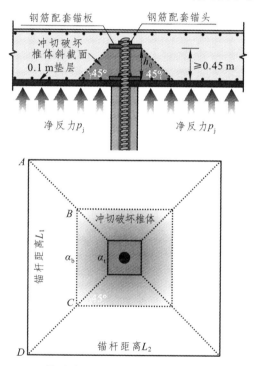

图 6-72　抗水板在锚板作用下的受冲切示意图

6.8.6　极限抗拔试验

为了验证本项目抗浮锚杆的极限承载力及其工艺参数的合理性，按照《高压喷射扩大头锚杆技术规程》（JGJ/T 282—2012）标准的相关规定，对该工程的 56#、46#和 67#共三根抗浮锚杆进行抗拔基本试验。试验采用锚拉横梁反力装置和分级循环加载法，采用 1 根直径为 40 mm 的 PSB1080 钢筋，极限强度标准值为 1 230 N/mm²，计算可得杆体的极限承载力（$A_s f_{yk}$）

为 1 545 kN。本次试验初始荷载和最大试验荷载分别取杆体的极限承载力的 10% 和 80%，并按照杆体的极限承载力的 30%、40%、50%、60%、70% 和 80% 逐级加荷，实际荷载分别为 155 kN、464 kN、618 kN、773 kN、927 kN、1 082 kN 和 1 236 kN，详细的加荷、卸荷等级和相应观测时间见表 6-42，整个试验由四川省建筑工程质量检测中心有限公司完成。

表 6-42　抗浮锚杆基本试验循环加荷等级与位移观测间隔时间

				抗浮铀杆加荷量 $P/A_s f_{yk}$（%）			
初始荷载				10			
第一循环	10			30			10
第二循环	10	30		40		30	10
第三循环	10	30	40	50	40	30	10
第四循环	10	40	50	60	50	40	10
第五循环	10	50	60	70	60	50	10
第六循环	10	60	70	80	70	60	10

在试验荷载范围内，实测各循环锚头位移（S）、弹性位移（S_e）和塑性位移（S_p）。所测 56#、46# 和 67# 锚杆在最大试验荷载下累计拔出量分别为 6.36 mm、17.03 mm 和 19.18 mm，最大试验荷载下的塑性位移分别为 3.45 mm、3.49 mm 和 5.13 mm，最大试验荷载下的弹性位移分别为 2.91 mm、13.54 mm 和 14.05 mm（表 6-43）。根据基本试验结果绘制抗浮锚杆荷载-位移（Q-S）曲线（图 6-73）、荷载-弹性位移（Q-S_e）曲线和荷载-塑性位移（Q-S_p）曲线（图 6-74）。抗浮锚杆随着每循环最大试验荷载的增加，锚头最大位移呈近似线性稳定增加，在最大试验荷载下锚杆未出现破坏，卸荷至初始荷载时锚头稳定收敛。随着试验荷载增大，46# 抗浮锚杆塑性位移稳定，锚杆主要发生弹性位移，56# 抗浮锚杆在大于 927 kN 试验荷载下，弹性位移明显增大。三根锚杆在在大部分循环内表现出 $S_e > S_p$，展现出优良的性能。综上所述，本项目设计高强度抗浮锚杆的极限承载力为最大试验荷载 1 236 kN。

表 6-43　高强度预应力抗浮锚杆极限抗拔试验检测结果

铀杆编号	残余锚头位移/mm	最大弹性位移/mm	锚头最大位移/mm	回弹率/%
56#	3.45	2.91	6.36	45.75
46#	3.49	13.54	17.03	79.51
67#	5.13	14.05	19.18	73.25

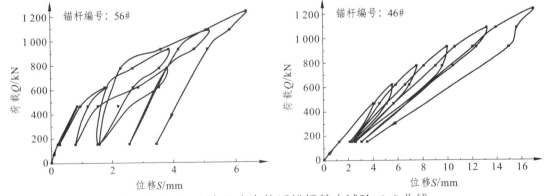

图 6-73　高强度预应力抗浮锚杆基本试验 Q-S 曲线

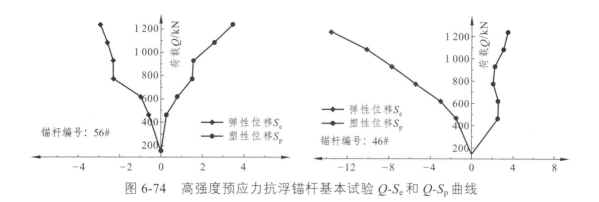

图 6-74　高强度预应力抗浮锚杆基本试验 Q-S_e 和 Q-S_p 曲线

6.8.7　应用效果

基于本次设计参数完成施工了 250 根抗浮锚杆（图 6-75），为了检测本次抗浮锚杆的设计和施工的效果，按照《高压喷射扩大头锚杆技术规程》（JGJ/T 282—2012）标准，采用锚拉横梁反力装置和单循环加载法（图 6-76），对该工程的 13 根抗浮锚杆进行抗拔验收试验，按 $0.1T_{ak}$（60 kN）、$0.5T_{ak}$（300 kN）、$0.75T_{ak}$（450 kN）、$1.0T_{ak}$（600 kN）、$1.2T_{ak}$（720 kN）、$1.35T_{ak}$（810 kN）和 $1.5T_{ak}$（900 kN）逐级加荷，最大试验荷载为锚杆抗拔力特征值 T_{ak} 的 1.5 倍，最终荷载卸载至 $0.1T_{ak}$。

图 6-75　高强度预应力抗浮锚杆成品

图 6-76　高强度预应力抗浮锚杆抗拔承载力检测现场

抗浮锚杆验收试验中抽检的 13 根抗浮锚杆在最大试验荷载下累计拔出量为 8.20～13.31 mm，平均值为 9.88 mm；最大试验荷载下弹性位移介于 4.23～7.91 mm，平均值为 6.19 mm；最大试验荷载下塑性位移介于 2.18～5.40 mm，平均值为 3.69 mm（表 6-44）。根据验收试验结果绘制抗浮锚杆荷载-位移（Q-S）曲线（图 6-77），随着试验荷载的增加，锚头位移呈近似线性稳定增加，部分锚杆在低试验荷载下位移增加缓慢，而在高试验荷载下位移增加显著，当加载至抗拔力特征值的 1.5 倍时锚头位移稳定，锚杆未出现破坏，卸荷时锚头位移稳定收敛，表明抗浮锚杆抗拔承载力满足 700 kN 的设计要求。检测的 13 根抗浮锚杆在最大试验荷载下的弹性位移均大于塑性位移，展现了优良的锚杆性能。

表 6-44　高强度预应力抗浮锚杆抗拔验收试验检测结果

序号	锚杆编号	残余锚头位移/mm	最大弹性位移/mm	锚头最大位移/mm	回弹率/%
1	40#	3.76	5.35	9.11	58.73
2	118#	3.71	5.56	9.27	59.98
3	64#	3.67	7.85	11.52	68.14
4	74#	3.14	5.95	9.09	65.46
5	82#	5.4	7.91	13.31	59.43
6	85#	2.72	6.12	8.84	69.23
7	91#	4.2	4.23	8.43	50.18
8	97#	4.86	5.79	10.65	54.37
9	92#	2.18	7.19	9.37	76.73
10	241#	3.41	7.12	10.53	67.62
11	243#	3.58	4.62	8.2	56.34
12	232#	3.76	5.9	9.66	61.08
13	249#	3.61	6.88	10.49	65.59

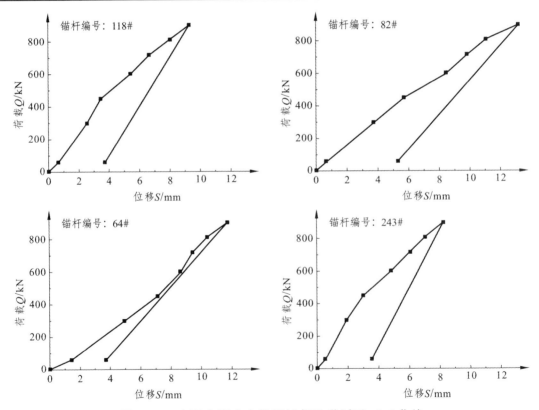

图 6-77　高强度预应力抗浮锚杆验收试验 Q-S 曲线

6.9 某 135 亩项目抗浮锚杆工程

6.9.1 工程概况

项目场地地貌单元属岷江水系Ⅰ级阶地，整体地形较平坦，仅在局部地段略有起伏。勘察期间测得的钻孔孔口标高 414.12 ~ 415.50 m，相对高差 1.40 m。本项目一期主要由：6 栋 33 层的高层住宅，1 栋 26 层的高层住宅，5 栋 10 层的高层住宅，7 栋 4 层的多层住宅、2 层的商业裙房及一栋单独的售楼部（42#楼）组成，项目整体设 1 层地下室，其中 2 层的商业裙房和售楼部不设地下室。

6.9.2 工程地质条件

1. 地层结构及其分布

经勘察查明，在钻探揭露深度范围内，场地岩土主要由第四系全新统人工填土（Q_4^{ml}）、第四系全新统冲洪积层（Q_4^{al+pl}）及白垩系灌口组（K_2g）泥岩组成（图 6-78），各岩土层的构成和特征分述如下：

（1）第四系人工填土层（Q_4^{ml}）。

杂填土：杂色，松散，干，主要以塑料袋等生活垃圾为主，局部含少量砖块、混凝土块建筑垃圾，局部表层有少量植物根茎，回填年限小于 3 年。层厚 0.50 ~ 2.50 m。

素填土：灰色，灰黑色。松散 ~ 稍密，稍湿。以黏性土主，含少量植物根茎、虫穴，夹杂有角砾、卵石，为新近填土。该层在场地内均有分布。层厚 0.50 ~ 4.40 m。

（2）第四系全新统冲洪积层（Q_4^{al+pl}）。

粉土：黄褐色，稍密，稍湿，含云母片及氧化铁，无摇震反应，无光泽反应。场地内局部地段分布，仅在部分钻孔揭示层厚 0.50 ~ 5.10 m。

细砂：灰色，稍湿，松散，以长石、石英颗粒为主，含云母碎片，在场地内主要以薄层状状分布于卵石顶板，局部夹有少量的圆砾。层厚 0.40 ~ 4.60 m。

中砂：灰色，稍湿，松散，以长石、石英颗粒为主，含云母碎片，在场地内主要以透镜体状分布于卵石层中，局部夹有少量的圆砾。层厚 0.40 ~ 3.00 m。

卵石：灰褐、褐黄等色，湿 ~ 饱和，松散 ~ 中密，卵石成分主要为花岗岩、石英岩，卵石粒径多为 2 ~ 6 cm，个别卵石粒径可达 20 cm 以上，卵石磨圆度中等，多呈亚圆形，呈中等风化 ~ 微风化状。卵石骨架间被细砂、少量粉土充填，含圆砾、角砾，其含量为 10% ~ 50%。卵石骨架间的砂为黄褐、青灰等色。根据卵石层密实程度的差异，可划分为松散卵石、稍密卵石、中密卵石 3 个亚层（在工程地质剖面图中分别以⑤-1、⑤-2、⑤-3 予以标注）。

① 松散卵石：灰色 ~ 灰褐色，松散，卵石粒径一般 2 ~ 5 cm，含量 50% ~ 55%。呈层状分布。N_{120} 修正后击数为 2 ~ 4 击，平均击数为 2.9 击。层厚 1.20 ~ 5.40 m。

② 稍密卵石：灰色 ~ 灰褐色，稍密，卵石粒径一般 2 ~ 6 cm，卵石含量 55% ~ 60%。呈层状、透镜体状分布。N_{120} 修正后击数一般 4 ~ 7 击，平均击数为 5.2 击。层厚 1.00 ~ 6.50 m。

③ 中密卵石：灰色 ~ 灰褐色，中密，卵石粒径一般 3 ~ 8 cm，个别大于 20 cm，以层状、透镜体状分布。卵石含量 60% ~ 75%。N_{120} 修正后平均击数为 9.3 击。层厚 0.90 ~ 6.20 m。

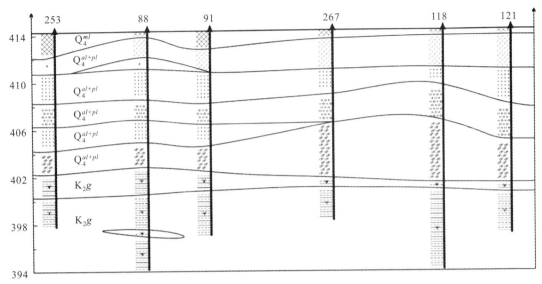

图 6-78　项目场地典型地质剖面图

（3）白垩系灌口组（K_2g）。

泥岩：棕红～紫红色，泥状结构，薄层～巨厚层构造，其矿物成分主要为粘土矿物，遇水易软化，局部夹乳白色或青灰色碳酸盐类矿物细纹，局部夹泥质粉砂岩，岩芯表面偶见溶蚀孔洞，直径在 2～5 cm，无填充，表面可见黑褐色铁染。在勘察深度内，根据其风化程度，将其划分为 2 个亚层：

① 强风化泥岩：风化裂隙很发育，岩体较破碎，钻孔岩芯呈碎块状或短柱状，用手不易捏碎，但用手指甲可在上面刻画图案，岩石结构清晰可辨，敲击声闷，层厚 0.20～4.10 m。

② 中等风化泥岩：风化裂隙较发育，岩体较完整，岩芯多呈长柱状或短柱状，局部破碎成块状，层间夹有少量的强风化泥岩。指甲可刻痕，但用手不能折断。敲击声脆，岩芯采取率大于 90%，RQD 值约 80%，岩体较完整。本次勘察未揭穿。

2. 水文地质条件

场地内地表水匮乏，仅在局部地势低洼地段汇集有较小规模地表水，其来源主要为大气降水，主要以蒸发方式排泄。水量极小，对工程建设无影响。

场地地下水类型主要为赋存于卵石中的孔隙型潜水，次为上部填土层中的上层滞水和赋存于基岩中的基岩裂隙水。上层滞水主要赋存于场地上部的人工填土层底部。靠大气降水补给，埋藏较浅，以蒸发方式排泄，无统一自由水面，季节性变化大，在个别钻孔内揭露水位埋深 0.30～1.20 m，水量小，对工程建设影响甚微。基岩裂隙水主要赋存于泥岩层内。主要受邻区地下水侧向补给，无统一的自由水面。水量主要受裂隙发育程度、连通性及裂隙面充填特征等因素的控制，水量较小。

卵石为场地地下水的主要含水层，为孔隙型潜水具有微承压性。在枯水期，主要补给源是地下水的侧向径流及大气降水，以蒸发方式及向河流径流方式排泄；在丰水期，主要补给源为地下水侧向径流、大气降水及河流补给，以地下径流和河流下游排泄为主。勘察期间为丰水期，在钻孔内测得地下水位 4.50～5.50 m，相应标高为 409.62～410.00 m。地下水位年变幅一般为 4.30～6.50 m。据该地区工程经验，该场地卵石的渗透系数 k 值建议取 30 m/d。

6.9.3 抗浮锚杆设计

1. 抗浮锚杆设计参数

项目±0.000 m 相当于绝对标高 415.40 m，根据地勘报告设计抗浮水位 413.00 m，抗水板厚 400 mm。由于纯地下室区域基础埋深较大，根据结构设计单位计算，抗水板满足局部抗裂要求，地下室抗浮按整体抗浮考虑，抗浮锚杆设计参数见表 6-45。

表 6-45　项目各分区抗浮面积分布

分区	WJ01	WJ02	WJ03	WJ04	WJ05	WJ06	WJ07
面积 A/m²	134.00	514.66	1025.57	467.19	160.12	191.71	26.91
结构压重 G_k/（kN/m²）	8.5	8.5	8.5	8.5	8.5	8.5	8.5
整体抗浮力标准值/（kN/m²）	27.70	24.20	29.40	48.30	47.30	34.10	53.60
整体抗浮力/kN	3 711.8	12 454.77	30 151.76	22 565.27	7 573.67	6 537.31	1 442.38

表 6-46　项目岩土体与锚固体黏结强度标准值

土层名称	天然重度 γ/（kN/m³）	黏聚力 c/kPa	内摩擦角 ϕ/（°）	黏结强度标准值 f_{rbk}/kPa
中　　砂	19.5	0	20	60
松散卵石	20.5	0	25	120
稍密卵石	21.0	0	30	140（250）
中密卵石	22.0	0	35	180（260）
强风化泥岩	20.0	45	25	160
中等风化泥岩	23.0	260	36	280

注：括号内为高压旋喷作用时的黏结强度标准值。

2. 锚杆抗拔承载力特征值计算

（1）A 型抗浮锚杆。

A 型锚杆锚固段总长度 8.6 m，其中扩大头长度 3.0 m，普通段锚固长度 5.6 m。

根据地勘报告，选取 ZK263（39—39 剖面）进行计算，其中基底标高为 407.35 m，基底以下地层自上而下依次为稍密卵石，层厚 2.6 m；中密卵石，层厚 3.1 m；强风化泥岩，层厚 0.5 m；中等风化泥岩，层厚 2.4 m。根据《高压喷射扩大头锚杆技术规程》（JGJ/T 282—2012）扩大头锚杆抗拔承载力极限值 T_{uk} 可按下式计算：

$$T_{uk} = \pi \left[D_1 L_d f_{mg1} + D_2 L_D f_{mg2} + \frac{(D_2^2 - D_1^2) P_D}{4} \right]$$

本项目中，D_1 取 0.20 m；D_2 取 0.40 m；L_d 取实际长度减去两倍扩大头直径，为 4.3 m；L_D 取 3.0 m；f_{mg1} 取 160 kPa；f_{mg2} 取 260 kPa；P_D 按下式计算：

$$P_D = \frac{(K_0 - \xi) K_P \gamma h + 2c\sqrt{K_P}}{1 - \xi K_P}$$

本项目中，γ 取 12.0 kN/m³，h 取 5.6 m，K_0 取 0.5，K_P 取 3，c 取 0，ξ 取 $\xi = 0.8K_a = 0.26$。

经计算 P_D 为 219.93 kPa，将 P_D 取整为 210 kPa，得锚杆抗拔力极限值 T_{uk} 为 1 432.25 kPa。

扩大头锚杆抗拔承载力特征值可按下式计算：

$$T_{ak} = \frac{T_{uk}}{K}$$

经计算，锚杆抗拔力特征值 T_{ak} 为 716.12 kN，考虑地区施工经验，T_{ak} 取 650 kN。

（2）B 型抗浮锚杆。

B 型锚杆锚固段总长度 5.6 m，其中扩大头长度 2.0 m，普通段锚固长度 3.6 m。

选取 ZK95（41—41 剖面）进行计算，其中基底标高为 409.15 m，基底以下地层自上而下依次为稍密卵石，层厚 3.4 m；中密卵石，层厚 2.2 m。根据《高压喷射扩大头锚杆技术规程》（JGJ/T 282—2012）扩大头锚杆抗拔承载力极限值 T_{uk} 可按下式计算：

$$T_{uk} = \pi \left[D_1 L_d f_{mg1} + D_2 L_D f_{mg2} + \frac{(D_2^2 - D_1^2)P_D}{4} \right]$$

本项目中，D_1 取 0.18 m；D_2 取 0.50 m；L_d 取实际长度减去两倍扩大头直径，为 2.1 m；L_D 取 2.0 m；f_{mg1} 取 142 kPa；f_{mg2} 取 260 kPa；P_D 按下式计算：

$$P_D = \frac{(K_0 - \xi)K_P \gamma h + 2c\sqrt{K_P}}{1 - \xi K_P}$$

本项目中，γ 取 12.0 kN/m³，h 取 3.6 m，K_0 取 0.5，K_P 取 3，c 取 0，ξ 取 $\xi = 0.8K_a = 0.26$。经计算 P_D 为 141.38 kPa，将 P_D 取整为 140 kPa，得锚杆抗拔力极限值 T_{uk} 为 1 009.36 kPa。

扩大头锚杆抗拔承载力特征值可按下式计算：

$$T_{ak} = \frac{T_{uk}}{K}$$

经计算，锚杆抗拔力特征值 T_{ak} 为 504.68 kN，考虑地区施工经验，T_{ak} 取 480 kN。

3. 扩大头长度验算

（1）A 型抗浮锚杆。

扩大头抗浮锚杆的扩大头长度应符合注浆体与杆体间的黏结强度安全要求，按下式计算：

$$L_D \geqslant \frac{K_s T_{ak}}{n \pi d \zeta f_{ms} \varphi}$$

本项目中，K_s 取 1.8；n 为 1；d 为 40 mm；本项目高强度预应力抗浮锚杆采用 1 根 PSB1080 钢筋，不存在黏结强度降低现象，取 1；f_{ms} 取 2.2 MPa；当扩大头长度为 3 m 时，φ 为 1.6。

经计算 $L_D > 2.68$ m，本工程高强度预应力抗浮锚杆的扩大头长度实际为 3.0 m，符合注浆体与杆体间的黏结强度安全要求。

（2）B 型抗浮锚杆。

扩大头抗浮锚杆的扩大头长度应符合注浆体与杆体间的黏结强度安全要求，按下式计算：

$$L_D \geqslant \frac{K_s T_{ak}}{n \pi d \zeta f_{ms} \varphi}$$

本项目中，K_s 取 1.8；n 为 1；d 为 40 mm；本项目高强度预应力抗浮锚杆采用 1 根 PSB1080 钢筋，不存在黏结强度降低现象，取 1；f_{ms} 取 2.2 MPa；当扩大头长度为 2 m 时，φ 为 1.6。

经计算 $L_D > 1.95$ m，本工程高强度预应力抗浮锚杆的扩大头长度实际为 2.0 m，符合注浆体与杆体间的黏结强度安全要求。

4. 抗浮锚杆数量计算及布置

根据本项目各抗浮区域高强度预应力抗浮锚杆抗拔承载力特征的不同，基于地下室布置抗浮锚杆的整体抗拔力应满足整体抗浮力的要求，设计抗浮锚杆根数 n 应满足：

$$n \geqslant \frac{F_w - W}{T_{ak}}$$

式中：F_w——作用于地下室整体的浮力，F_w=（抗浮力标准值+结构压重）×抗浮面积；

　　　W——地下室整体抵抗浮力的建筑物总重量，W=结构压重×抗浮面积；

　　　T_{ak}——锚杆抗拔力特征值；

　　　F_w-W——整体抗浮力（kN）。

根据计算本项目高强度预应力抗浮锚杆数量和间距，实际布置 229 根高强度预应力抗浮锚杆，抗浮锚杆布置位置见图 6-79。各区域实际高强度预应力抗浮锚杆实际数量大于计算数量见表 6-47，实际锚杆间距小于计算锚杆间距，满足抗浮力要求。

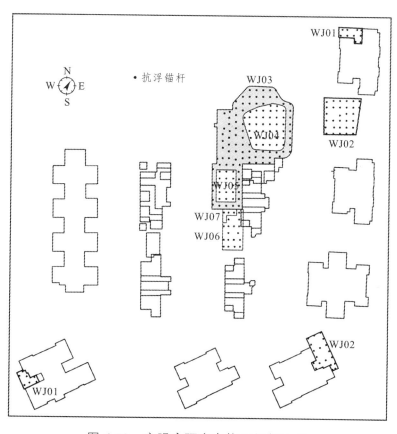

图 6-79　高强度预应力抗浮锚杆布置

表 6-47　高强度预应力抗浮锚杆数量分区域计算统计

分区	整体抗浮力 /kN	计算锚杆数量 /根	计算锚杆间距 /m	实际锚杆数量 n/根	实际锚杆间距 L/m
WJ01	3 711.80	5.71	4.84	17	3.5
WJ02	12 454.77	25.94	4.44	50	3.5
WJ03	30 151.76	62.82	4.04	89	3.0
WJ04	22 565.27	34.72	3.66	38	3.5
WJ05	7 573.67	11.65	3.71	15	3.5
WJ06	6 537.31	13.62	3.75	17	3.5
WJ07	1 442.38	2.22	3.48	3	3.4

5. 锚杆配筋

（1）A 型抗浮锚杆。

项目 A 型高强度预应力抗浮锚杆属永久性锚杆，为了满足抗拔力特征值达到 560 kN，根据工程性质和施工工艺要求，抗浮锚杆杆体（钢筋）截面 A_s 应满足：

$$A_s = \frac{K_t T_{ak}}{f_y}$$

本项目中，K_t 取 1.6，f_y 取 900 MPa，经计算可得 A_s 为 1 155.56 mm²。因此，本项目 A 型抗浮锚杆拟采直径 40 mm，PSB1080 预应力螺纹钢筋作为锚杆配筋，单根 40 mm，PSB1080 预应力螺纹钢筋面积为 1 256 mm²。因此单根锚杆抗拔力特征值取 650 kN 时，配置 1 根直径 40 mm，PSB1080 预应力螺纹钢筋，即可满足配筋要求。钢筋深入抗水板长度不小于抗水板厚度的一半且不小于 300 mm。PSB1080 钢筋直径大、强度高，不宜弯折，须采用锚板锚固在抗水板混凝土内，锚板锚入抗水板混凝土内长度不小于 300 mm。

根据上述计算，本项目抗浮锚杆锚固段长度总计为 8.6 m，其中普通段长度为 5.6 m，扩大头段长度为 3.0 m，锚杆钢筋总长为 9.0 m（含深入抗水板钢筋长度）。

（2）B 型抗浮锚杆。

项目 B 型高强度预应力抗浮锚杆属永久性锚杆，为了满足抗拔力特征值达到 480 kN，根据工程性质和施工工艺要求，抗浮锚杆杆体（钢筋）截面 A_s 应满足：

$$A_s = \frac{K_t T_{ak}}{f_y}$$

本项目中，K_t 取 1.6，f_y 取 900 MPa，经计算可得 A_s 为 853.33 mm²。因此，项目 B 型高强度预应力抗浮锚杆拟采直径 40 mm，PSB1080 预应力螺纹钢筋作为锚杆配筋，单根 40 mm，PSB1080 预应力螺纹钢筋面积为 1 256 mm²。因此单根锚杆抗拔力特征值取 480 kN 时，配置 1 根直径 40 mm，PSB1080 预应力螺纹钢筋，即可满足配筋要求。钢筋深入抗水板长度不小于抗水板厚度的一半且不小于 300 mm。PSB1080 钢筋直径大、强度高，不宜弯折，须采用锚板锚固在抗水板混凝土内，锚板锚入抗水板混凝土内长度不小于 300 mm。

根据上述计算，本工程抗浮锚杆锚固段长度总计为 5.6 m（图 6-80），其中普通段长度为 3.6 m，扩大头段长度为 2.0 m，锚杆钢筋总长为 6.0 m（含深入抗水板钢筋长度）。

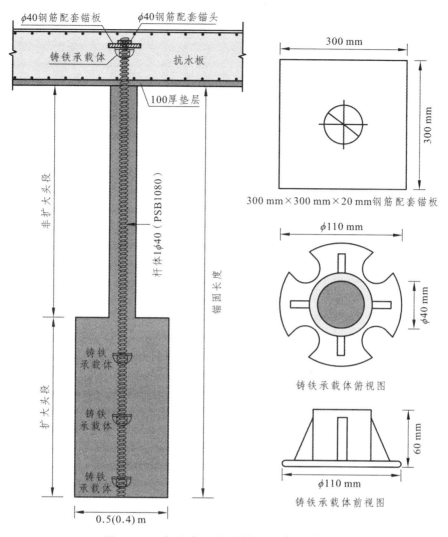

图 6-80　高强度预应力抗浮锚杆大样图

6.9.4　锚固体整体稳定性验算

当抗浮锚杆埋深较浅而抗拔力较高时，可能会导致抗浮锚杆和土体的整个体系发生抗拔稳定性破坏，因此抗浮锚杆完成设计后需对抗浮锚杆和土体的整个体系进行整体稳定性验算，地下室整体和任一局部锚固体应满足整体稳定性要求。抗浮锚杆锚固体整体稳定性验算可按下式计算：

$$K_F = \frac{W' + W}{F_w}$$

根据设计计算文件，结构压重为 8.5 kN/m²，故 $W=8.5$ kN/m² × 抗浮面积。作用于地下室整体的浮力，$F_w=$（相应区域整体抗浮力标准值+8.5 kN/m²）× 抗浮面积。经计算可得到本项目各区域抗浮稳定安全系数为 1.78 ~ 3.09（表 6-48），均大于安全等级为三级时抗浮稳定安全系数 1.05，若考虑破裂面摩阻力，则实际抗浮稳定安全系数更高。因此，本项目高强度预应力抗浮锚杆设计满足抗浮锚杆锚固体整体稳定性要求。

表 6-48　项目整体抗浮稳定性验算分区域计算统计表

分区	整体抗浮力标准值/ /（kN/m²）	整体浮力 F_w/kN	建筑物总重量 W/kN	土体的有效重量 W'/kN	抗浮安全系数 K_F
WJ01	27.7	4 850.8	1 139	13 828.8	3.09
WJ02	24.2	16 829.38	4 374.61	34 585.152	2.31
WJ03	29.4	38 869.1	8 717.345	68 918.304	2.00
WJ04	48.3	26 536.39	3 971.115	48 214.008	1.97
WJ05	47.3	8 934.696	1 361.02	16 524.384	2.00
WJ06	34.1	8 166.846	1 629.535	12 882.912	1.78
WJ07	53.6	1 671.111	228.735	2 777.112	1.80

6.9.5　抗水板抗冲切验算

本项目高强度预应力抗浮锚杆采用锚板尺寸为 300 mm × 300 mm × 20 mm，钢筋和锚板锚入抗水板 0.30 m（图 6-80），因此需对抗水板在锚入混凝土中锚板作用下的受冲切须进行验算（图 6-81）。抗水板在锚入混凝土中锚板作用下受冲切承载力可根据柱下独立基础的受冲切承载力公式验算：

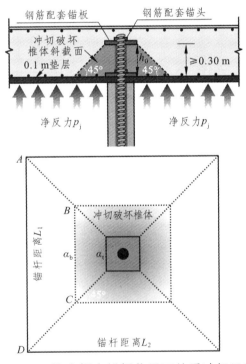

图 6-81　抗水板在锚板作用下的受冲切示意

$$F_L \leqslant 0.7\beta_{hp}f_t a_m h_0$$

$$a_m = (a_t + a_b)/2$$

$$F_L = p_j A_L$$

由于冲切承载力截面高度影响系数，h 不大于 800 mm 时，β_{hp} 取 1.0。基础混凝土等级为 C30，f_t 取 1 430 kPa。h_0 取 0.30 m。a_t 即锚板边长为 0.30 m。根据图 6-81 所示，$a_b = 2h_0 \times \tan45° + a_t = 2 \times 0.30 \times \tan45° + 0.30 = 0.90$ m，$a_m = (0.30 + 0.90)/2 = 0.60$ m。由于本项目各区域抗浮锚杆采用等间距布置，因此 $L_1 = L_2 =$ 抗浮锚杆间距，抗浮锚杆在 4 个方向上受冲切计算面积 A_L 相等，即图 6-81 中 ABCD 面积。

本项目高强度预应力抗浮锚杆 $0.7\beta_{hp}f_t a_m h_0 = 0.7 \times 1 \times 1430 \times 0.60 \times 0.30 = 180.18$ kN，各分区抗浮锚杆的 A_L 和 F_L 见表 6-49，其中 WJ04、WJ05 和 WJ07 分区 F_L 值最大，最大值为 153.30 kN，均满足 $F_L \leq 0.7\beta_{hp}f_t a_m h_0$ 要求。因此，高强度抗浮锚杆采用锚板尺寸 300 mm × 300 × 20 mm 时，PSB 钢筋加锚板锚入抗水板 0.30 m 满足抗水板抗冲切承载力要求。

表 6-49　抗水板抗冲切验算统计

分区	锚杆间距/m	f_t/kPa	β_{hp}	h_0/m	a_m/m	A_L/m²	p_j/kPa	F_L/kN	$0.7\beta_{hp}f_t a_m h_0$/kN
WJ01	3.5	1 430	1	0.3	0.6	2.86	27.7	79.22	180.18
WJ02	3.5	1 430	1	0.3	0.6	2.86	24.2	69.21	180.18
WJ03	3.5	1 430	1	0.3	0.6	2.86	29.4	84.08	180.18
WJ04	3.5	1 430	1	0.3	0.6	2.86	48.3	138.14	180.18
WJ05	3.5	1 430	1	0.3	0.6	2.86	47.3	135.28	180.18
WJ06	3.5	1 430	1	0.3	0.6	2.86	34.1	97.53	180.18
WJ07	3.5	1 430	1	0.3	0.6	2.86	53.6	153.30	180.18

6.9.6　抗浮锚杆施工

1. 测量放孔

施工单位的工作面进行清理和控制点（轴线、抗水地板顶标高等）的交接，测量人员根据控制点及抗浮锚杆平面布置图进行测放。测放务必准确，要求测放过程中作好记录，检查无误。在抗浮设计范围外应设置固定点，并用红油漆标注清晰，供测放、恢复、检查桩位用，以保证在施工过程中能够经常进行复测，确保孔位的准确。

2. 钻机成孔

在确定锚杆孔位后，针对 A 型锚杆用液压锚杆钻机钻孔（边加钻杆边加套管），经连续钻孔后，开孔直径为 200 mm 以上，钻至扩大头段采用专用扩孔器，扩孔直径不小于 400 mm。B 型锚杆的开孔直径为 180 mm 以上，高压旋喷钻头放入钻孔底部开始喷射浆液扩孔，扩孔直径不小于 500 mm。成孔过程中利用空压机产生的高压空气进行排渣。达到设计深度后，不得立即停钻，稳钻 1~2 min，防止底端头达不到设计的锚固直径以及后来的灌浆充分。

3. 清孔提钻

终孔后利用高压空气清除孔内余渣，直到孔口返出之风，手感无尘屑为止，避免孔内沉渣存在，同时现场工程师及质检员进行孔深检测，锚孔偏斜度（不宜大于 5%），符合要求后进行下道工序施工。

4. 置入杆体（制作）

钢筋制安见锚杆大样图。

5. 填入砾石及拔管

杆体钢筋放入对中后须及时填充粒径不大于 20 mm 砾石，砾石填满后及时拔管。

6. 压力注浆

（1）制浆。

制浆设备：100/3.5 制浆机。

制浆材料：普通硅酸盐水泥 P·O 42.5R，现场施工用水。

浆液配比：水灰比 0.45 ~ 0.50。

搅拌时间：$t \geqslant 3$ min。

（2）压力灌浆。

压力灌浆准备：灌浆前，检查制浆设备、灌浆泵是否正常；检查送浆管路是否畅通无阻，确保注浆过程顺利，避免因中断情况影响压浆质量。

灌浆设备：注浆机。

压浆管路检查：灌注前先压清水，检查管道通畅情况（图 6-82）。

灌浆压力：$\geqslant 1$ MPa。

注浆结束标准：排出的浆液浓度与灌入的浆液浓度相同，且不含气泡时为止。

补浆：45 min 内须补浆，直至孔口浆体饱满无空洞。

图 6-82　高强度预应力抗浮锚杆成孔和注浆施工

6.9.7　应用效果

基于本次设计参数完成施工了 229 根抗浮锚杆（图 6-83），为了检测本次抗浮锚杆的设计和施工的效果，对项目的 14 根抗浮锚杆进行抗拔验收试验，其中 A 型抗浮锚杆 6 根，B 型抗浮锚杆 8 根，检测抗浮锚杆位置由建设单位、监理单位和施工单位共同选定。根据标准《岩土锚杆（索）技术规程》（CECS 22：2005）、《四川省建筑地基基础检测技术规程》（DBJ51/T 014—2013）和《建筑基坑支护技术规程》（JGJ 120—2012），使用单循环加载法，初始荷载为抗浮锚杆的抗拔承载力设计值（N_t）的 0.1 倍，并按 $0.50N_t$、$0.75N_t$、$1.00N_t$、$1.20N_t$、$1.33N_t$

和 1.50N_t 逐级加荷，最终荷载卸载至 0.10N_t。由于压力表精度原因，A 型抗浮锚杆的实际表显加载为 73 kN、338 kN、493 kN、665 kN、789 kN、867 kN 和 976 kN，B 型抗浮锚杆实际加表显载为 57 kN、244 kN、369 kN、493 kN、587 kN、649 kN 和 727 kN。本次验收试验由反力支墩提供支座反力，参照单桩竖向抗拔静载试验安装加载装置，荷载由油压千斤顶逐级施加荷载，测量加载荷载用并联于千斤顶油路的压力表（或油压传感器）测量油压，根据千斤顶率定曲线换算荷载。压力表精度为 0.4 级，试验锚杆的位移量由百分表测定，试验张拉时分级加荷，在每级加荷等级观测时间内，分别读测锚头位移三次，达到最大试验荷载后观测 10 分钟，随后卸荷至初始加载值，并再次测量锚头位移。根据抗浮锚杆设计参数，计算 A 型和 B 型抗浮锚杆的 80%杆体自由段长度理论弹性伸长值（S_1）分别为 1.55 mm 和 1.16 mm，A 型和 B 型抗浮锚杆的杆体自由段长度与 1/2 锚固段长度之和的理论弹性伸长值（S_2）分别为 18.63 mm 和 9.54 mm。

图 6-83　高强度预应力抗浮锚杆成品

本项目检测 14 根抗浮锚杆结果见表 6-50，A 型抗浮锚杆最大试验荷载下累计拔出量为 5.00～5.92 mm，平均值为 5.35 mm；最大试验荷载下弹性位移介于 1.69～3.33 mm，平均值为 2.41 mm；最大试验荷载下塑性位移介于 1.82～3.59 mm，平均值为 2.93 mm。B 型抗浮锚杆最大试验荷载下累计拔出量为 4.34～11.85 mm，平均值为 5.67 mm；最大试验荷载下弹性位移介于 1.33～6.89 mm，平均值为 2.54 mm；最大试验荷载下塑性位移介于 1.42～4.96 mm，平均值为 3.13 mm。本项目抽检的 14 抗浮锚杆均满足 $S_1 < S_e < S_2$。根据验收试验结果绘制 A 型和 B 型抗浮锚杆荷载-位移（Q-S）曲线（图 6-84），随着试验荷载的增加，大部分抗浮锚杆在低试验荷载下位移增加缓慢，而在高试验荷载下位移增加显著。当加载至最大试验荷载时锚杆未出现破坏，卸荷时锚头位移稳定收敛。因此，本项目 A 型和 B 型抗浮锚杆抗拔承载力特征值分别不小于 650 kN 和 480 kN，满足抗浮锚杆设计要求。

表 6-50　高强度预应力抗浮锚杆验收试验数据

序号	铀杆编号	残余锚头位移/mm	最大弹性位移/mm	锚头最大位移/mm	回弹率/%
1	40#	3.76	5.35	9.11	58.73
2	118#	3.71	5.56	9.27	59.98
3	64#	3.67	7.85	11.52	68.14

序号	锚杆编号	残余锚头位移/mm	最大弹性位移/mm	锚头最大位移/mm	回弹率/%
4	74#	3.14	5.95	9.09	65.46
5	82#	5.4	7.91	13.31	59.43
6	85#	2.72	6.12	8.84	69.23
7	91#	4.2	4.23	8.43	50.18
8	97#	4.86	5.79	10.65	54.37
9	92#	2.18	7.19	9.37	76.73
10	241#	3.41	7.12	10.53	67.62
11	243#	3.58	4.62	8.2	56.34
12	232#	3.76	5.9	9.66	61.08
13	249#	3.61	6.88	10.49	65.59

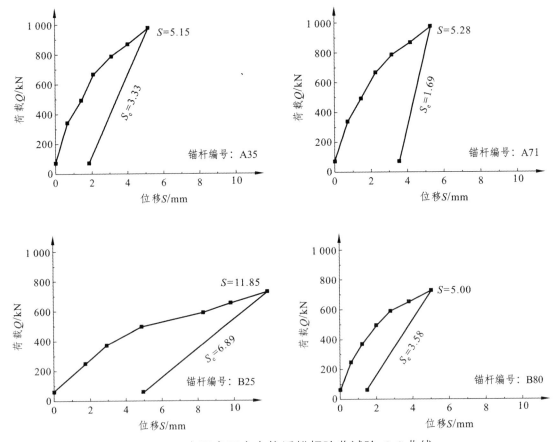

图 6-84　高强度预应力抗浮锚杆验收试验 Q-S 曲线

6.10　某 153 亩项目抗浮锚杆工程

6.10.1　工程概况

项目位于河流右岸剥蚀残丘缓坡地带，场地±0.000 m 相当于绝对标高 1 801.50 m，主要由 7 栋高层建筑物及商业裙楼组成，整体设 1 层地下室，局部区域为 2 层地下室。场地现状地形较开阔平坦，周围地形较为平缓，略呈西高东低走势，地形坡度 5°~8°，海拔标高在 1 795.30~1 805.31 m，相对最大高差 10.01 m。场地附近较大范围内无高陡边坡或临空面分布，无影响工程使用的环境地质问题。

6.10.2　工程地质条件

1. 地层结构及其分布

根据地区经验及钻孔揭露，拟建场地地层结构为：地表为第四系全新统人工填土（Q_4^{ml}），厚度一般 0.5~7.2 m；第四系全新统冲洪积（Q_4^{al+pl}）黏土、有机质黏土，厚度一般 0.5~6 m；下伏基岩为中生界白垩系上统江底河组（K_2j）泥岩，区域厚度 779 m。顶板埋深 0.0~15.8 m不等。按岩土体成因、结构特征、物理力学性质将岩土体划分为 5 个工程地质岩土层（图 6-85），各岩土层分布及工程地质特征自上而下分述如下。

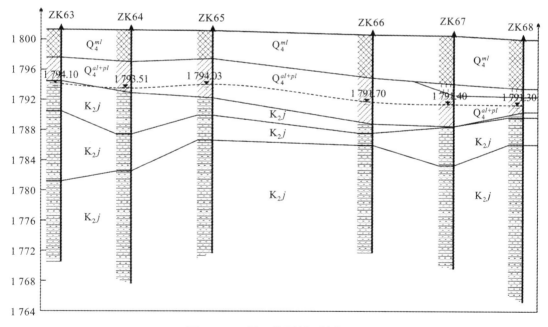

图 6-85　项目典型地质剖面图

（1）第四系全新统人工填土层（Q_4^{ml}）。

填土：浅灰色、灰褐色、灰黑色、灰黄色、褐红色，干~稍湿，松散欠固结。主要由碎块石及砂土组成，含强风化砂岩、泥岩碎块及少量建筑垃圾，未压实，均匀性差。大部分为新近一期工程开挖临时堆放的回填土。

（2）第四系全新统冲洪积（Q_4^{al+pl}）。

黏土：褐黄、褐红色，局部灰黑色，稍湿，局部湿，硬塑为主，局部可塑。切面较光滑，有光泽，干强度及韧性中等～高。该层分布于场地东侧大部分地段，80个钻孔揭露，层厚0.50～7.20 m。

有机质黏土：灰黑、黑色，湿-饱和，软塑为主，局部可塑。主要分布于二期场地北东侧，呈透镜状零星分布，有13个钻孔揭露，层厚0.50～2.80 m。

（3）中生界白垩系上统江底河组（$K_2 j$）。

为场地内基岩，岩性为褐红色、紫红色泥岩，勘探深度内按其风化程度及物理力学性质差异分为全、强、中风化层并分别叙述如下：

全风化泥岩：褐红、紫红色，岩石原有的结构构造已全被破坏，风化强烈，节理裂隙、风化裂隙均极发育，岩芯呈粉质黏土、黏土状，硬塑-坚硬，局部可塑，底部含少量强风化角砾、碎石，碎石质软。场地内大面积分布，局部地段缺少，共有75个钻孔揭露，揭露厚度0.60～4.00 m。

强风化泥岩：褐红、紫红色为主，局部灰褐色，泥质结构，风化强烈，岩石破碎，岩芯呈碎石状、碎块状，具碎裂结构，局部短柱状，锤击易碎，声音暗哑。差异风化显著，局部夹中风化薄层。风化裂隙发育，多具钙质薄膜浸染。局部溶孔发育，孔径一般1～4 mm，无充填。岩石坚硬程度为极软岩，完整程度为破碎，岩体基本质量等级V级。

中风化泥岩：褐红、紫红色为主，局部灰褐色，泥质结构，中厚层状构造。岩石较完整，岩芯以短柱状、柱状为主，一般柱长5～60 cm，RQD一般28%～75%。差异风化显著，局部夹强风化层，岩芯以碎石状为主，局部短柱状。节理裂隙发育，多具钙质或钙质结晶充填。局部溶孔发育，孔径一般2～30 mm，少量钙质或钙质结晶充填，多数无充填，连通性较差，呈蜂窝状分布。场地内共有113个钻孔揭露，均未揭穿。岩石坚硬程度总体为软岩、较软岩，完整程度为较完整，岩体基本质量等级为Ⅳ类，呈层状结构。

2. 水文地质条件

场地整体地势西高东低，四周现有市政道路均布置了完善的排水系统，场地内积水可向外围市政道路排泄。青龙河河道已改造，现排水畅通，青龙河于小河口汇入龙川江，龙川江河道完成改造，防洪标准为50年一遇。据龙川江上段改造工程设计资料，龙川江进入楚雄城区入口处（楚大高速上章村大桥）50年一遇洪水位为1 776.40 m。场地最低点均高于该水位30 m。2009年青山嘴水库建成运行，龙川江中段改造后至少20年来未发生过洪水漫顶，对龙川江洪水具明显调节作用，龙川江洪水漫顶进入楚雄城区的可能极小。原有大量填土基本完成外运，场地地形平缓，原始地貌完全破坏。场地内无地表水体，外围北西侧为彝海公园及荷花村附近的大小鱼塘，水位均低于拟建场地，地表水对场地拟建工程影响不大。

根据场地内地下水的赋存条件、水动力特征，结合含水介质的组合状况，将区内地下水类型划分为松散岩类孔隙水和碎屑岩裂隙水两种类型：

（1）松散岩类孔隙水：主要分布在第四系素填土、冲洪积层，多为上层滞水，雨季临时含水，旱季多蒸发疏干。为弱透水层，隔水性能较好，可视为相对隔水层，其在场地内分布范围有限，厚度变化较大，总体富水性弱，水量贫乏。此类地下水主要靠降雨入渗补给，补给条件差，总体由西向东沿孔隙径流，主要以地下水径流补给下游含水层地下水形式排泄或蒸发排泄，排泄条件差。

（2）碎屑岩裂隙水：赋存于白垩系上统江底河组泥岩风化裂隙及部分溶蚀孔隙中，含水层为强、中风化泥岩，水量贫乏，溶孔发育地段水量中等，局部具微承压性。碎屑岩裂隙水主要接受大气降水补给及上游含水层地下水的侧向径流补给，补给条件较好，主要在重力作用下沿裂隙、溶蚀孔隙径流，主要以地下水径流补给下游含水层地下水形式排泄，排泄条件一般。

场地内地表分布素填土层结构疏松，透水性强，局部黏性土集中地段微透水，为相对隔水层。白垩系上统江底河组强风化、中风化泥岩风化裂隙及部分溶蚀孔隙中的碎屑岩裂隙水，水量贫乏~中等。据《中华人民共和国区域水文地质普查报告》（1:20万楚雄幅），该区基岩水量小，地下水径流模数 $0.5 \sim 1.0\ \mathrm{L \cdot s^{-1} \cdot km^{-3}}$，泉流量 $0.1 \sim 1.0\ \mathrm{L/s}$。场地勘察期间属旱季，地下水位处于低水位，对各个钻孔进行 48 h 以上稳定水位观测，稳定水位埋深 5.7~8.8 m，地下水位 1 787.90~1 797.81 m。动态随季节变化明显，旱雨季水位变化幅度一般 1~5 m。

整个场地属地下水补给径流区，未构成独立的水文地质单元，水文地质结构及地下水类型相对单一，含水层数量少，性质较为均匀，透水性及富水性差异较大，水量总体较贫乏，水文地质条件简单。

6.10.3　抗浮锚杆设计

1. 抗浮锚杆设计参数

抗浮水位按 1 797.40 m 考虑，抗水板厚 400 mm。根据结构设计单位计算，抗水板满足局部抗裂要求，二层地下室区域须进行抗浮处理，地下室抗浮按整体抗浮考虑。结合主体结构设计文件抗拔力为 21.0 kN/m²，抗浮面积为 3 534 m²。本项目抗浮锚杆设计参数见表 6-51。

表 6-51　项目岩土体与锚固体黏结强度标准值

土层名称	天然重度 γ（kN/m³）	黏聚力 c/kPa	内摩擦角 ϕ/（°）	黏结强度标准值 f_{rbk}/kPa
黏土	19.3	35.68	10.36	25
有机质黏土	18.0	20.74	7.78	10
全风化泥岩	19.1	37.01	9.24	30
强风化泥岩	24.4	45	25	100
中风化泥岩	25.2			200

2. 锚杆抗拔承载力特征值计算

（1）抗浮锚杆锚固长度 8.5 m，其中扩大头长度 3.0 m 复核计算如下：

选取钻孔 ZK31 进行计算，基底下锚杆锚固段长度范围内地层自上而下依次为黏土层，厚 2.5 m；强风化泥岩，层厚 4.2 m；中风化泥岩，层厚 1.8 m。根据《高压喷射扩大头锚杆技术规程》（JGJ/T 282—2012）扩大头锚杆抗拔承载力极限值可按下式计算：

$$T_{uk} = \pi \left[D_1 L_d f_{mg1} + D_2 L_D f_{mg2} + \frac{(D_2^2 - D_1^2)P_D}{4} \right]$$

本项目中，D_1 取 0.20 m；D_2 取 0.40 m；L_d 取实际长度减去两倍扩大头直径，为 4.7 m；L_D 取 3.0 m；f_{mg1} 取 60 kPa；f_{mg2} 取 160 kPa；P_D 按下式计算：

$$P_D = \frac{(K_0 - \xi)K_P \gamma h + 2c\sqrt{K_P}}{1 - \xi K_P}$$

本项目中，γ 取 12.0 kN/m³；h 取 5.5 m；土体有效内摩擦角 φ' 取 25°，则 K_0 为 0.577；K_P 取 2.46；考虑强风化泥岩较破碎，对其进行适当折减，c 取 30 kPa；ξ 取 $\xi=0.6K_a=0.243$。经计算 P_D 为 368.80 kPa，锚杆抗拔力极限值 T_{uk} 为 815.10 kN。

扩大头锚杆抗拔承载力特征值可按下式计算：

$$T_{ak} = \frac{T_{uk}}{K}$$

经计算，锚杆抗拔力特征值 T_{ak} 为 407.51 kN，考虑地区施工经验，T_{ak} 取 380 kN。

（2）局部区域抗浮锚杆锚固长度 8.5 m，其中扩大头长度 5.5 m 复核计算如下：

选取不利钻孔 ZK43 进行计算，基底下锚杆锚固段长度范围内地层自上而下依次为黏土 1.3 m、全风化泥岩 1.3 m，强风化泥岩 5.9 m。根据《高压喷射扩大头锚杆技术规程》（JGJ/T 282—2012）扩大头锚杆抗拔承载力极限值可按下式计算：

$$T_{uk} = \pi \left[D_1 L_d f_{mg1} + D_2 L_D f_{mg2} + \frac{(D_2^2 - D_1^2)P_D}{4} \right]$$

本项目中，D_1 取 0.20 m；D_2 取 0.40 m；L_d 取实际长度减去两倍扩大头直径，为 2.2 m；L_D 取 5.5 m；f_{mg1} 取 27 kPa；f_{mg2} 取强风化泥岩 100 kPa；P_D 按下式计算：

$$P_D = \frac{(K_0 - \xi)K_P \gamma h + 2c\sqrt{K_P}}{1 - \xi K_P}$$

本项目中，γ 取 10.0 kN/m³；h 取 3.0 m；土体有效内摩擦角 φ' 取 25°，则 K_0 为 0.577；K_P 取 2.46；考虑强风化泥岩较破碎，c 取 45 kPa；ξ 取 $\xi=0.6K_a=0.243$。经计算 P_D 为 414.50 kPa，锚杆抗拔力极限值 T_{uk} 为 767.11 kN。

扩大头锚杆抗拔承载力特征值可按下式计算：

$$T_{ak} = \frac{T_{uk}}{K}$$

经计算，锚杆抗拔力特征值 T_{ak} 为 383.79 kN，考虑地区施工经验，T_{ak} 取 380 kN。

3. 扩大头长度验算

扩大头抗浮锚杆的扩大头长度应符合注浆体与杆体间的黏结强度安全要求，按下式计算：

$$L_D \geq \frac{K_s T_{ak}}{n\pi d \zeta f_{ms} \varphi}$$

本项目中，K_s 取 1.8；n 为 1；d 为 32 mm；本项目高强度预应力抗浮锚杆采用 1 根 PSB930 钢筋，不存在黏结强度降低现象，取 1；f_{ms} 取 1.6 MPa；当扩大头长度为 3 m 时，φ 为 1.6。

经计算 $L_D > 2.66$ m，本工程高强度预应力抗浮锚杆的扩大头长度实际为 3.0 m，符合注浆体与杆体间的黏结强度安全要求。

4. 抗浮锚杆数量计算

根据各抗浮区域高强度预应力抗浮锚杆抗拔承载力特征值的不同，基于地下室布置抗浮锚杆的整体抗拔力应满足整体抗浮力的要求，设计抗浮锚杆根数 n 应满足

$$n \geqslant \frac{F_w - W}{T_{ak}}$$

经计本项目高强度预应力抗浮锚杆数量 $n \geqslant 148$（表 6-52），本次在独立基础范围内实际布置高强度预应力抗浮锚杆为 185 根（图 6-86），满足抗浮锚杆数量要求。

表 6-52　项目各区域抗浮锚杆数量统计表

区域	面积 A/m^2	水浮力标准值 $N_{w,k}/(\text{kN/m}^2)$	结构自重 $G_k/(\text{kN/m}^2)$	抗浮力标准 $/(\text{kN/m}^2)$	整体抗浮力 $/\text{kN}$	计算锚杆数 $/$根	实际布置数 $n/$根
A 区	1 691	60	39	10.0	16 910.0	45	61
B 区	1 613	60	39	21.0	33 873.0	90	100
C 区	230	60	39	21.0	4 830.0	13	24

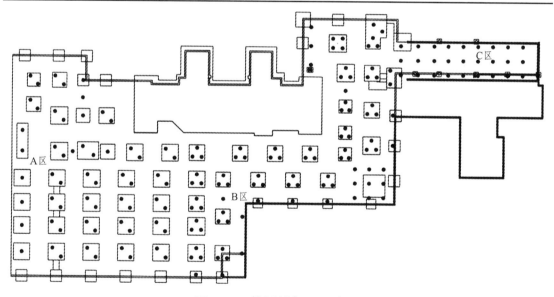

图 6-86　抗浮锚杆平面布置

5. 锚杆配筋

本项目高强度预应力抗浮锚杆属永久性锚杆，为了满足抗拔力特征值达到 380 kN，根据工程性质和施工工艺要求，抗浮锚杆杆体（钢筋）截面 A_s 应满足：

$$A_s = \frac{K_t T_{ak}}{f_y}$$

本项目中，K_t 取 1.6，f_y 取 775 MPa，经计算可得 A_s 为 784.50 mm²，抗浮锚杆拟采直径

32 mm，PSB930 预应力螺纹钢筋作为锚杆配筋。单根 32 mm PSB930 预应力螺纹钢筋面积为 803.84 mm²，因此单根锚杆抗拔力特征值取 380 kN 时，配置 1 根直径 32 mm，PSB930 预应力螺纹钢筋，即可满足配筋要求。钢筋深入基础或抗水板长度不小于 200 mm。PSB930 钢筋直径大、强度高，不宜弯折，须采用锚板锚固在筏板基础混凝土内。

　　根据上述计算，项目高强度预应力抗浮锚杆采用扩大头抗浮锚杆，扩大头有效长度 3.0 m（5.5 m），普通锚固段有效长度 5.5 m（3.0 m）。即本工程抗浮锚杆长度为 8.5 m（图 6-87）。

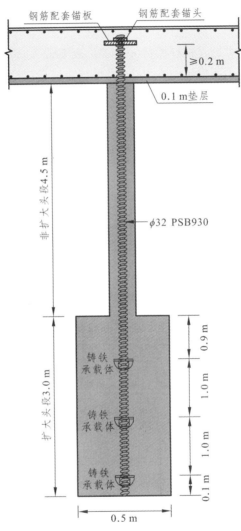

图 6-87　项目抗浮锚杆大样图

6. 抗浮锚杆设计结论

（1）锚杆承载力：单根锚杆抗拔力承载力特征值 380 kN。

（2）扩孔方式：机械扩孔。

（3）锚固体直径：普通段 d=200 mm，扩大头段 D=400 mm。

（4）锚杆杆体钢筋：1ϕ32 mm PSB930 钢筋。

（5）注浆材料：水泥采用 P·O 42.5R 普通硅酸盐水泥，水灰比 0.45～0.50，填充粒径不大于 20 mm 砾石，锚固体立方体抗压强度不小于 30 MPa。

（6）锚杆杆体配筋长度：锚杆长度 8.5 m，锚板锚入抗水板（或基础）不少于 0.2 m。

（7）杆体防腐要求：构造采用 II 级防腐构造，采用防腐油膏+防腐套管防腐。

（8）张拉锁定要求：抗浮锚杆杆体张拉锁定值为 380 kN。

6.10.4 锚固体整体稳定性验算

当抗浮锚杆埋深较浅而抗拔力较高时，可能会导致抗浮锚杆和土体的整个体系发生抗拔稳定性破坏，因此抗浮锚杆完成设计后需对抗浮锚杆和土体的整个体系进行整体稳定性验算，地下室整体和任一局部锚固体应满足整体稳定性要求。本项目抗浮锚杆布置较密，应进行群锚稳定性验算，群锚稳定性验算又可进一步简化为单锚稳定性验算模式，当不考虑破裂面摩阻力时，抗浮锚杆锚固体整体稳定性验算可按下式计算：

$$K_F \geq \frac{W'+W}{F_w}$$

其中

$$W_k = W_{k1} + W_{k2} + W_{k3}$$

$$F_w = N_{w,k} \times L^2$$

由于锚杆长度 H 为 8.5 m，横向和纵向等间距布置，破裂角按 30°计算，则受破裂角影响锥形土体高度 $h_1 = (L-D_2)/2 \times \cot 30°$，未受破裂角影响土体高度 $h_2 = H - h_1$，因此 $W_{k1} = \pi(L/2)^2 \times h_1/3 \times \gamma_k$，$W_{k2} = h_2 \times L^2 \times \gamma_k$。本项目土体平均浮重度标准值 $\gamma_k = 23$ kN/m³。单根锚杆作用范围内地下室建筑物抵抗浮力的总重量 $W = $ 结构压重×单根锚杆作用面积 $= G_k \times L^2$；单根锚杆作用范围内受到的浮力 $F_w = $ 水浮力标准值×单根锚杆作用面积 $= N_{w,k} \times L^2$。

一般认为抗浮锚杆稳定破坏时岩土体破裂面呈圆锥体形状，单锚抗浮力验算模型可按上半部分长方体、下半部分圆锥体的假定破裂体形状，如图 6-88 所示。

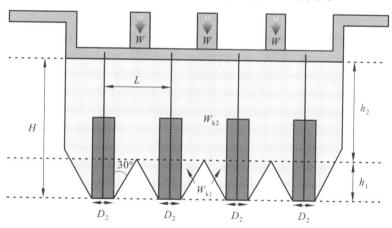

图 6-88　抗浮锚杆群锚效应稳定破坏示意

经计算锚杆有效长度采用 8.5 m 时，单根高强度预应力抗浮锚杆作用范围内抗浮稳定安全系数为 3.50 和 3.05（表 6-53），均大于安全等级为三级时抗浮稳定安全系数 1.05，若考虑破裂面摩阻力，则实际抗浮稳定安全系数更高。因此，本项目高强度预应力抗浮锚杆设计满足抗浮锚杆锚固体整体稳定性要求。

表 6-53　高强度预应力抗浮锚杆作用范围内整体抗浮稳定性验算

分区	h_1/m	h_2/m	W_{k1}/kN	W_{k2}/kN	W_k/kN	F_w/kN	W/kN	H/m	K_F
A	1.56	6.94	55.20	772.57	827.77	290.40	188.76	8.5	3.50
B	1.56	6.94	55.20	772.57	827.77	290.40	188.76	8.5	3.50
C	2.95	5.55	232.07	1 843.27	2 075.34	866.40	563.16	8.5	3.05

注：本工程按相邻锚杆 30° 破裂角计算破裂高度。

经过表 6-54 各区域抗浮锚杆整体抗浮稳定性验算结果可以看出，锚杆有效长度采用 8.5 m 时，锚杆作用范围内整体抗浮稳定性验算均满足整体稳定性要求。

表 6-54　各区域抗浮锚杆整体抗浮稳定性验算

分区	面积/m²	锚固长度/m	整体有效土重/kN	整体水浮力/kN	建筑物总重/kN	整体抗浮安全系数
A	1 691	8.5	330 590	101 460	65 949	3.91
B	1 613	8.5	315 341	96 780	62 907	3.91
C	230	8.5	44 965	13 800	8 970	3.91

6.10.5　基础抗冲切验算

本项目高强度预应力抗浮锚杆采用锚板尺寸为 200 mm × 200 mm × 20 mm，钢筋和锚板锚入抗水板 0.20 m，因此需对抗水板在锚入混凝土中锚板作用下的受冲切须进行验算（图 6-89）。抗水板在锚入混凝土中锚板作用下受冲切承载力可根据柱下独立基础的受冲切承载力公式验算：

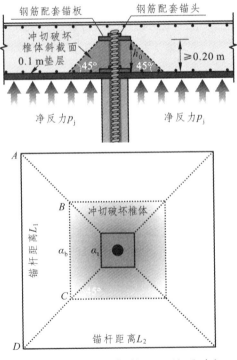

图 6-89　抗水板在锚板作用下的受冲切示意

$$F_L \leqslant 0.7\beta_{hp}f_t a_m h_0$$

$$a_m = (a_t + a_b)/2$$

$$F_L = p_j A_L$$

由于冲切承载力截面高度影响系数，h 不大于 800 mm 时，β_{hp} 取 1.0。基础混凝土等级为 C30，f_t 取 1 430 kPa。由于存在钢筋保护层约 0.04 m，故 h_0=0.20-0.04=0.16 m。a_t 即锚板边长为 0.20 m。根据图 6-89 所示，a_b=2h_0×tan45°+a_t=2×0.16×tan45°+0.20=0.52 m，a_m=（0.20+0.52）/2=0.36 m。p_j 取相应区域整体抗浮力标准值，即 A 区取 10 kN/m^2，B、C 区取 21 kN/m^2。

由于各区域抗浮锚杆采用等间距布置，因此 L_1=L_2=抗浮锚杆间距，抗浮锚杆在 4 个方向上受冲切计算面积 A_L 相等，即图 6-89 中 $ABCD$ 面积。经计算可得到高强度预应力抗浮锚杆 $0.7\beta_{hp}f_t a_m h_0$=0.7×1×1 430×0.36×0.16=57.66 kN，各分区抗浮锚杆的 A_L 和 F_L 见表 6-55，均满足 $F_L \leqslant 0.7\beta_{hp}f_t a_m h_0$ 要求。因此，本项目高强度预应力抗浮锚杆采用锚板尺寸 200 mm × 200 mm × 20 mm 时，PSB 钢筋加锚板锚入抗水板 0.20 m 满足抗水板抗冲切承载力要求。

表 6-55　抗水板抗冲切验算统计

抗浮分区	锚杆最大间距/m	h_0/m	A_m/m	A_L/m^2	P_j/（kN/m^2）	F_L/kN	$0.7\beta_{hp}f_t a_m h_0$/kN	锚板尺寸/mm
A	2.2	0.16	0.36	1.14	10	11.4	57.65	200 × 200
B	3.3	0.16	0.36	2.65	21	55.75	57.65	200 × 200
C	3.3	0.16	0.36	2.65	21	55.75	57.65	200 × 200

6.10.6　抗浮锚杆施工

（1）土方开挖、施工准备：抗浮锚杆大面施工前先开挖至垫层顶标高，验槽后组织施工。

（2）测量放孔：对工作面进行清理和控制点（轴线、抗水地板顶标高等）的交接，测量人员根据控制点及抗浮锚杆平面布置图进行测放。测放过程中作好记录，检查无误。在抗浮设计范围外应设置固定点，并用红油漆标注清晰，供测放、恢复、检查桩位用，以保证在施工过程中能够经常进行复测，确保孔位的准确。

（3）锚杆成孔、机械扩孔：在确定锚杆孔位后，用液压锚杆钻机钻孔，开孔直径为 200 mm，对破碎岩层进行钢护筒护壁，钻至扩大头段高度位置后，采用专用扩孔器进行扩大头施工，扩孔直径不小于 400 mm。成孔过程中利用空压机产生的高压空气进行排渣。达到设计深度后，不得立即停钻，稳钻 1 ~ 2 min 以确保清渣效果。成孔时孔位准确，钻孔垂直，孔深符合技术要求并做好成孔深度记录，见图 6-90。

（4）清孔提钻：终孔后利用高压空气清除孔内余渣，直到孔口返出之风，手感无尘屑为止，避免孔内沉渣存在，同时现场工程师及质检员进行孔深检测，锚孔偏斜度（不宜大于 5%），符合要求后进行下道工序施工。

（5）锚杆杆体制作：锚杆杆体制作严格按照设计方案进行，杆体钢筋为 PSB 精轧螺纹钢筋，不得有任何焊接、弯折操作，以免破坏杆体的力学性能，杆体钢筋连接须采用套筒连接。扩大头段承载体设置间距严格按照设计方案设置。抗浮锚杆钢筋通长采用外包防腐套管（材质：防腐套管，DRS50），防腐套管与钢筋杆体间充填防腐油脂，防腐油脂在成孔完毕下放钢筋前需及时填充并及时密封，密封需采用柔性密封环密封，防止杆体张拉时密封处油脂溢出，钢筋底部安装承载板和锚头，在承载板上部安装 1.0 m 长的承载筒，以改善扩大头段受力特性，承载筒上部安装钢筋定位器，以保证钢筋在承载筒中居中。

图 6-90　机械扩孔

（6）下放杆体、填入砾石：在钻孔完成且清洗后，将制作好的锚杆用垂直放置入孔中，采用水准仪对杆体上端标高进行控制，确保钢筋锚入基础混凝土内有效长度不小于 200 mm 的设计要求。杆体下放时钢筋严禁和侧壁碰撞，杆体钢筋放入钻孔并对中后须及时填充粒径不大于 20 mm 砾石。

（7）压力注浆：注浆采用纯水泥浆，水泥采用为普通硅酸盐水泥 P · O 42.5R，水灰比 0.45 ~ 0.50，灌浆压力≥1.0 MPa。注浆前，检查制浆设备、注浆泵是否正常，检查送浆管路是否畅通无阻，确保注浆过程顺利，避免因中断情况影响压浆质量。注浆结束标准为孔口返出的的浆液浓度与注入的浆液浓度相同，且不含气泡时为止。注浆完成后 45 min 内须补浆，直至孔口浆体饱满无空洞。

（8）抗拔验收试验：抗浮锚杆的检测由建设单位指定的第三方检测单位进行抗浮锚杆的检测，检测点位由勘察、设计、监理、施工、检测、建设单位共同商定，试验严格按照规范及地区规定执行，对场地地质条件变化较大，对施工质量有疑问的区域应选取具有代表性的，最不利的点位进行检测。验收试验数量为锚杆总数的 5%，且不得少于 6 根抽检，本工程总锚杆数量为 185 根，故抽取检测数量不应少于 13 根（其中包括 3 根基本试验检测锚杆），在施工完成 14 d 后进行。抗浮锚杆验收试验荷载取锚杆抗拔承载力特征值（380 kN）的 1.5 倍。

本项目抗浮锚杆验收试验加载最大荷载为 570 kN，检测报告显示，该工程所测 13 根抗浮锚杆在最大试验荷载下，锚头位移稳定，均未发生破坏，抗拔承载力满足设计要求。

（9）预制锚墩安装、张拉预应力、锁定：经抗拔验收试验检测合格后，开挖锚墩土方，清理干净松散土层后，薄铺一层 C45 细石混凝土（早强型），然后安装预制锚墩，锚墩顶标高不得超出砼垫层底标高，将预制锚墩与 PSB 钢筋中间的空隙用防腐油脂填充饱满，随即进行预应力张拉，张拉时锚杆承载构件的承压面应平整，并与锚杆轴线方向垂直，锚杆正式张拉前，应取 10% ～ 20% 的抗拔力特征值对预应力锚杆顶张拉 1 ～ 2 次，每次均应松开锚头，调平杆体后拧紧锚头，使杆体完全平直，各部位接触紧密。杆体张拉锁定值为 380 kN，锚杆张拉时应先张拉至 1.1 倍锚杆抗拔承载力特征值，维持 15 min，然后卸载至锁定值。

（10）基础施工（防水、钢筋绑扎）：预应力施加完成后，进行防水施工，防水保护层施工，基础及抗水板钢筋绑扎。

6.10.7　应用效果

该工程经历了四川省 2020 年 8 月大暴雨（50 年一遇）的考验，未出现任何抗浮上的问题，通过高强度预应力扩大头抗浮锚杆在抗浮工程中的实际应用，具有如下显著优点：

（1）高强度预应力扩大头抗浮锚杆的应用，解决了砂卵石地区孔隙型潜水丰富情况下采用普通锚杆容易失效的问题。

成都平原砂卵石为含水层，具有微承压性，采用普通锚杆设计时成孔直径小，在锚杆成孔后孔内存在大量地下水，若注浆不及时，在地下水作用下会造成泥岩段钻孔孔壁泥岩软化，导致锚杆承载力大大降低甚至失效。

采用泥岩扩孔设备，在锚杆末端泥岩层中进行扩孔，形成直径 400 mm 长度 3.0 m 的扩大头，增大锚杆锚固体与地层接触面积，减小了因注浆不及时孔壁泥岩软化造成的承载力降低的影响，同时充分利用上覆土层对扩大头段上部产生的抗力作用，确保锚杆抗拔承载力的发挥。

（2）采用 PSB 精轧螺纹钢筋节约了钢筋用量，提高了单根锚杆承载力；

PSB 精轧螺纹钢筋是在整根钢筋上均轧有不连续的外螺纹的大直径、高强度、高尺寸精度的钢筋。该钢筋在任意截面处都可拧上带有内螺纹的连接器进行连接或拧上带螺纹的螺帽进行锚固。上述实例最大采用了直径 40 mm，屈服强度为 1 080 MPa 的 PSB 精轧螺纹钢钢筋，该钢筋是同等面积 HRB400 普通钢筋强度的 3 倍。PSB 精轧螺纹钢筋和扩大头工艺结合，很大程度上提高了锚杆承载力，单根锚杆承载力特征值最大可达到 650 kN。

（3）利用预应力扩大头抗浮锚杆施工技术控制锚杆裂缝，解决了锚杆耐久性和可靠性问题。

随着《建筑工程抗浮技术标准》（JGJ 476—2019）于 2020 年 3 月 1 日实施，对抗浮锚杆裂缝控制和耐久性的要求越来越严格，本工程实例均采用预应力工艺来有效控制了抗浮锚杆裂缝，提高了抗浮锚杆耐久性和可靠性，同时，采用高强度预应力扩大头抗浮锚杆技术，利用扩大头工艺并结合 PSB 精轧螺纹钢筋，提高了抗浮锚杆承载力；对抗浮锚杆施加预应力，控制裂缝，提高了抗浮锚杆耐久性和可靠性。

在西南区域，上述项目抗浮锚杆设计中，首次采用了拉压型高强度预应力扩大头抗浮锚杆施工工艺，该工艺的成功应用为抗浮锚杆裂缝控制和解决耐久性提供了一种解决途径，具有良好的经济和社会效益。

（4）承载筒和预制锚墩装置的应用，使得压力型高强度预应力扩大头抗浮锚杆技术在抗浮工程成功实施，有效控制了压力型抗浮锚杆底部抗冲切破坏问题，节约了工期及成本。

受非扩大头自由段孔径影响，压力型预应力扩大头抗浮锚杆底部的承载板面积都比较小，在较大浮力作用下，易造成扩大头段冲切破坏。当在承载板上部安装承载筒后，可有效改善扩大头端部剪应力分布，提高抗冲切破坏性能，保证高强度预应力扩大头抗浮锚杆承载力的充分发挥。

高强度预应力扩大头抗浮锚杆预应力张拉工序通常要在承载力检测合格后进行，而锚墩制作需要等抗浮锚杆养护结束且浆体强度达到设计强度 50%后进行，锚墩制作完成后继续养护至强度满足要求后方可进行预应力张拉，对工期造成不利影响。预制锚墩的应用，成功解决了这一问题，预制锚墩可在工厂内实现标准化设计和规模化制作，成品质量易于控制，将预制锚墩安装后即可进行预应力张拉。

高强度预应力扩大头抗浮锚杆技术，提高了锚杆承载力，优化了锚杆数量和位置，减少了钢材及水泥用量，节约了工期及成本，有效控制了抗浮锚杆裂缝，提高了抗浮锚杆耐久性和可靠性，得到了业主的认可与高度赞扬。

第7章 结 语

城市的高质量发展离不开对地下空间的高效开发利用。随着地下空间开发深度不断增加，对抗浮的要求也更加严苛。解决地下空间的抗浮问题是保证城市安全的基础。新型高强度预应力抗浮锚杆技术是中冶成都勘察研究总院有限公司在西南地区开展工程抗浮工作数十年来，针对现有抗浮锚杆存在的不足，经过不断总结经验、研发改进而形成的创新成果。这项技术能够有效解决传统抗浮锚杆抗拔承载力低、受力变形大、锚固体裂缝控制难等问题，已经过了数百项工程应用的检验，取得的经济和社会效益显著。

本书主要研究成果及结论涵盖了以下四个方面：

（1）完善了高强度预应力抗浮锚杆的设计计算方法。书中详细介绍了高强度预应力抗浮锚杆承载力计算、锚杆材料选用及强度计算、预应力损失及预应力张拉计算、锚墩区受压截面验算、基础抗冲切验算等设计计算。

（2）揭示了高强度预应力抗浮锚杆抗拔承载机制。开展了高强度预应力抗浮锚杆现场试验，结合数值模拟手段，研究了预应力对抗拔承载性能的影响，查明了钢筋轴向应力分布以及第一界面和第二界面的滑移规律，揭示了高强度预应力抗浮锚杆抗拔承载机制。

（3）研发了高强度预应力抗浮锚杆施工成套技术。试验了砂卵石地层渐进变截面高压旋喷扩孔注浆施工技术，对比了锥体扩大头和圆柱状扩大头的抗拔承载性能和经济效益；完善了岩层机械扩孔施工技术，改进了机械扩孔设备；研发了预应力快捷张拉锁定成套技术，实现了锚杆竖向位移的毫米级控制。

（4）详细介绍了大量高强度预应力抗浮锚杆工程应用案例。这些案例验证了技术的适用性、可靠性和先进性，适用地层涵盖了岩层、土层以及卵石地层。

新型高强度预应力抗浮锚杆技术与传统抗浮锚杆技术相比，具有明显的技术优势。其能够提高锚杆承载力，减少锚杆数量，增大锚杆间距，缩短建设工期，节省钢筋和水泥用量，是一项绿色、经济和环保的抗浮技术。新型高强度预应力抗浮锚杆有效解决了传统锚杆锚固体裂缝控制难题，提高了抗浮锚杆耐久性，极大地保证了工程全生命周期安全。目前，新型高强度预应力抗浮锚杆主要应用于建筑与市政工程的地下结构抗浮，因其在性能上相较于传统锚杆有明显优势，在地质灾害、公路、水利水电等行业，也具有良好的推广应用前景。

参考文献

ACHMUS M, THIEKEN K. On the behavior of piles in non-cohesive soil under combined horizontal and vertical loading[J]. Acta Geotechnica, 2010, 5（3）: 199-210.

AHMED E A, EL-SALAKAWY E F, BENMOKRANE B. Tensile Capacity of GFRP Postinstalled Adhesive Anchors in Concrete[J]. Journal of Composites for Construction, 2008, 12（6）: 596-607.

ALRAIE A, SAHOO D R, MATSAGAR V. Development of Optimal Anchor for Basalt Fiber-Reinforced Polymer Rods[J]. Journal of Composites for Construction, 2021, 25（3）: 04021011.

ANDERSON W F. Effective stresses on the shafts of bored and cast-in-situ piles in clays[J]. Deep Foundations on Bored and Auger Piles, 1988: 387-394.

AZIZ N, CRAIG P, NEMCIK J, et al. Rock bolt corrosion–an experimental study[J]. Mining Technology, 2014, 123（2）: 69-77.

BENMOKRANE B, ZHANG B, CHENNOUF A. Tensile properties and pullout behaviour of AFRP and CFRP rods for grouted anchor applications[J]. Construction and Building Materials, 2000, 14（2000）: 157-170.

CHANDLER R J, MARTINS J P. An experimental study of skin friction around piles in clay[J]. Géotechnique, 1982, 32（2）: 119-132.

CHATTOPADHYAY B C, PISE P J. Uplift Capacity of Piles in Sand[J]. Journal of Geotechnical Engineering, 1986, 112（9）: 888-904.

CHEN D, MAHADEVAN S. Chloride-induced reinforcement corrosion and concrete cracking simulation[J]. Cement and Concrete Composites, 2008, 30（3）: 227-238.

CROSKY A, SMITH B, HEBBLEWHITE B. Failure of rockbolts in underground mines in Australia[J]. Practical Failure Analysis, 2003, 3（2）: 70-78.

D'ANTINO T, PISANI M A. Influence of sustained stress on the durability of glass FRP reinforcing bars[J]. Construction and Building Materials, 2018, 187（2018）: 474-486.

DAS B M, RAGHU D, SEELEY G R. Uplift Capacity of Model Piles Under Oblique Loads[J]. Journal of the Geotechnical Engineering Division, 1976, 102（9）: 1009-1013.

DIVI S, CHANDRA D, DAEMEN J. Corrosion susceptibility of potential rock bolts in aerated multi-ionic simulated concentrated water[J]. Tunnelling and Underground Space Technology, 2011, 26（1）: 124-129.

EMIRLER B, TOLUN M, YILDIZ A. 3D Numerical Response of a Single Pile Under Uplift Loading Embedded in Sand[J]. Geotechnical and Geological Engineering, 2019, 37（5）: 4351-4363.

FAVA G, CARVELLI V, PISANI M A. Remarks on bond of GFRP rebars and concrete[J]. Composites Part B: Engineering, 2016, 93: 210-220.

GAAVER K E. Uplift capacity of single piles and pile groups embedded in cohesionless soil[J]. Alexandria Engineering Journal, 2013, 52 (3): 365-372.

GAMBOA E, ATRENS A. Environmental influence on the stress corrosion cracking of rock bolts[J]. Engineering Failure Analysis, 2003, 10 (5): 521-558.

HAN Z Y, HUANG X G, CAO Y G, et al. A nonlinear cumulative evolution model for corrosion fatigue damage[J]. Journal of Zhejiang University SCIENCE A, 2014, 15 (6): 447-453.

HSU S C, CHANG C M. Pullout performance of vertical anchors in gravel formation[J]. Engineering Geology, 2007, 90 (1): 17-29.

ISMAEL N F. Field Tests on Bored Piles Subject to Axial and Oblique Pull[J]. Journal of Geotechnical Engineering, 1989, 115 (11): 1588-1598.

KAKLAUSKAS G, GRIBNIAK V, BACINSKAS D, et al. Shrinkage influence on tension stiffening in concrete members[J]. Engineering Structures, 2009, 31 (6): 1305-1312.

KARBHARI V M, CHIN J W, HUNSTON D, et al. Durability Gap Analysis for Fiber-Reinforced Polymer Composites in Civil Infrastructure[J]. Journal of Composites for Construction, 2003, 7 (3): 238-247.

KARTHIGEYAN S, RAMAKRISHNA V V G S T, RAJAGOPAL K. Numerical Investigation of the Effect of Vertical Load on the Lateral Response of Piles[J]. Journal of Geotechnical and Geoenvironmental Engineering, 2007, 133 (5): 512-521.

KIM S J, SMITH S T. Pullout Strength Models for FRP Anchors in Uncracked Concrete[J]. Journal of Composites for Construction, 2010, 14 (4): 406-414.

KOU H L, GUO W, ZHANG M Y. Pullout performance of GFRP anti-floating anchor in weathered soil[J]. Tunnelling and Underground Space Technology, 2015, 49: 408-416.

KRANTHIKUMAR A, SAWANT V A, SHUKLA S K. Numerical Modeling of Granular Anchor Pile System in Loose Sandy Soil Subjected to Uplift Loading[J]. International Journal of Geosynthetics and Ground Engineering, 2016, 2 (2): 15.

KRISHNA B, PATRA N R. Effect of Compressive Load on Oblique Pull-out Capacity of Model Piles in Sand[J]. Geotechnical & Geological Engineering, 2006, 24 (3): 593-614.

KULHAWY F H. Limiting tip and side resistance: Fact or fallacy? [M]. Symposium on Analysis and Design of Pile Foundations. American Society of Civil Engineers. 1984: 80-98.

KULHAWY F H, KOZERA D W, WITHIAM J L. Uplift Testing of Model Drilled Shafts in Sand[J]. Journal of the Geotechnical Engineering Division, 1979, 105 (1): 31-47.

KWON O, LEE J, KIM G, et al. Investigation of pullout load capacity for helical anchors subjected to inclined loading conditions using coupled Eulerian-Lagrangian analyses[J]. Computers and Geotechnics, 2019, 111: 66-75.

LEE J Y, KIM T Y, KIM T J, et al. Interfacial bond strength of glass fiber reinforced polymer bars in high-strength concrete[J]. Composites Part B: Engineering, 2008, 39 (2): 258-270.

LEVACHER D R, SIEFFERT J G. Tests on Model Tension Piles[J]. Journal of Geotechnical Engineering, 1984, 110 (12): 1735-1748.

LI G, HU Y, TIAN S M, et al. Analysis of deformation control mechanism of prestressed anchor on jointed soft rock in large cross-section tunnel[J]. Bulletin of Engineering Geology and the Environment, 2021, 80: 9089-9103.

MADHAV M R. Efficiency of pile groups in tension[J]. Canadian Geotechnical Journal, 1987, 24 (1): 149-153.

MEYERHOF G G. The Uplift Capacity of Foundations Under Oblique Loads[J]. Canadian Geotechnical Journal, 1973, 10 (1): 64-70.

MIÀS C, TORRES L, TURON A, et al. Effect of material properties on long-term deflections of GFRP reinforced concrete beams[J]. Construction and Building Materials, 2013, 41 (2013): 99-108.

NAHALI H, DHOUIBI L, IDRISSI H. Effect of phosphate based inhibitor on the threshold chloride to initiate steel corrosion in saturated hydroxide solution[J]. Construction and Building Materials, 2014, 50: 87-94.

NASR A M A. Uplift Behavior of Vertical Piles Embedded in Oil-Contaminated Sand[J]. Journal of Geotechnical and Geoenvironmental Engineering, 2013, 139 (1): 162-174.

NICOLA A D, RANDOLPH M F. Tensile and Compressive Shaft Capacity of Piles in Sand[J]. Journal of Geotechnical Engineering, 1993, 119 (12): 1952-1973.

OZBAKKALOGLU T, SAATCIOGLU M. Tensile Behavior of FRP Anchors in Concrete[J]. Journal of Composites for Construction, 2009, 13 (2): 82-92.

PAGE C L, TREADAWAY K W J. Aspects of the electrochemistry of steel in concrete[J]. Nature, 1982, 297 (5862): 109-115.

PATRA N R, PISE P J. Model Pile Groups Under Oblique Pullout Loads – an Investigation[J]. Geotechnical & Geological Engineering, 2006, 24 (2): 265-282.

PENG S S, TANG D H Y. Roof bolting in underground mining: a state-of-the-art review[J]. International Journal of Mining Engineering, 1984, 2 (1): 1-42.

PING Z, YANG Y, CAI C S, et al. Mechanical Behavior and Optimal Design Method for Innovative CFRP Cable Anchor[J]. Journal of Composites for Construction, 2019, 23 (1): 04018067.

POUR-ALI S, DEHGHANIAN C, KOSARI A. Corrosion protection of the reinforcing steels in chloride-laden concrete environment through epoxy/polyaniline–camphorsulfonate nanocomposite coating[J]. Corrosion Science, 2015, 90: 239-247.

REFAI A E. Durability and Fatigue of Basalt Fiber-Reinforced Polymer Bars Gripped with Steel Wedge Anchors[J]. Journal of Composites for Construction, 2013, 17 (6): 04013006.

SERRANO A, OLALLA C. Tensile resistance of rock anchors[J]. International Journal of Rock Mechanics and Mining Sciences, 1999, 36 (4): 449-474.

SHIN E C, DAS B M, PURI V K, et al. Ultimate uplift capacity of model rigid metal piles in clay[J]. Geotechnical & Geological Engineering, 1993, 11 (3): 203-215.

SHIN G B, JO B H. Numerical simulation of load distributive compression anchor installed in weathered rock layer[J]. Acta Geotechnica, 2022 ( ):   .

SÖYLEV T A, RICHARDSON M G. Corrosion inhibitors for steel in concrete: State-of-the-art report[J]. Construction and Building Materials, 2008, 22 (4): 609-622.

TANG C, PHOON K-K. Model uncertainty of cylindrical shear method for calculating the uplift capacity of helical anchors in clay[J]. Engineering Geology, 2016, 207: 14-23.

TIAN J, HU L. Review on the Anchoring Mechanism and Application Research of Compression-Type Anchor[J]. Engineering, 2016, 8: 777-788.

TORRES L, MIÀS C, TURON A, et al. A rational method to predict long-term deflections of FRP reinforced concrete members[J]. Engineering Structures, 2012, 40 (2012): 230-239.

TURNER J P, KULHAWY F H. Drained Uplift Capacity of Drilled Shafts under Repeated Axial Loading[J]. Journal of Geotechnical Engineering, 1990, 116 (3): 470-491.

VESIC A S. Tests on Instrumented Piles, Ogeechee River Site[J]. Journal of the Soil Mechanics and Foundations Division, 1970, 96 (2): 561-584.

VILANOVA I, BAENA M, TORRES L, et al. Experimental study of bond-slip of GFRP bars in concrete under sustained loads[J]. Composites Part B: Engineering, 2015, 74 (2015): 42-52.

VISINTIN P, OEHLERS D J, HASKETT M. Partial-interaction time dependent behaviour of reinforced concrete beams[J]. Engineering Structures, 2013, 49: 408-420.

WANG L, ZHANG J, XU J, et al. Anchorage systems of CFRP cables in cable structures—A review[J]. Construction and Building Materials, 2018, 160: 82-99.

WONG H S, ZHAO Y X, KARIMI A R, et al. On the penetration of corrosion products from reinforcing steel into concrete due to chloride-induced corrosion[J]. Corrosion Science, 2010, 52 (7): 2469-2480.

WU S, CHEN H, CRAIG P, et al. An experimental framework for simulating stress corrosion cracking in cable bolts[J]. Tunnelling and Underground Space Technology, 2018, 76: 121-132.

WU S, CHEN H, RAMANDI H L, et al. Effects of environmental factors on stress corrosion cracking of cold-drawn high-carbon steel wires[J]. Corrosion Science, 2018, 132: 234-243.

XIAO T, HE Y. Experimental Study of an Inflatable Recyclable Anchor[J]. Advances in Materials Science and Engineering, 2018, 2018: 6940531.

XU D S, YIN J H. Analysis of excavation induced stress distributions of GFRP anchors in a soil slope using distributed fiber optic sensors[J]. Engineering Geology, 2016, 213: 55-63.

YAN F, LIN Z, YANG M. Bond mechanism and bond strength of GFRP bars to concrete: A review[J]. Composites Part B: Engineering, 2016, 98: 56-69.

YANG J W, FENG Z H, LUO X R, et al. Numerically quantifying the relative importance of topography and buoyancy in driving groundwater flow[J]. SCIENCE CHINA-Earth Sciences 2010, 53 (1): 64-71.

YILMAZ A, REBAK R B, CHANDRA D. Corrosion behavior of carbon steel rock bolt in simulated Yucca Mountain ground waters[J]. Metallurgical and Materials Transactions A, 2005, 36 (5): 1097-1105.

白晓宇. GFRP 抗浮锚杆锚固机理试验研究与理论分析[D]. 青岛：青岛理工大学，2015.

白晓宇，井德胜，王海刚，等. GFRP 抗浮锚杆界面黏结性能现场试验[J]. 岩石力学与工程学报，2022，41（4）：748-763.

白晓宇，匡政，张明义，等. 全螺纹 GFRP 抗浮锚杆与混凝土底板黏结锚固性能的试验研究[J]. 材料导报，2019，33（18）：3035-3042.

白晓宇，秘金卫，王雪岭，等. 抗拔桩在抗浮工程中的研究进展[J]. 科学技术与工程，2022，22（17）：6781-6789.

白晓宇，王凤姣，桑松魁，等. 抗浮锚杆在地下结构抗浮中的耐久性研究进展与发展方向[J]. 科学技术与工程，2022，22（19）：8165-8176.

白晓宇，王海刚，张明义，等. 抗浮锚杆承载性能研究进展[J]. 科学技术与工程，2020，20（8）：2949-2958.

白晓宇，张明义，闫楠. 两种不同材质抗浮锚杆锚固性能的现场对比试验研究与机理分析[J]. 土木工程学报，2015，48（8）：38-46+59.

白晓宇，张明义，张舜泉. 全长黏结螺纹玻璃纤维增强聚合物抗浮锚杆蠕变试验研究[J]. 岩石力学与工程学报，2015，34（4）：804-813.

白晓宇，张明义，朱磊，等. 全长黏结 GFRP 抗浮锚杆界面剪切特性试验研究[J]. 岩石力学与工程学报，2018，37（6）：1407-1418.

白晓宇，郑晨，张明义，等. 大直径 GFRP 抗浮锚杆蠕变试验及蠕变模型[J]. 岩土工程学报，2020，42（7）：1304-1311.

毕雅明. 水池抗浮设计方案的分析与比较[J]. 结构工程师，2008，（1）：11-14.

蔡洪伟. 抗浮锚杆在某工程设计、施工与验收中的应用[J]. 地下空间与工程学报，2014，10（S2）：1926-1929.

蔡强，李宝幸，宋军. 扩大头锚杆研究进展综述[J]. 科学技术与工程，2022，22（25）：10819-10828.

曹洪，骆冠勇，潘泓. 采用廊道排水减压解决地下结构抗浮问题的研究及应用[J]. 岩石力学与工程学报，2016，35（9）：1864-1870.

曹洪，潘泓，骆冠勇. 地下结构截排减压抗浮概念及应用[J]. 岩石力学与工程学报，2016，35（12）：2542-2548.

曹洪，朱东风，骆冠勇，等. 临江地下结构抗浮计算方法研究[J]. 岩土力学，2017，38（10）：2973-2979+2988.

曹彦凯，袁雪芬，张敏，等. 某坡地建筑地下室疏水降压减浮设计分析[J]. 建筑结构，2022，52（7）：105-110.

查文华，王京九，华心祝，等. 锚杆锚固性能及界面力学特性研究综述[J]. 人民长江，2021，52（11）：161-168.

陈飞铭. 地下室上浮破坏及处理措施研究[D]. 重庆：重庆大学，2004.

陈科荣. 厦门世贸中心地下室上浮原因与抗浮锚杆基础加固措施[J]. 工程质量，2002，（5）：51-53.

陈庆玉. 硫酸盐作用下砂浆锚杆耐久性试验研究[D]. 重庆：重庆大学，2009.

陈棠茵，王贤能. 抗浮锚杆应力-应变状态的线弹性理论分析[J]. 岩土力学，2006，27（11）：2033-2036+2049.

陈杨，杨敏，魏厚振，等. 钙质砂中单桩轴向抗拔模型试验研究[J]. 岩土力学，2018，39（8）：2851-2857.

陈勇，王向火，刘健，等. 地下室抗浮方案的经济性探讨[J]. 建筑结构，2020，50（S1）：948-952.

陈政治，马哲胜，詹红中，等. 地下建筑抗浮失效案例分析及处理[J]. 资源环境与工程，2009，23（1）：47-51.

程良奎. 岩土锚固研究与新进展[J]. 岩石力学与工程学报，2005，24（21）：5-13.

程良奎，范景伦，李成江，等. 岩土锚固与喷射混凝土支护工程设计施工指南[M]. 北京：中国建筑工业出版社，2019.

程良奎，韩军，张培文. 岩土锚固工程的长期性能与安全评价[J]. 岩石力学与工程学报，2008，27（5）：865-872.

崔京浩，崔岩. 锚固抗浮设计的几个关键问题[J]. 特种结构，2000，（1）：9-14.

丁力，丁坚平，杨平波. 某新校区实验楼地下室上浮事故分析[J]. 勘察科学技术，2013，（2）：36-38.

董卫平，费金祖，桂国强. 非预应力抗浮锚杆设计探讨[J]. 建筑结构，2021，51（S2）：1651-1655.

杜明芳，王强. 后注浆抗拔桩在复杂地层下的试验及模拟研究[J]. 建筑结构，2021，51（1）：126-130+136.

段昊. 扩体锚杆在工程抗浮中的应用研究[D]. 济南：山东大学，2015.

范重，曹爽，刘涛. 地下室防水设计若干问题探讨[J]. 建筑结构，2016，46（6）：1-11.

付文光，柳建国，杨志银. 抗浮锚杆及锚杆抗浮体系稳定性验算公式研究[J]. 岩土工程学报，2014，36（11）：1971-1982.

付文光，邹俊峰，黄凯. 可回收锚杆技术研究综述[J]. 地下空间与工程学报，2021，17（S1）：512-522+528.

付玉芬. 斜拉荷载下扩底短桩模型试验与理论分析[D]. 长沙：长沙理工大学，2011.

干泉，杨博进，刘伟，等. 地下室泄水减压抗浮技术的探讨与应用[J]. 建筑结构，2016，46（2）：86-90.

高怀玉. 地下室结构抗浮设计优化研究[J]. 建筑技术，2020，51（12）：1498-1500.

高金宝. 扩体锚杆在沿淮地区抗浮工程中的应用研究[D]. 合肥：安徽建筑大学，2020.

高明宇，谭光宇，方伟明，等. 采用排水限压法的既有工程抗浮治理研究[J]. 建筑结构，2021，51（21）：11-14+105.

高晓峰，彭涛，赵勇，等. 砂卵石地层中扩大头形状对 PSB 抗浮锚杆抗拔特性的影响分析[J]. 四川地质学报，2022，42（3）：435-440.

高晓峰，任东兴，邓安，等. 某坡地建筑物地下室抗浮失效原因分析及治理措施研究[J]. 建筑结构，2022，52（6）：131-137+103.

耿冬青，程学军，宋福渊，等. 压力分散型锚杆在某基础抗浮工程中的应用[J]. 建筑结构学报，2005，26（1）：119-124.

古今强，侯家健. 关于基础设计中地下水浮力问题的思考[J]. 建筑结构，2014，44（24）：133-138.

顾鸿宇，许东，李丹，等. 地下水对城市地下空间开发的制约及机理[J]. 科学技术与工程，2021，21（16）：6533-6545.

郭春艳，黄永存，于峰. 盲沟排水在地下室抗浮设计中的应用[J]. 建筑设计管理，2013，30（4）：44-47.

韩军，张智浩，艾凯. 影响岩土锚固工程安全性的几个关键问题[J]. 岩石力学与工程学报，2006，（S2）：3874-3878.

韩忠民，严寒. 地下建筑结构"泄压法"抗浮设计[J]. 建筑结构，2021，51（S1）：2177-2182.

何开明，马杰，孙雁榕. 成都地区抗浮锚杆的应用现状综述[J]. 四川建筑科学研究，2019，45（6）：49-54.

何平，张红军，邹常生. "水盆效应"的抗浮设防及治理措施[J]. 重庆大学学报，2022，45（S1）：25-29.

胡建林，张培文. 扩体型锚杆的研制及其抗拔试验研究[J]. 岩土力学，2009，30（6）：1615-1619.

胡琼. 某地下室结构工程上浮开裂事故分析与加固技术研究[D]. 合肥：合肥工业大学，2020.

胡云华. 临江高承压水超深基坑开挖抗突涌分析与对策——以南京纬三路长江隧道梅子洲风井基坑为例[J]. 隧道建设，2015，35（11）：1194-1201.

胡政，陈再谦. 基于长观水位及历史降雨量的建筑抗浮水位取值研究[J]. 中国岩溶，2018，37（2）：245-246+248-253.

华锦耀，郑定芳. 地下建筑抗浮措施的选用原则[J]. 建筑技术，2003，（3）：202-203.

黄存智. 地下室抗浮设计与事故分析[J]. 建筑技术，2022，53（12）：1660-1664.

黄健，光军. 建筑结构的抗浮设计探讨[J]. 建筑结构，2021，51（10）：135-139.

黄俊光，李健斌，秦泳生. 超深地下工程抗浮技术的探索[J]. 建筑结构，2020，50（10）：129-134+138.

黄茂松，任青，王卫东，等. 深层开挖条件下抗拔桩极限承载力分析[J]. 岩土工程学报，2007，（11）：1689-1695.

黄强. 桩侧摩阻力计算的简单数学模型[J]. 岩土工程学报，1986，（5）：84-90.

黄天. 地下室泄水减压抗浮法的应用研究[D]. 武汉：华中科技大学，2021.

黄志仑，马金普，李丛蔚. 关于多层地下水情况下的抗浮水位[J]. 岩土工程技术，2005，（4）：182-183+217.

冀智，许宁，王自伟，等. 预应力抗浮锚杆施工技术创新与应用[J]. 建筑技术，2022，53（2）：142-144.

贾金青，宋二祥. 滨海大型地下工程抗浮锚杆的设计与试验研究[J]. 岩土工程学报，2002，24（6）：769-771.

贾益纲，费逸，吴光宇，等. 某大型地下室结构上浮拱起工程事故分析与处理[J]. 施工技术，2016，45（16）：48-52.

姜文锚，刘清风. 冻融循环下混凝土中氯离子传输研究进展[J]. 硅酸盐学报，2020，48（2）：258-272.

蒋继宝. 抗浮锚杆力学特性研究与工程应用[D]. 贵阳：贵州大学，2015.

蒋田勇. 碳纤维预应力筋及拉索锚固系统的试验研究和理论分析[D]. 长沙：湖南大学，2008.

蒋志坤. 住宅地下室上浮后混凝土构件性能的分析研究[D]. 成都：西南石油大学，2018.

焦远俊，姜杰文，夏厚荣. 建筑工程施工阶段地下室抗浮问题分析[J]. 江苏建筑，2022，（5）：71-74.

井德胜，白晓宇，刘超，等. 抗浮锚杆荷载-位移特性及极限承载力预测[J]. 科学技术与工程，2021，21（22）：9570-9576.

井德胜，白晓宇，王海刚，等. 玻璃纤维增强聚合物锚杆蠕变性能研究进展[J]. 复合材料科学与工程，2022，0（2）：119-128.

匡政. 玻璃纤维增强聚合物抗浮锚杆荷载传递机理及锚固特性研究[D]. 青岛：青岛理工大学，2018.

匡政，白晓宇，张明义，等. 全长黏结岩石抗浮锚杆荷载传递机制原位试验与有限元分析[J]. 工程勘察，2018，46（8）：1-8+56.

匡政，白晓宇，张明义，等. 弯曲与直锚 GFRP 复合材料抗浮锚杆锚固特性试验研究[J]. 复合材料学报，2019，36（5）：1063-1073.

匡政，张明义，白晓宇，等. 风化岩地基 GFRP 抗浮锚杆力学与变形特性现场试验[J]. 岩土工程学报，2019，41（10）：1882-1892.

李春蕾. 全长黏结型抗浮锚杆设计关键问题分析[J]. 建筑结构，2021，51（22）：124-130.

李春平，张蔚蓉. 由某工程事故谈地下室抗浮问题[J]. 建筑结构，2014，44（8）：44-47.

李聪，朱杰兵，汪斌，等. 腐蚀环境下锚固顺层边坡时效演化行为模型试验[J]. 岩石力学与工程学报，2018，37（S1）：3215-3222.

李富民，刘贞国，陆荣，等. 硫酸盐腐蚀锚索结构锚固性能退化规律试验研究[J]. 岩石力学与工程学报，2015，34（8）：1581-1593.

李广信，吴剑敏. 浮力计算与黏土中的有效应力原理[J]. 岩土工程技术，2003，2：63-66.

李国胜. 地下室设计中水浮力问题的探讨[J]. 建筑结构，2018，48（18）：117-123.

李国维，赫新荣，吴建涛，等. 泥质砂软岩边坡加固锚杆黏结疲劳特征原位试验[J]. 岩石力学与工程学报，2020，39（9）：1729-1738.

李镜培，李林，陈浩华，等. 腐蚀环境中混凝土桩基耐久性研究进展[J]. 哈尔滨工业大学学报，2017，49（12）：1-15.

李明琛. 抗浮锚杆受力性能分析及对地下室抗浮的影响[D]. 合肥：合肥工业大学，2017.

李培妍，洪波，王涛. 建筑工程抗浮设防的勘察设计要求及分析[J]. 钻探工程，2021，48（8）：103-109.

李平先，梁国仓，黄秋风. 水池漂浮事故处理及抗浮构造措施[J]. 中国给水排水，2004，（2）：104-106.

李崎洁. 长岛荟城项目抗浮锚杆优化布置研究[D]. 绵阳：西南科技大学，2019.

李天成，李盛. 盲沟排水取代抗浮锚杆在某工程中的应用[J]. 施工技术，2011，40（20）：65-66.

李伟伟，钱建固，黄茂松，等. 等截面抗拔桩承载变形特性离心模型试验及数值模拟[J]. 岩土工程学报，2010，32（S2）：17-20.

李伟伟，张明义，白晓宇，等. GFRP 与钢筋抗浮锚杆承载特性试验研究[J]. 地下空间与工程学报，2015，11（1）：108-114.

李熹，凌辉，吴传波. 黏土中抗拔桩工作机理分析[J]. 工业建筑，2006，（S1）：707-709+682.

李寻昌，门玉明，王娟娟. 锚杆抗滑桩体系的群桩、群锚效应研究现状分析[J]. 公路交通科技，2005，（S2）：56-59.

李铮，汪波，何川，等. 多重防腐锚杆抗腐蚀性试验研究[J]. 岩土力学，2015，36（4）：1071-1077+1146.

连军. 某地下车库局部上浮原因分析与处理措施[J]. 建筑结构，2021，51（S1）：2183-2186.

梁鲜. 地下室车库底板抗浮不足分析和处理方法[D]. 长沙：湖南大学，2011.

梁妍妍. 地下结构的抗浮研究与优化分析[D]. 广州：广州大学，2016.

梁月英. 土层扩孔压力型锚杆的锚固机理研究[D]. 北京：中国铁道科学研究院，2012.

廖孙静，贺晓英，罗智勇，等. 某邻海项目地下室抗浮失效事故分析及处理方法[J]. 建筑结构，2022，52（S1）：2278-2281.

刘波，刘钟，张慧东，等. 建筑排水减压抗浮新技术在新加坡环球影城中的设计应用[J]. 工业建筑，2011，41（8）：138-141+133.

刘博. 抗拔桩承载破坏机理及桩-土渐进性演化规律研究[D]. 石家庄：石家庄铁道大学，2019.

刘博怀，高飞，杨琴，等. 黏土地基抗浮折减模型试验研究[J]. 施工技术，2017（S2）：5.

刘德海. 建造过程中地下室抗浮失效临界状态与控制方法研究[D]. 青岛：青岛理工大学，2014.

刘冬柏，王璇. 地下室抗浮设计中的几个问题讨论[J]. 中外建筑，2010，（2）：42-44.

刘军，李廖兵，杨凡. 某地下室上浮开裂的处理与研究[J]. 建筑结构，2015，45（21）：89-93.

刘开强，罗东林，蒋媛. 基于非预应力锚杆的裂缝宽度论采用预应力锚杆的必要性及裂缝控制新方法[J]. 建筑结构，2022，52（S2）：2428-2432.

刘立平，郑良平，李英民，等. 地下水池上浮事故的处理对策及应用[J]. 中国给水排水，2010，26（4）：101-104+108.

刘孟源. 黏土中桩的抗拔承载力及破坏模式的数值研究[D]. 天津：天津大学，2017.

刘明. 黄土地区抗拔桩的受力性能及承载能力研究[D]. 西安：西安建筑科技大学，2017.

刘泉声，雷广峰，彭星新. 深部裂隙岩体锚固机制研究进展与思考[J]. 岩石力学与工程学报，2016，35（2）：312-332.

刘润洲. 不同地基土中地下结构浮力折减系数研究[D]. 兰州：兰州理工大学，2020.

刘文竞，杨建中，王霓，等. 某地下室上浮事故的检测鉴定及加固处理[J]. 工业建筑，2010，40（6）：127-130.

刘宇鹏，夏才初，吴福宝，等. 高地应力软岩隧道长、短锚杆联合支护技术研究[J]. 岩石力学与工程学报，2020，39（1）：105-114.

刘钟，郭钢，张义，等. 囊式扩体锚杆施工技术与工程应用[J]. 岩土工程学报，2014，36（S2）：205-211.

刘钟，张楚福，张义，等. 囊式扩体锚杆在宁波地区的现场试验研究[J]. 岩土力学，2018，39（S2）：295-301.

柳建国，刘波. 建筑物的抗浮设计与工程技术[J]. 工业建筑，2007，（4）：1-5.

柳建国，吴平，尹华刚，等. 压力分散型抗浮锚杆技术及其工程应用[J]. 岩石力学与工程学报，2005，（21）：150-155.

柳建国，杨宝森，陈国强，等. 压力型预应力抗浮锚杆逆作施工技术及在腐蚀性承压水地层中的应用[J]. 工业建筑，2011，41（5）：134-138+183.

柳崟. 某沿海城市裙房地下室上浮事故分析[J]. 结构工程师，2017，33（2）：190-195.

卢刚，杨成斌，马俊超，等. 地下建筑物的盲沟排水抗浮设计与施工[J]. 合肥工业大学学报（自然科学版），2021，44（8）：1088-1093.

卢著辉，徐正来. 地下车库上浮事故原因分析与破坏鉴定[J]. 建筑技术，2014，45（4）：326-329.

鲁昂，阎钟巍，尤天直，等. 建筑地下室抗浮设计若干问题探讨[J]. 建筑结构，2017，47（S1）：1142-1145.

陆启贤. 土中孔压传递规律及水浮力折减机理研究[D]. 南宁：广西大学，2019.

陆启贤，任志盛，杨济铭，等. 黏土中孔压传递规律及水浮力折减的试验研究[J]. 工业建筑，2019，49（3）：126-131.

罗东林，李欣洧，廖宏业，等.PSB 精轧螺纹钢预应力扩大头抗浮锚杆的工程应用研究[J]. 建筑结构，2022，52（14）：146-150，123.

罗宁. 等截面抗拔桩承载力和变形性状研究[D]. 广州：华南理工大学，2013.

罗小勇，唐谢兴，匡亚川，等. 腐蚀环境下 FRP 锚杆耐久性能试验研究[J]. 铁道科学与工程学报，2015，12（6）：1341-1347.

罗晓东. 抗拔桩/抗浮锚杆布置型式对基础影响的研究[D]. 北京：北京建筑大学，2016.

罗益斌，陈继彬，王媛媛，等. 膨胀土地区地下结构抗浮失效机理及主动抗浮措施应用[J]. 水文地质工程地质，2022，49（6）：64-73.

罗佑新，王宁，张哲. 抗浮锚杆与地下室底板共同工作受力规律研究及设计建议[J]. 建筑结构，2018，48（1）：97-100.

骆冠勇，马铭骏，曹洪，等. 临江地下结构主被动联合抗浮方法及应用[J]. 岩土力学，2020，41（11）：3730-3739.

马乐乐. 砂土场地抗浮扩体锚杆承载特性研究[D]. 哈尔滨：哈尔滨工业大学，2020.

梅国雄，宋林辉，宰金珉. 地下水浮力折减试验研究[J]. 岩土工程学报，2009，31（9）：1476-1480.

梅国雄，宋林辉，周峰，等. 关于基础抗浮的若干问题探讨[J]. 岩土工程学报，2008，30（S1）：238-242.

蒙瑜，赵轩. 地下室抗浮设计中的问题研究[J]. 建筑结构，2021，51（S1）：2173-2176.

米文杰. 某地下车库抗浮不足事故分析及处理[J]. 建筑结构，2012，42（S1）：835-838.

苗国航. 我国预应力岩土锚固技术的现状与发展[J]. 地质与勘探，2003，（3）：91-94.

潘继良，李鹏，席迅，等. 地下工程锚固结构腐蚀耐久性研究进展[J]. 哈尔滨工业大学学报，2019，51（9）：1-13.

彭文祥，曹佳文. 充气锚杆的研究现状及展望[J]. 科技导报，2010，28（5）：111-115.

祁神军，张云波. 中国建筑业碳排放的影响因素分解及减排策略研究[J]. 软科学，2013，27（6）：39-43.

钱建固，贾鹏，程明进，等. 注浆桩土接触面试验研究及后注浆抗拔桩承载特性数值分析[J]. 岩土力学，2011，32（S1）：662-668.

秦雁. 地下室结构抗浮事故原因分析与加固研究[D]. 成都：西南交通大学，2017.

任东兴，赵勇，薛鹏，等. PSB精轧螺纹钢扩大头抗浮锚杆抗拔试验及数值模拟分析[J]. 地质灾害与环境保护，2022，33（3）：78-84.

任志盛. 地下基础结构水浮力折减及排水减压抗浮研究[D]. 南宁：广西大学，2019.

石江波. 核电结构材料应力腐蚀开裂裂纹扩展速率预测[D]. 天津：天津大学，2014.

石路也. 主动式抗浮技术在地下室结构中的应用[J]. 建筑结构，2016，46（S1）：725-727.

史盛. 拉拔荷载作用下锚杆锚固机理的研究[D]. 兰州：兰州大学，2014.

宋静，贾斌，张明明，等. PSB精轧螺纹钢预应力扩大头抗浮锚杆受力变形特性研究[J]. 建筑结构，2022，52（S1）：2295-2300.

宋丽娟，裴佳佳，梁玉国. 某地下人防工程上浮事故处理分析[J]. 工程建设，2022，54（7）：74-78.

宋林辉，刘益，梅国雄，等. 粘土地基中的水浮力试验研究[J]. 水文地质工程地质，2008，（6）：80-84.

宋林辉，王宇豪，付磊，等. 软黏土中地下结构浮力测试试验与分析[J]. 岩土力学，2018，39（2）：753-758.

苏仲杰，雷康，杨逾. 中风化砂页岩中抗浮锚杆极限抗拔力和有效锚固长度的研究[J]. 建筑结构，2019，49（3）：125-128+197.

孙保卫，徐宏声，张在明. 孔隙水压力测试与建筑抗浮水压力的确定[J]. 工程勘察，1998，（3）：33-37.

孙梅英. 既有地下结构物抗浮加固措施[D]. 武汉：华中科技大学，2007.

孙仁范，刘跃伟，徐青，等. 带地下室或裙房高层建筑抗浮锚杆整体计算方法[J]. 建筑结构，2014，44（6）：27-30+41.

孙涛，杨俊杰，安庆军，等. 土层抗浮锚杆承载力关键影响因素现场试验研究[J]. 中国海洋大学学报（自然科学版），2011，41（11）：18-22.

孙伟武，黄林伟. 抗浮锚杆布置方式的数值分析[J]. 结构工程师，2014，30（1）：53-57.

孙晓立. 抗拔桩承载力和变形计算方法研究[D]. 上海：同济大学，2007.

孙雨辰. 黄土地区输电塔基础抗拔桩承载力研究[D]. 西安：西安建筑科技大学，2019.

孙豫. 郑州东区某工程扩底抗拔桩承载性能研究[D]. 郑州：华北水利水电大学，2019.

覃亚伟. 大型地下结构泄排水减压抗浮控制研究[D]. 武汉：华中科技大学，2013.

汪凡茗. 地下水位变化对基坑及建筑变形影响研究[D]. 昆明：昆明理工大学，2022.

汪梅，吴炯. 地下工程抗浮设计[J]. 建筑结构，2022，52（S2）：2043-2046.

王超，张华丽. 地下结构抗浮设计研究[J]. 建筑结构，2022，52（S2）：2038-2042.

王春. 高层建筑裙楼地下室锚杆抗浮的应用研究[D]. 合肥：安徽建筑大学，2020.

王贵和，吕建国，贾苍琴，等. 压力分散型抗浮锚杆承载特性分析[J]. 建筑结构学报，2007，（S1）：252-256.

王海，应晓霖，罗野，等. 某综合楼二层地下室局部上浮事故调查及原因分析[J]. 建筑结构，2022，52（S1）：2273-2277.

王海刚，白晓宇，张明义，等. 玄武岩纤维增强聚合物锚杆在岩土锚固中的研究进展[J]. 复合材料科学与工程，2020，（8）：113-122.

王浩. 地下室结构的抗浮设计与分析[D]. 合肥：合肥工业大学，2013.

王家林. 抗浮锚杆的布置方式及防水板的设计探讨[J]. 建筑结构，2012，42（S2）：517-519.

王建，孟晓娟. 地下车库整体上浮原因鉴定分析[J]. 建筑结构，2018，48（S1）：816-817.

王军辉，陶连金，韩煊，等. 我国结构抗浮水位研究现状与展望[J]. 水利水运工程学报，2017，（03）：124-132.

王俊霞，何立梅. 地基基础设计常见问题梳理[J]. 建筑结构，2019，49（8）：115-118.

王力健. 降水抗浮技术在地下工程中的应用[J]. 建筑技术，2014，45（3）：243-246.

王强. 复杂场地下抗拔桩抗拔力的试验及应用研究[D]. 兰州：河南工业大学，2019.

王帅，赵金宝，佟建兴，等. 浅析勘察钻孔深度确定[J]. 建筑结构，2021，51（S1）：2159-2163.

王卫东，翁其平，吴江斌. 上海世博 500 kV 地下变电站超深抗拔桩的设计与分析[J]. 建筑结构，2007，（5）：107-110.

王卫东，吴江斌，王向军. 桩侧注浆抗拔桩的试验研究与工程应用[J]. 岩土工程学报，2010，32（S2）：284-289.

王卫东，吴江斌，许亮，等. 软土地区扩底抗拔桩承载特性试验研究[J]. 岩土工程学报，2007，（9）：1418-1422.

王贤能，叶蓉，周逢君. 土层抗浮锚杆试验破坏标准选取的建议[J]. 地质灾害与环境保护，2001，（3）：73-77.

王洋，冯君，李珈瑶，等. FRP 锚杆在岩土锚固中的研究进展[J]. 工程地质学报，2018，26（3）：776-784.

王烨伟. 地下室施工中上浮破坏原因及处理措施研究[D]. 南京：东南大学，2018.

王永. 岩石锚杆在多层地下结构抗浮设计中的应用与研究[D]. 贵阳：贵州大学，2021.

王宇阳. 抗浮锚杆在地下工程中的研究与应用[D]. 沈阳：沈阳建筑大学，2015.

王志英，王俭秋，韩恩厚，等. 力学因素对管线钢应力腐蚀开裂裂纹萌生的影响[J]. 中国腐蚀与防护学报，2008，（5）：282-286.

王子安，关群. 某办公楼工程地下室上浮事故实例分析及处理[J]. 工程与建设，2009，23（6）：848-850.

韦宏，舒宣武. 广东奥林匹克体育场预应力混凝土管桩作为抗拔桩的设计研究[J]. 建筑结构，2001，（5）：55-57.

魏大平. 某地下车库局部抗浮失稳原因分析与加固处理[J]. 工业建筑，2003，（12）：81-83.

魏建华，徐枫，吴超. 桩侧后注浆与扩底抗拔桩承载特性研究[J]. 地下空间与工程学报，2009，5（S2）：1727-1730.

魏坤，戴西行，杨勇. 地下室抗浮锚杆布置方式设计探讨[J]. 山西建筑，2011，37（8）：41-43.

吴迪. 变截面抗浮锚杆受力变形特性理论与数值分析[D]. 保定：河北大学，2020.

吴江斌，王卫东，黄绍铭. 等截面桩与扩底桩抗拔承载特性数值分析研究[J]. 岩土力学，2008，（9）：2583-2588.

吴江斌，王卫东，王向军. 软土地区多种桩型抗拔桩侧摩阻力特性研究[J]. 岩土工程学报，2010，32（S2）：93-98.

吴勇军，章因，陆云飞，等. 扩大头抗浮锚杆技术在单建式地下车库工程应用研究[J]. 建筑结构，2021，51（S1）：2187-2194.

吴铮，文善平. 地下室底板抗浮锚杆合理布置与工程应用[J]. 建筑结构，2015，45（11）：96-99.

夏亮，张明山，李本悦，等. 高层建筑地下室的抗浮设计方案研究[J]. 建筑结构，2021，51（8）：83-89.

夏宁. 锈蚀锚固体的力学性能研究及耐久性评估初探[D]. 南京：河海大学，2005.

肖玲，李长松，曾宪明，等. 承载锚杆与非承载锚杆腐蚀力学性能对比试验研究[J]. 岩石力学与工程学报，2007，（4）：720-726.

肖娅婷. 地下工程抗浮锚杆受力机理及设计优化研究[D]. 兰州：兰州理工大学，2019.

熊欢. 地下结构抗浮设计中浮力的研究[D]. 长沙：中南大学，2013.

徐光黎，马郧，张杰青，等. 东京地下水位上升对地下工程的危害警示[J]. 岩土工程学报，2014，36（S2）：269-273.

徐海龙，魏松，王智超，等. 倾斜荷载下抗拔桩研究综述[J]. 安徽建筑，2019，26（7）：20-21.

许宏发，罗国煜，廖铁平，等. 等截面桩的抗拔机理研究[J]. 工程勘察，2003，（3）：4-6+34.

许萍，张丽，张雅君，等. 地下水池抗浮方案[J]. 施工技术，2011，40（S2）：345-348.

杨爱国. 抗拔桩承载机理的三维有限元研究[D]. 南京：南京理工大学，2007.

杨柏，肖世国，马建林，等. 砂岩地层扩底桩抗拔承载特性现场试验研究[J]. 工业建筑，2021，51（04）：132-138+147.

杨保生. 建筑物抗浮处理的研究[D]. 青岛：青岛理工大学，2018.

杨晶. 软土地区某深基坑开挖过程中抗拔桩受力分析[J]. 地下空间与工程学报，2021，17（S2）：861-867.

杨瑞清，朱黎心. 地下建筑结构设计和施工设防水位的选定与抗浮验算的探讨[J]. 工程勘察，2001，（1）：43-46.

杨淑娟，张同波，吕天启，等. 地下室抗浮问题分析及处理措施研究[J]. 建筑技术，2012，43（12）：1067-1070.

杨淑娟，张同波，于德湖，等. 抗浮锚杆布置形式的数值模拟与对比分析[J]. 施工技术，2014，43（17）：36-38.

杨文瑞，何雄君，代力. CFRP 锚杆与环氧树脂的耐久性试验研究[J]. 武汉理工大学学报，2014，36（11）：93-96.

杨学文. 倾斜荷载下抗拔桩模型试验与数值模拟研究[D]. 长沙：湖南大学，2016.

杨智峰. 扩底抗拔桩扩底影响范围分析研究[D]. 石家庄：石家庄铁道大学，2018.

杨卓. 囊压式扩体锚杆锚固机理与承载特性试验研究[D]. 北京：中国矿业大学，2016.

尹鹏宇. 超大地下结构施工期水位随机分布抗浮可靠性应用研究[D]. 长沙：湖南大学，2021.

尤春安. 全长黏结式锚杆的受力分析[J]. 岩石力学与工程学报，2000，（3）：339-341.

尤春安，战玉宝. 预应力锚索锚固段界面滑移的细观力学分析[J]. 岩石力学与工程学报，2009，28（10）：1976-1985.

游庆，陆有忠. 地下室抗浮设防水位标高取值的讨论以及抗浮措施[J]. 地质与勘探，2019，55（5）：1314-1321.

于德湖，程道军，张同波，等. 某工程地下室底板裂缝原因分析及处理[J]. 施工技术，2007，（11）：105-106.

于贵，李星，舒中文，等. 高层建筑地下室上浮变形特征及处置措施研究[J]. 地下空间与工程学报，2020，16（1）：211-218.

余涛，张乾，张尚达，等. 穿采空区巷道围岩特性分析及稳定性控制[J]. 地下空间与工程学报，2021，17（3）：909-917.

余章冬. 某无梁楼盖地下室结构上浮事故分析与加固处理研究[D]. 南昌：南昌大学，2022.

袁鹏博. 岩土地质抗浮锚杆的试验研究与理论分析[D]. 青岛：青岛理工大学，2013.

袁正如. 地下工程的抗浮设计[J]. 地下空间，2004，（1）：41-43+139.

袁正如. 地下工程抗浮设计中的几个问题[J]. 地下空间与工程学报，2007，（3）：519-521.

袁自鸣，张银屏. 软土中设抗拔桩底板的内力解析算法[J]. 地下空间与工程学报，2015，11（1）：29-33.

岳大昌，翟涛，贾欣媛，等. 卵石地层高压旋喷注浆抗浮锚杆适应性研究[J]. 工程勘察，2022，50（8）：32-36.

曾国机. 土层抗浮锚杆受力机理研究分析[D]. 重庆：重庆大学，2004.

曾国机，王贤能，胡岱文. 抗浮技术措施应用现状分析[J]. 地下空间，2004，（1）：105-109+142.

曾庆义，杨晓阳，杨昌亚. 扩大头锚杆的力学机制和计算方法[J]. 岩土力学，2010，31（5）：1359-1367.

曾宪明，雷志梁，张文巾，等. 关于锚杆“定时炸弹”问题的讨论——答郭映忠教授[J]. 岩石力学与工程学报，2002，（1）：143-147.

战鹏. 地铁杂散电流对钢筋混凝土结构腐蚀影响研究及防护[D]. 北京：北京交通大学，2009.

张晨，周峰，王旭东，等. 扩底抗浮锚杆的抗拔承载特性试验研究[J]. 地下空间与工程学报，2021，17（6）：1888-1893.

张第轩. 地下结构抗浮模型试验研究[D]. 上海：上海交通大学，2007.

张浩文. 抗拔桩极限承载力预测模型研究[D]. 南昌：南昌航空大学，2017.

张慧东，钱刚毅，李旭强，等. 建筑排水减压抗浮新技术的运行与维护[J]. 施工技术，2012，41（13）：67-69+103.

张俊苹，戴夫聪，黄强，等. 地下室防水板开裂原因与抗浮措施研究[J]. 施工技术（中英文），2022，51（21）：50-53+88.

张俊清. 海洋浮式结构桩基础的抗拔极限承载力分析[D]. 大连：大连理工大学，2008.

张旷成，丘建金. 关于抗浮设防水位及浮力计算问题的分析讨论[J]. 岩土工程技术，2007，（1）：15-20.

张立佳，姜兆恒，陈桂森. 砂卵石地层预应力抗浮锚杆施工技术[J]. 建筑施工，2021，43（10）：2023-2025.

张莉，杨桦，虞兴福. 某筏板基础地下车库上浮事故原因调查及补救处理[J]. 地质与勘探，2008，（4）：93-96.

张明义，寇海磊，白晓宇，等. 玻璃纤维增强聚合物抗浮锚杆抗拔性能试验研究与机制分析[J]. 岩土力学，2014，35（4）：1069-1076+1083.

张明义，张健，刘俊伟，等. 中风化花岗岩中抗浮锚杆的试验研究[J]. 岩石力学与工程学报，2008，（S1）：2741-2746.

张明义，郑晨，白晓宇，等. GFRP 筋及钢筋抗浮锚杆与基础底板锚固性能试验研究[J]. 应用基础与工程科学学报，2019，27（4）：931-946.

张明义，朱磊，白晓宇，等. 钢筋抗浮锚杆外锚固承载性能试验研究[J]. 土木建筑与环境工程，2016，38（S1）：118-124.

张乾，宋林辉，梅国雄. 黏土地基中的基础浮力模型试验[J]. 工程勘察，2011，39（9）：37-41.

张思峰，陈兴吉，韩冰，等. 岩土预应力锚索腐蚀损伤演化规律研究[J]. 山东建筑大学学报，2018，33（6）：1-6+14.

张思远. 在确定建筑物基础抗浮设防水位时应注意的一些问题[J]. 岩土工程技术，2004，（5）：227-229.

张同波，刘汉进. 地下室抗浮失效的 3 种形态及其上浮特征[J]. 施工技术，2011，40（10）：16-19.

张同波，于德湖，王胜，等. 岩体基坑地下室抗浮问题的分析[J]. 施工技术，2008，（9）：19-22.

张望，蒋金梁. 一种压力分散型抗浮锚杆的设计与应用[J]. 浙江建筑，2021，38（5）：42-46.

张兴. 高压旋喷锚杆在软土地区基坑中的试验研究[J]. 建筑结构，2022，52（8）：131-134+159.

张有. 摩擦型抗浮地锚的特性研究[D]. 北京：中国地质大学，2009.

张宇，李泽泽. 地下室上浮事故原因鉴定与加固处理方法研究[J]. 四川建筑科学研究，2017，43（1）：66-69.

张在明. 北京地区高层和大型公用建筑的地基基础问题[J]. 岩土工程学报，2005，（1）：11-23.

张在明. 地下水与建筑基础工程，北京：中国建筑工业出版社，2001.

张在明,沈小克,周宏磊,等. 国家大剧院工程中的几个岩土工程问题[J]. 土木工程学报，2009，42（1）：60-65.

张在明，孙保卫，徐宏声. 地下水赋存状态与渗流特征对基础抗浮的影响[J]. 土木工程学报，2001，34（1）：73-78.

张卓然. 考虑上部荷载影响区的抗浮锚杆合理布置研究[D]. 上海：上海交通大学，2020.

张卓然，宋春雨，陈龙珠. 考虑上部荷载影响区的筏板抗浮锚杆布置方法研究[J]. 建筑科学，2021，37（1）：8-14.

章少华，尚志诚，杨翊. 抗浮锚杆受力特性及布置方式的分析与设计[J]. 建筑科学，2016，32（1）：100-107.

赵洪福. 岩石抗浮锚杆工作机理的试验研究与有限元分析[D]. 青岛：青岛理工大学，2008.

赵健，冀文政，肖玲，等. 锚杆耐久性现场试验研究[J]. 岩石力学与工程学报，2006，（7）：1377-1385.

赵健，冀文政，张文巾，等. 现场早期砂浆锚杆腐蚀现状的取样研究[J]. 地下空间与工程学报，2005，（S1）：179-184.

赵晶. 某地下庭院的抗浮分析与对策[J]. 建筑结构，2011，41（S1）：1331-1333.

赵明华. 倾斜荷载下基桩的受力研究[D]. 长沙：湖南大学，2001.

赵彤，杨海松，王向军. 扩底抗拔桩在天津于家堡南北地下车库中的应用[J]. 岩土力学，2014，35（S2）：359-363.

赵新，王俊永，毛呈龙，等. 泄水减压法在地下室抗浮设计中的应用[J]. 浙江建筑，2014，31（2）：4-8.

赵宇. 地下室上浮破坏原因分析及处理措施研究[D]. 杭州：浙江大学，2013.

郑晨，白晓宇，张明义，等. 玻璃纤维增强聚合物锚杆研究进展[J]. 玻璃钢/复合材料，2019，（4）：90-99.

郑晨，白晓宇，张明义，等. 玻璃纤维增强聚合物锚杆在地下结构抗浮工程中的研究进展[J]. 材料导报，2020，34（13）：13194-13202.

郑静，曾辉辉，朱本珍. 腐蚀对锚索力学性能影响的试验研究[J]. 岩石力学与工程学报，2010，29（12）：2469-2474.

郑伟国. 地下结构抗浮设计的思路和建议[J]. 建筑结构，2013，43（5）：88-91.

钟阳，陈凯，陈麟海，等. 某下沉式广场抗浮事故处理[J]. 建筑结构，2009，39（3）：82-84.

周驰，肖达统，陈斌. 软土地区抗浮锚杆的力学与变形特性研究[J]. 建筑技术，2005，（3）：218-219.

周明荣，周芬娟，邹波雯. 地下室抗浮设计措施[J]. 建筑技术，2015，46（6）：565-567.

周朋飞. 城市复杂环境下地下水浮力作用机理试验研究[D]. 北京：中国地质大学，2006.

周晓龙. 桩侧摩阻力下的有效桩长讨论[J]. 岩土工程界，2009，12（10）：15-18.

朱东风. 地下结构截排减压抗浮法渗控关键问题研究[D]. 广州：华南理工大学，2019.

朱东风，曹洪，骆冠勇，等. 截排减压抗浮多井系统简化计算及设计方法[J]. 岩土工程学报，2021，43（11）：1986-1993.

朱东风，曹洪，骆冠勇，等. 截排减压抗浮系统在抗浮事故处理中的应用[J]. 岩土工程学报，2018，40（9）：1746-1752.

朱杰兵，李聪，刘智俊，等. 腐蚀环境下预应力锚筋损伤试验研究[J]. 岩石力学与工程学报，2017，36（7）：1579-1587.

朱杰兵，王小伟. 高边坡预应力锚固结构腐蚀损伤与诊断研究进展[J]. 长江科学院院报，2018，35（11）：1-6+19.

朱培. 多重防腐锚杆防腐蚀性能及其使用寿命研究[D]. 成都：西南交通大学，2014.

朱万旭，李明霞，付委. 港珠澳大桥桥墩拼接用大直径螺纹钢筋应力腐蚀断裂试验研究[J]. 公路，2020，65（10）：112-117.

朱兴海，陆海军，宋建标. 单层地下室抗浮事故的复核计算及加固处理[J]. 建筑技术，2010，41（3）：266-268.

朱彦鹏，侯喜楠，马响响，等. 框架预应力锚杆支护边坡稳定性极限分析[J]. 岩土工程学报，2021，43（S1）：7-12.

宗钟凌，吕凤伟. 地下室上浮事故原因分析与加固处理方法[J]. 建筑技术，2013，44（11）：992-995.

邹杰，肖飞. 抗浮锚杆布置方式对基础底板受力及配筋影响分析[J]. 建筑结构，2016，46（S2）：524-527.

邹永发，勇为. 某地下车库上浮的处理措施[J]. 建筑技术，2010，41（6）：564-566.

中华人民共和国住房和城乡建设部. 建筑地基基础设计规范：GB 50007—2011[S]. 北京：中国建筑工业出版社，2011.

中华人民共和国住房和城乡建设部. 建筑工程抗浮技术标准：JGJ 476—2019[S]. 北京：中国建筑工业出版社，2019.

四川省住房和城乡建设厅. DBJ51/T 210—2022 四川省精轧螺纹钢筋预应力抗浮锚杆技术标准[S]. 成都：西南交通大学出版社，2023.

中华人民共和国住房和城乡建设部. JGJ/T 72—2017 高层建筑岩土工程勘察标准[S]. 北京：中国建筑工业出版社，2017.

中华人民共和国住房和城乡建设部. GB 50021—2001 岩土工程勘察规范（2009 年版）[S]. 北京：中国建筑工业出版社，2009.

中华人民共和国住房和城乡建设部. GB 55017—2021 工程勘察通用规范[S]. 北京：中国建筑工业出版社，2021.

四川省住房和城乡建设厅. DBJ51/T 102—2018 四川省建筑地下结构抗浮锚杆技术标准[S]. 成都：西南交通大学出版社，2019.

中华人民共和国住房和城乡建设部. GB 50086—2015 岩土锚杆与喷射混凝土支护工程技术规范[S]. 北京：中国计划出版社，2015.

中华人民共和国住房和城乡建设部. JGJ/T 401—2017 锚杆检测与监测技术规程[S]. 北京：中国建筑工业出版社，2017.

中华人民共和国住房和城乡建设部. JGJ/T 282—2012 高压喷射扩大头锚杆技术规程[S]. 北京：中国建筑工业出版社，2012.

中华人民共和国工业和信息化部. YB/T 4659—2018 抗浮锚杆技术规程[S]. 北京：冶金工业出版社，2018.